纺织服装高等教育"十三五"部委级规划教材

针织服装
样板设计与工艺

主编　鲍卫君　张芬芬
参编　贾凤霞　董　丽

東華大學出版社
·上海·

内容简介

针织面料有纬编和经编两大类，本教材的内容是针对纬编针织面料进行服装样板结构与工艺设计。本书从针织服装面料的特性出发，介绍了针织服装样板结构设计、针织服装工艺设计及其所需的缝制设备与机织面料服装的差异，详细叙述针织面料的不同弹性与各种外形服装的结构处理方法及工艺制作方法，通过具体的实例应用，使读者掌握针织服装结构设计与工艺制作要领。

本书内容共有五章，分别为：针织服装认知、针织服装局部工艺设计、针织服装样板设计基础知识、针织服装基本样板设计、针织服装样板设计应用实例。教材注重实用性，图文并茂，既可作为高等服装院校的专业教材，也可作为服装职业培训教材、服装从业人员和服装爱好者的自学参考书。

图书在版编目(CIP)数据

针织服装样板设计与工艺/鲍卫君，张芬芬主编. —上海：东华大学出版社，2020. 5

ISBN 978 - 7 - 5669 - 1679 - 2

Ⅰ. ①针… Ⅱ. ①鲍… ②张… Ⅲ. ①针织物—服装设计 Ⅳ. ①TS186. 3

中国版本图书馆 CIP 数据核字(2019)第 263705 号

针织服装样板设计与工艺

Zhenzhi Fuzhuang Yangban Sheji Yu Gongyi

主编/鲍卫君　张芬芬

责任编辑/ 杜亚玲

封面设计/ Callen

出版发行/東華大學出版社

上海市延安西路 1882 号

邮政编码：200051

出版社网址/ http://dhupress. dhu. edu. cn

天猫旗舰店/ http://dhdx. tmall. com

经销/ 全国新华书店

印刷/ 苏州望电印刷有限公司

开本/ 787mm×1092mm　1/16

印张/ 10. 5　　字数/260 千字

版次/ 2020 年 5 月第 1 版

印次/ 2020 年 5 月第 1 次印刷

书号/ ISBN 978-7-5669-1679-2

定价/ 39. 50 元

前 言

针织服装是指以针织面料为主要材料制作而成或用针织的方法直接编织而成的服装，拥有柔软、舒适、贴体、富有弹性等优良性能，受到越来越多人的喜爱。我国相关高校也陆续开设了针织服装专业，有的侧重于以针织面料为主要材料制作的服装，有的则侧重于用针织方法直接编织而成的服装。对于以针织面料为主要材料制作的服装，专门的教材在国内不多见。针织面料所具有的特性使其在服装款式设计、样板结构设计、服装工艺设计及其在服装制作时所需的缝制设备等方面，与机织面料服装有所不同。

针织面料有纬编和经编两大类，本教材的内容是利用纬编针织面料进行服装样板结构与工艺设计。教材从针织服装面料的特性出发，介绍针织服装样板结构设计、针织服装工艺设计及其所需的缝制设备等方面与机织面料服装的差异，通过具体的实例应用，运用图文并茂的形式，详细叙述针织面料的弹性与各种服装各类造型的结构处理方法及工艺制作方法，便于读者掌握针织服装结构设计与工艺制作要领。

本教材适合高等院校服装专业使用，也可作为服装职业培训教材、服装从业人员和服装爱好者的自学参考书。

本书由浙江理工大学鲍卫君作为主编，负责全书的构建、统稿和图文修改。各章节由以下人员参与编写：第一章浙江理工大学董丽；第二章浙江理工大学张芬芬、鲍卫君；第三章浙江理工大学鲍卫君、张芬芬；第四章浙江理工大学鲍卫君、贾凤霞；第五章浙江理工大学张芬芬、鲍卫君。

本书中的缝制工艺图和结构设计图的后期电脑描绘由浙

江理工大学董丽完成，由浙江理工大学贾凤霞、浙江同济科技职业学院吕凉、浙江大学吕丰等参与修改。服装款式图由意大利库内奥美术学院 Accademia Di Belle Arti Cuneo 服装设计专业学生周再临同学绘制。在此一并表示感谢！

由于时间仓促、水平有限，书中难免有疏漏和错误之处。欢迎专家、同行和广大读者批评指正，不胜感激！

联系方式：1037553913@qq.com

主编：鲍卫君
2020 年 2 月

目 录

CONTENTS

第一章　关于针织服装

第一节　针织面料认知

一、针织面料

1. 针织面料的类别

针织面料是由线圈相互穿套而成的。线圈是针织面料的最小单元，它是呈三度弯曲的空间曲线。针织面料有纬编和经编两大类。

纬编针织面料由纬编针织机将纬向喂入的纱线顺序地弯曲成圈，并相互串套而成。纬编针织面料的横向延伸性较大，有一定的弹性，但脱散性较大(图 1-1-1)。

经编针织面料由经编针织机将经向喂入的一组或多组平行排列的纱线同时进行成圈而形成。经编面料具有延伸性小、弹性较好、脱散性小、尺寸稳定性较好的特点，其性能接近机织面料(图 1-1-2)。

图 1-1-1　纬编针织面料

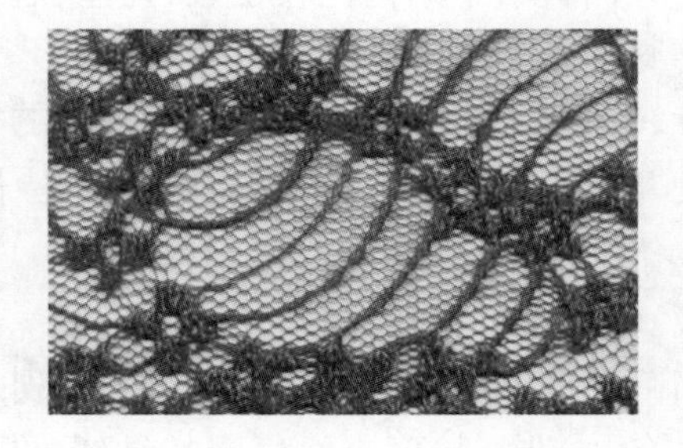

图 1-1-2　经编针织面料

2. 针织面料的特性

(1) 延伸性

针织面料的延伸性是指针织面料在受到外力拉伸时尺寸伸长的特性。由于针织面料是由线圈串套而成的，线圈与线圈之间有一定的空隙，当受到拉伸时，原来弯曲的线圈会变直，圈柱和圈弧部分的纱线可以互相转移，这种转移在纵向或横向都可能发生，因此面料产生伸长现象。

针织面料延伸性的大小与其组织结构、线圈长度、纱线性质、纱线密度以及染整加工过程等因素有关。

(2) 弹性

针织面料的弹性是指引起针织面料变形的外力去除之后，针织面料回复原来形态的能力。弹性的大小取决于针织面料的组织结构、纱线的弹性、摩擦因数和针织面料的未充满系数。针织物根据弹性的大小可以划分为超高、高、中、低弹织物，具体划分方法见本节最后部分。

(3) 卷边性

某些组织的针织面料在自由状态下布边会发生包卷，这种现象就称为卷边性。产生卷边性的原因是线圈中弯曲的线段在内应力的作用下企图伸直线段。针织面料的卷边性与组织结构有极大的关系，一般单面针织面料的卷边性是较严重的，双面针织面料是没有卷边性的。克服卷边性的方法是将一种喷雾黏合剂喷洒在开裁后的布边上。

(4) 脱散性

当针织面料的纱线断裂或者线圈失去圈套连接之后，会沿着一定的方向脱散，使线圈与线圈之间发生分离的现象就是针织面料的脱散性。脱散性的大小受原料的种类、纱线的摩擦因数、面料的组织结构、未充满系数以及纱线的抗弯刚度等因素有关。单面纬平针组织的脱散性较大，而提花针织面料、双面针织面料、经编针织面料的脱散性较小或不脱散。

(5) 勾丝与起毛、起球

① 勾丝。针织面料在使用过程中碰到坚硬的物体时，其中的纤维或纱线就会被勾出，这种现象就称为勾丝。

② 起毛。针织面料在穿用、洗涤过程中不断受到摩擦，纱线的纤维端就会露出面料的表面，这种现象称为起毛。

③ 起球。当起毛的纤维端在以后的穿用过程中不能及时地脱落，就会相互纠缠在一起揉成许多球状的小粒，这种现象就称为起球。

针织面料由于结构比较松散，勾丝、起毛和起球现象比机织面料更容易发生。

(6) 透气性和吸湿性

针织面料的线圈结构能够保存较多的空气，因而透气性、吸湿性都较机织面料好，穿用时感觉非常舒适。由于针织面料编织特性导致编织纱线间的静止空气较多，保暖性也较好。

(7) 纬斜性

当圆筒形纬编针织面料的纵行与横列之间相互不垂直时，就形成纬斜现象。消除纬斜的方法有：①选择捻度小而稳定的纱线；②漂染后的后整理时，可以采用拉幅整理、远红外探头进行剖幅定型处理或树脂整理，使布面稳定。

(8) 抗剪性

针织面料的抗剪性表现在两个方面：一是裁剪时的化纤熔融，这可以通过使用更加专业的裁剪刀具和降低电裁刀的裁剪速度来避免；二是在裁剪表面比较光滑的面料，如化纤长丝、真丝等面料时，由于光滑的表面具有的摩擦力较小，铺布时上下层之间容易产生滑移，这个可以通过铺较少的层数、用夹具固定上下层面料或是在层与层之间铺纸、或采用手工裁剪等方法加以避免。

针织物因线圈组织的不稳定性，可以自由柔曲，所以柔软性很好，这一方面使穿着舒适，另一方面也使得裁剪困难。

(9) 工艺回缩性

针织面料在缝制加工过程中，长度和宽度方向会发生一定程度的回缩，回缩量与原来衣片的长度或者宽度之间的比例就称为工艺回缩率。工艺回缩率一般在2%左右。针织面料工艺回缩率的大小与坯布组织结构、原料种类、纱线的线密度、染整加工和后整理的方法等条件有关。

工艺回缩性是针织面料的主要特性，缝制工艺回缩性是样板设计时必须考虑的工艺参数。

二、针织面料与机织面料的区别

针织面料与机织面料由于织造方法不同，故其结构、性能、用途均有各自鲜明的特点。

1. 面料组织结构

(1) 针织面料结构

针织面料是由纱线顺序弯曲成线圈，而线圈相互串套而形成，而纱线形成线圈的过程，可以横向或纵向地进行，横向编织称为纬编面料(图1-1-3)，而纵向编织称为经编面料(1-1-4)。

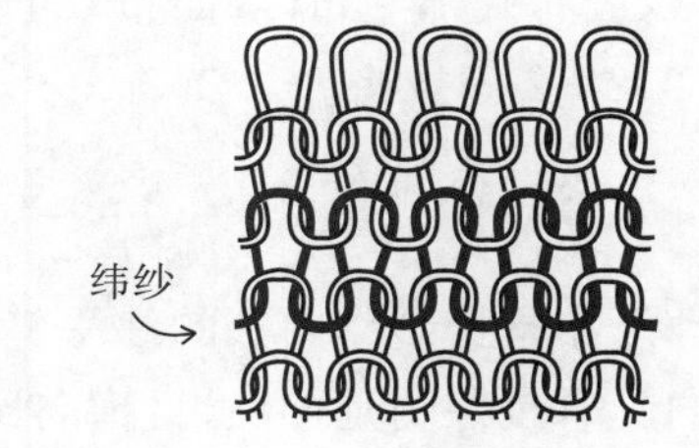

图1-1-3　纬编针织面料结构

(2) 机织面料结构

机织面料是由两条或两组以上相互垂直的纱线，以90°角作经纬交织而成，纵向的纱线叫经纱，横向的纱线叫纬纱(图1-1-5)。

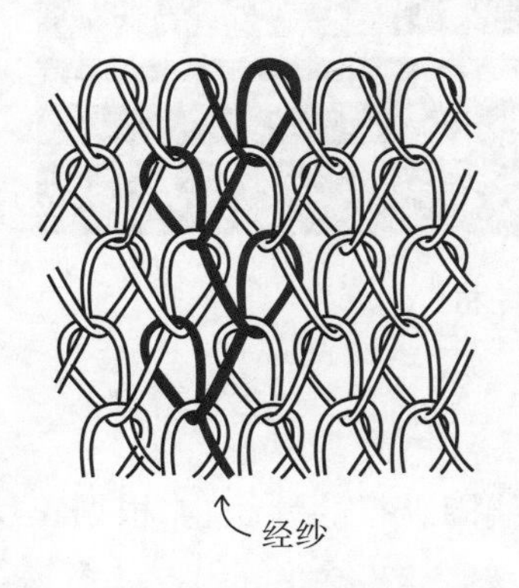

图1-1-4　经编针织面料结构

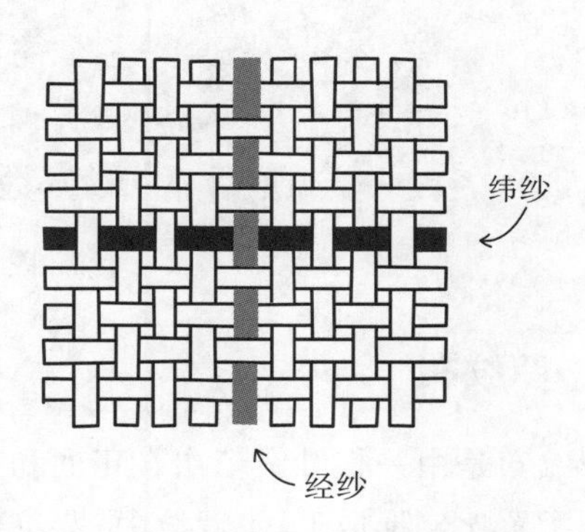

图1-1-5　机织面料结构

2. 面料组织基本单元

(1) 针织面料

线圈就是针织面料的最小基本单元，而线圈由圈干和延展线呈一空间曲线所组成。

(2) 机织面料

经纱和纬纱之间的每一个相交点称为组织点，是机织面料的最小基本单元。

3. 面料组织特性

(1) 针织面料

因线圈是纱线在空间弯曲而成，而每个线圈均由一根纱线组成，当针织物受外来张力，如纵向拉伸时，线圈的弯曲发生变化，而线圈的高度亦增加，同时线圈的宽度减小。如张力是横向拉伸，情况则相反。线圈的高度和宽度在不同张力条件下，明显是可以互相转换的。因此针织面料的延伸性大，能在各个方向延伸，弹性好。同时针织面料由孔状线圈形成，有较大的透气性能，所以手感松软。

(2) 机织物

因机织面料的经、纬纱延伸与收缩关系不大，亦不发生转换，故机织面料通常比较紧密、挺硬。

三、常用针织面料

用于缝制的针织面料在多数情况下采用纬编针织面料。常见的有汗布(单面布)、罗纹布(双面布)、棉毛布(双面布)、毛圈针织物、抽条针织物、提花针织物。其中罗纹布有 1+1、1+2、2+2 等规格。

1. 汗布

汗布是指制作内衣的纬平针织面料，其布面光洁，纹路清晰，质地细密，手感滑爽，纵、横向具有较好的延伸性，且横向比纵向延伸性大，吸湿性与透气性较好，用于制作各种款式的汗衫和背心(图 1-1-6)。

图 1-1-6　汗布

2. 罗纹布

罗纹布是由一根纱线依次在正面和反面形成线圈纵行的针织物，根据正反面线圈纵行的不同配置比例形成 1+1 罗纹(平罗纹)、1+2 罗纹、2+2 罗纹等。罗纹织物具有平纹织物的脱散性、卷边性和延伸性，同时还具有较大的弹性，常用于 T 恤的领边、袖口，有较好的收身效果(图 1-1-7)。

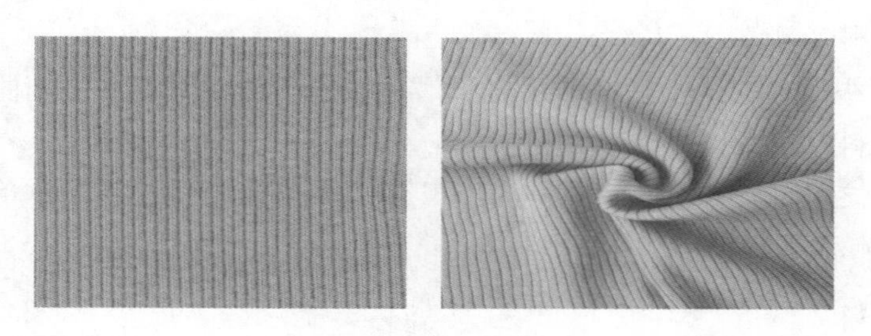

图 1-1-7　罗纹布

3. 棉毛布

棉毛布是由两个罗纹组织彼此复合而成的双罗纹针织物，其手感柔软、弹性好、布面匀整、纹路清晰，稳定性优于汗布和罗纹布。该织物具有厚实、柔软、保暖性好、无卷边和有一定弹性等特点，广泛用于缝制棉毛衫裤和运动衫裤等。因织物的两面都只能看到正面线圈，故又称为双面布（图 1－1－8）。

图 1－1－8 棉毛布

4. 毛圈布

毛圈布是在织造时，某些纱线按一定的比例在织物其余的纱线上呈现为线圈并停留在织物的表面形成的织物。可分为单面毛圈与双面毛圈。毛圈布通常较厚，毛圈部分可容纳更多空气，因此具有保暖性，多用于秋冬季服饰用品。毛圈部分经过拉毛加工，可加工为绒布，具有更加轻盈柔软的手感和更加优越的保暖性能（图 1－1－9）。

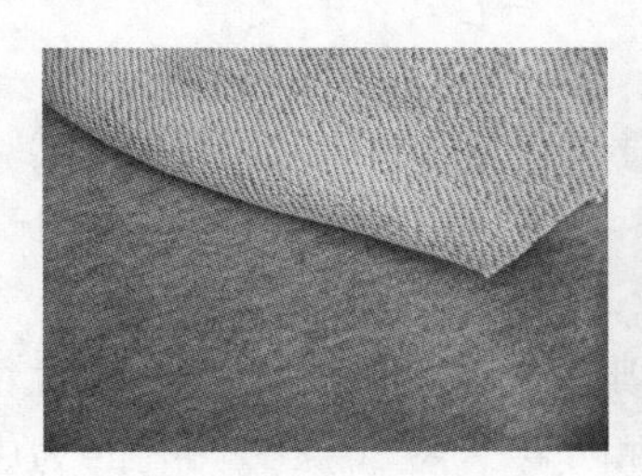

图 1－1－9 毛圈布

5. 抽条针织物

在某些织物中，根据织物组织结构，把织针从针筒或针盘上取出，采用这种技术在织物上形成抽条。抽条针织物是一种特殊的、没有循环规律的正反面线圈相互配置组成的双面织物（图 1－1－10）。

图 1－1－10 抽条针织物

6. 提花针织物

采用提花组织织成的带有浮线的针织物，其工艺过程是利用织针把各种原料和品种的纱线构成线圈，再经串套连接成针织物。提花针织物质地松软，有良好的抗皱性与透气性，并有较大的延伸性与弹性，穿着舒适(图 1-1-11)。

常用服用针织面料从原料成分上来分有纯棉(100%棉)、涤棉(65%涤，35%棉等)、棉氨纶(95%棉，5%氨纶)等。

图 1-1-11　提花针织物

四、针织面料拉伸弹性回复率测试

针织面料的最大特点是具有拉伸性和弹性，而不同组织的针织面料的拉伸性和弹性是不同的。在 FZ/T 70006—2004《针织物拉伸弹性回复率试验方法》标准中，根据弹性回复率试验，可以把针织面料依据弹性大小分为超高、高、中、低弹织物。

$$拉伸弹性回复率=\left[\frac{(L_{01}-L_{0'})}{(L_{01}-L_{0})}\right]\times 100\%$$

式中：L_0 为试样预加张力后的长度(原始长度)，mm；$L_{0'}$ 为经拉伸试验后，再加上预加张力时试样长度，mm；L_{01} 为拉伸后(定伸长率)试样总长度，mm。定伸长率根据不同的品种，线圈纵行方向或横列方向选择 10%、30%、50%等拉伸数值。

弹性回复率 50%以上的为超高弹织物，典型织物为氨纶织物；弹性回复率为 30%～40%的为高弹织物，典型织物为罗纹织物；弹性回复率为 20%～30%的为中弹织物，典型织物为棉毛布；弹性回复率在 20%以下的为低弹织物，典型织物为汗布。

第二节　针织服装认知

针织服装是指以针织面料为主要材料制作而成或用针织方法直接编织而成的服装，其拥有柔软、舒适、贴体、富有弹性等优良性能。针织服装主要分为针织内衣和针织外衣两大类。

一、针织内衣

针织内衣是用针织面料缝制的贴身服装的总称，可分为贴身内衣、补正和塑身内衣、装饰内衣、健身内衣等。内衣是最贴近人体皮肤的服装，因此舒适性和安全性是设计的关键。针织面料优良的弹性成为内衣的首选材料，而且原材料都以纯棉纱线为主。

1. 贴身内衣

贴身内衣是指直接接触皮肤以保健卫生为目的的内衣，主要功能是保温、吸汗、保护人体以及避免弄脏外衣。一般都是棉纤维制品，也有一些以桑蚕丝等天然纤维制成的，这些原材料的服用性能较好。主要品种有汗衫、背心、短裤、衬裤、棉毛衫裤以及绒衣绒裤等(图 1-2-1)。

2. 补正和塑身内衣

补正和塑身内衣是指能够弥补人体体型缺陷、增加人体曲线美、紧裹人体的一类衣物。主要品种有文胸、针织腹带、针织塑身内衣、衬裙等。通常采用针织经编组织，利用材料和裁剪达到使身体抬高、支撑和缩紧的作用，以塑造完美的体型（图 1－2－2）。

图 1－2－1　贴身内衣

图 1－2－2　补正和塑身内衣

3. 装饰内衣

装饰内衣是指穿在贴身内衣的外面和外衣里面的衣服。装饰内衣可以掩饰和修饰形体欠缺的部分，如衬裙可以掩饰小腹的凸出、臀部过大或过小等。这种内衣多以花边、刺绣加以装饰，穿着它能使人具有温柔、优雅、华丽的感觉。主要品种有各类衬裙、针织睡衣、睡裤、睡裙、睡袍、浴衣等（图 1－2－3）。

4. 健身内衣

随着室内健身运动的发展和普及，健身内衣逐渐大众化。健身内衣通常选用伸缩性好的面料，款型较紧身，多为套头式和连体式（图 1－2－4）。

图 1－2－3　装饰内衣

图 1－2－4　健身内衣

二、针织外衣

针织外衣即穿着于人体外部的一类服装。针织外衣的品种繁多，主要分为以下几种：

1. 针织家居服装

家居服是指在家中休息、操持家务或会客等活动时穿着的一种服装，面料舒适，款式繁多，行动方便。家居服是由睡衣演变而来的，但现在涵盖的范围更广。随着人们生活观念的改变，卧室着装也向着新的款式发展，发生着根本性的变化（图 1－2－5）。

图 1－2－5　针织家居服

2. 针织 T 恤

T 恤是“T-shirt”的音译名，常用的针织面料有全棉针织布、棉与化纤交织针织布、丝织针织布和棉纤混纺针织布等。全棉针织面料穿着舒适轻便，透气性好，弹性佳，吸湿性强。化纤针织面料有尺寸稳定性好、易洗快干免烫的特性。由于针织 T 恤穿着舒适、简约时尚，深得人们的喜爱。除了日常穿着外，针织 T 恤还被用于商业、公益、宣传等活动（图 1-2-6）。

图 1-2-6　针织 T 恤

3. 针织运动服装

针织面料由于具有良好的弹性，并且柔软、舒适、保暖、吸汗，因此几乎所有的运动服都采用针织面料。针织运动服分为专业运动服和休闲运动服。专业运动服是参加竞技类运动时穿的服装，包括各类比赛服，目的是使运动员在运动中尽量不受衣服的束缚，提高运动成绩。休闲运动服是运动便装，是外出游玩、业余活动时穿着的服装，具有宽松、随意、舒适、行动方便等特点（图 1-2-7）。

图 1-2-7　针织运动服装

4. 针织休闲外套

针织休闲外套是以纬编针织物为主要面料制作的针织服装。这类服装以宽松舒适、休闲随意为设计特点，款式时尚多样，结构造型富有变化。针织休闲外套在款式外观上与机织休闲外套具有一定的相似性（图 1-2-8）。

5. 针织裙装和针织社交礼服

针织裙装和针织社交礼服是利用针织面料具有的悬垂性、弹性等特点制成的裙装和社交礼服，其具有优雅、华贵、舒适等效果（图 1-2-9）。

图 1-2-8　针织休闲外套　　　　图 1-2-9　针织裙装和针织社交礼服

第三节　针织服装缝制特征及设备要求

一、针织服装缝制特征

由于针织面料具有脱散性的特点，其纱线断裂或裁剪后，会按纱向发生散脱现象，因此在工艺设计和缝制时宜采用防止面料散脱、覆盖力强的线迹结构，常用的有四线包缝线迹、五线包缝线迹和绷缝线迹。裁剪后用附着性好且柔软的树脂液喷涂衣片的边缘，使纱线互相黏接不会脱散；为防止机针针尖扎断纱线使面料产生"针洞"引起线圈脱散，一般宜采用圆头形机针缝制针织面料。适合缝纫针织面料的圆头形机针针尖型号见表 1-3-1。

表 1-3-1　缝纫针织面料的圆头形机针针尖型号

缝针外形	适用的面料
S形(纤细针头)	用于高支数、极稀薄针织物
J形(小圆头)	用于一般针织物
B形(中圆头)	用于化纤针织物
U形(大圆头)	用于弹性针织物，特别是女士内衣
Y形(特大圆头)	用于非常稀松和粗厚的网状针织物

二、针织服装缝制的相关规定

① 主料之间及副料之间是同色的色差不得超过三级。

② 线迹要清晰，线迹成形正确，松紧适度，不得发生针洞和跳针。

③ 卷边起头在缝外(圆筒产品在侧缝处)，接头要齐，重线只允许一次，重针在 2～3 cm。

④ 如断线或返修，需拆清旧线头后重新缝制。

⑤ 厚绒针织服装应先用单线切边机或四线包缝机缝合，再进行双针绷缝。儿童针织服

装的领、袖、裤脚罗纹口只用四线包缝，不需要绷缝机加固。

⑥ 棉毛、细薄绒针织服装用四线包缝机缝合，只在罗纹口或裤裆缝处用绷缝机加固，运动衫后领及肩缝处要用双针绷缝机加固。

⑦ 平缝、包缝明针落车处必须打回针或用打结机加固。

⑧ 裤腰、下摆的折边，要用双针绷缝机缝制。

⑨ 合肩处应加肩条(牵带或直丝本料布)用四线包缝机缝合。

三、常用针织服装缝制设备的种类

常用针织服装缝制设备有平缝机、包缝机、绷缝机、橡筋机、曲折缝机、链缝机等。

1. 平缝机及其线迹

平缝机是服装生产中最基本的机械设备(图 1-3-1)，在针织服装的缝制中常用于尺寸要求稳定的部位，如绱领、装贴袋、钉商标等。平缝机通常有高速平缝机、电脑高速平缝机、高速带刀平缝机、高速双针平缝机、双针链式缝纫机、珠边机等品种。

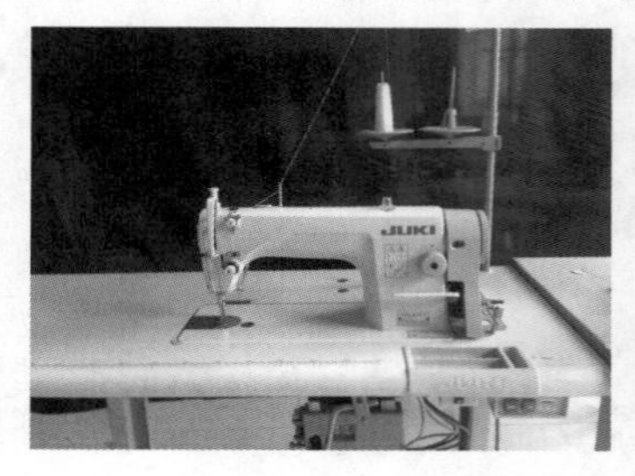

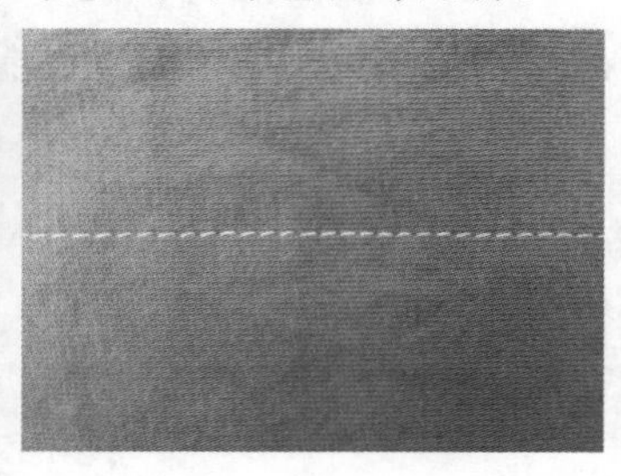

图 1-3-1　平缝机及其线迹

2. 密三线包缝机及其线迹

密三线包缝机是由一根直针和两根弯针穿套形成线迹的缝纫机，通常装有切料刀。缝制时先将缝料边缘切齐，然后缝合并按需要使缝料张紧或皱缩。缝制过程中对面料施加不同的拉伸力，可形成波浪效果(图 1-3-2)，弹性较大的针织面料均能缝制出这种效果。主要用于针织服装的边口处理来形成波浪的特殊效果，如衣摆、裙摆、袖口、领口等边缘部位。

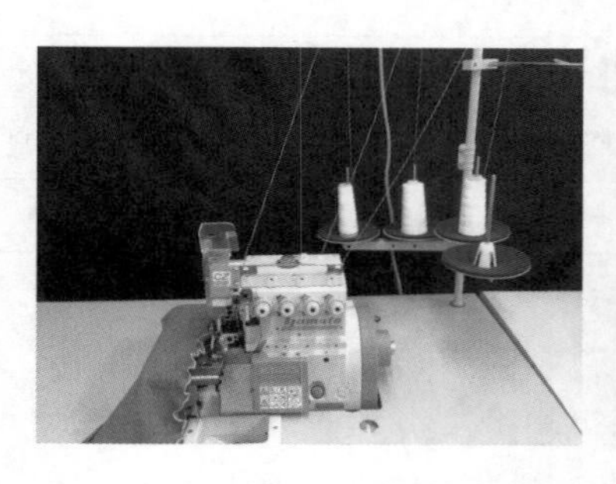

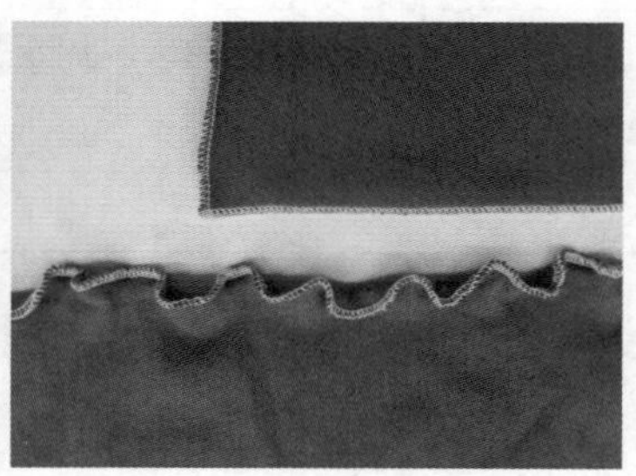

图 1-3-2　密三线包缝机及其线迹

3. 四线包缝机及其线迹

四线包缝机是由两根直针、两根弯针穿套形成线迹的缝纫机(图 1-3-3)。四线包缝缝迹具有牢度较大、抗脱散能力较强、缝迹弹性大等特点，广泛用于针织服装各部位的拼接，如肩缝、侧缝、袖底缝、连衣裙上下部位的拼接及绱袖子、绱领子等。

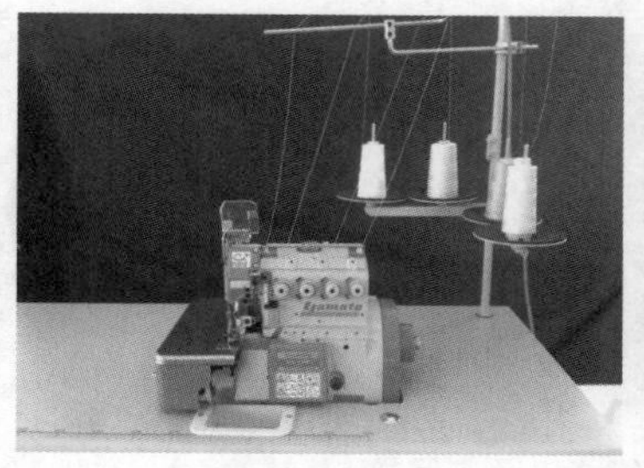
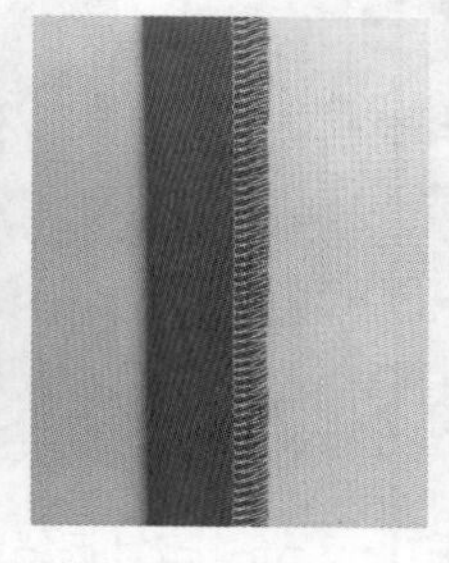
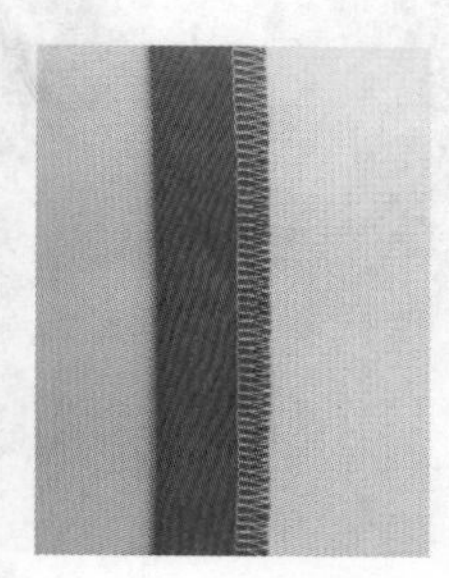

图 1-3-3　四线包缝机及其线迹

4. 五线包缝机及其线迹

五线包缝机是由两根直针和三根弯针穿套形成线迹的缝纫机，是双线链缝和三线包缝的复合（图 1-3-4）。主要用于衣片的链缝拼合加包缝的联合加工，可极大地提高缝制效率与缝纫质量。

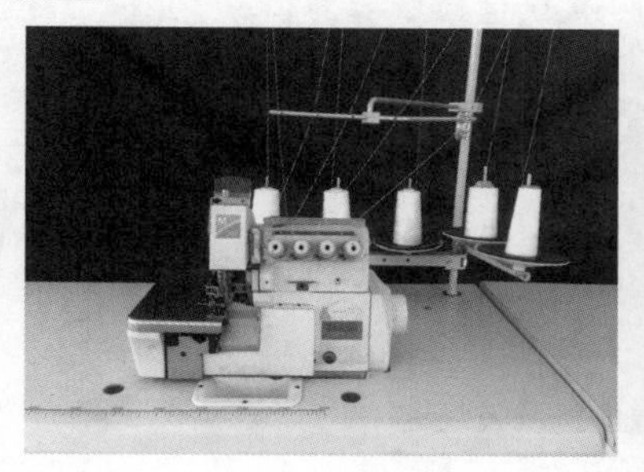
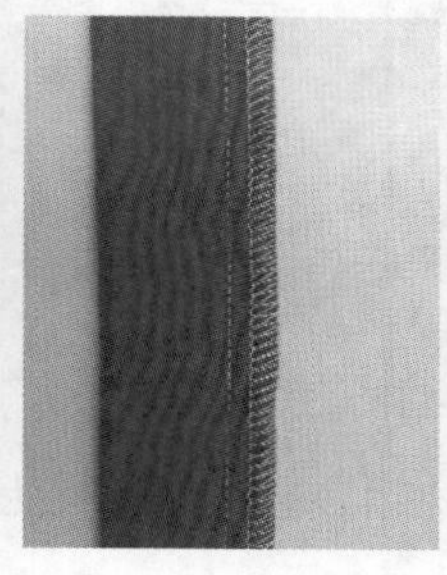
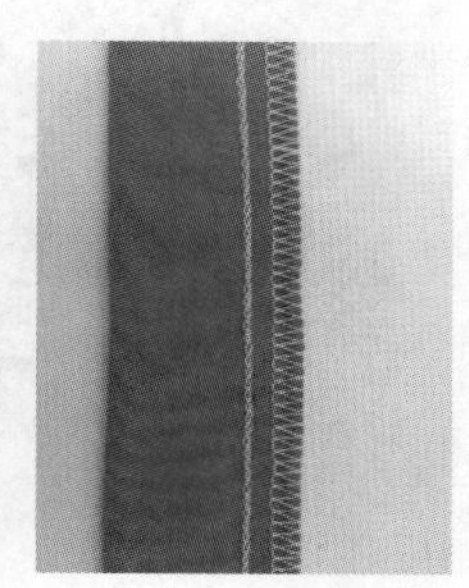

图 1-3-4　五线包缝机及其线迹

5. 双针四线绷缝机及其线迹

由两根直针、一根下弯针、一根上绷针形成线迹（图 1-3-5），主要用于针织服装的袖口、领口、下摆、裤口、裙摆的折边缝制，也可作为拼接装饰。

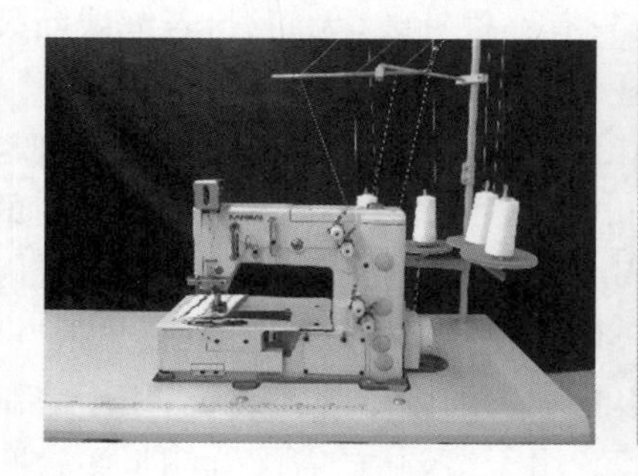
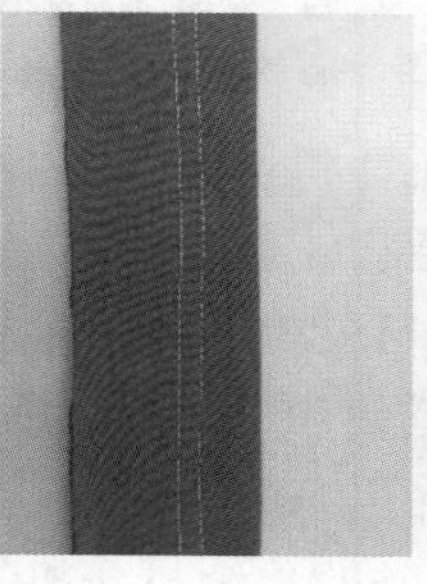
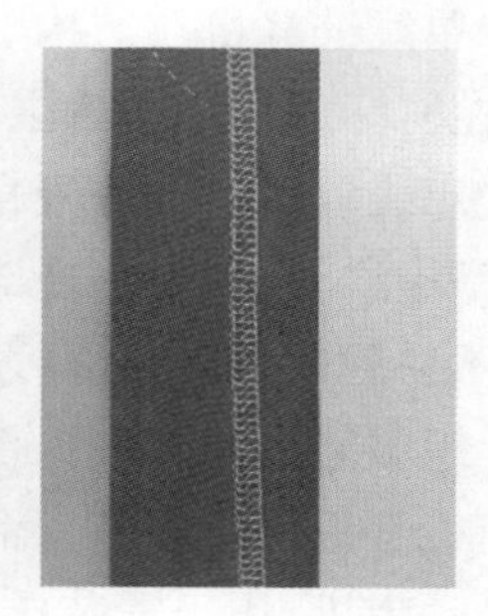

图 1-3-5　双针四线绷缝机及其线迹

6. 三针五线绷缝机及其线迹

由三根直针、一根下弯针、一根上绷针形成线迹（图 1-3-6），常用于针织内衣裤上的装饰缝。

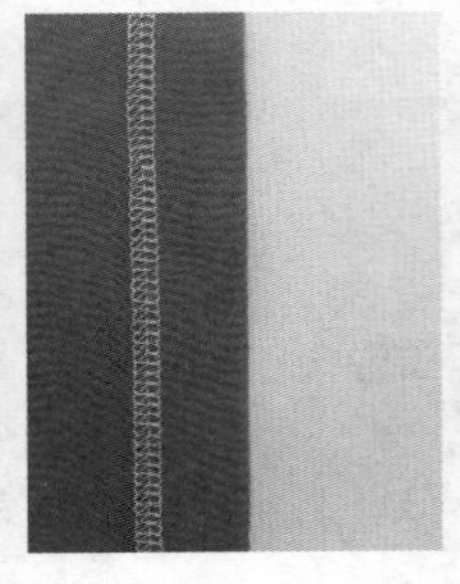
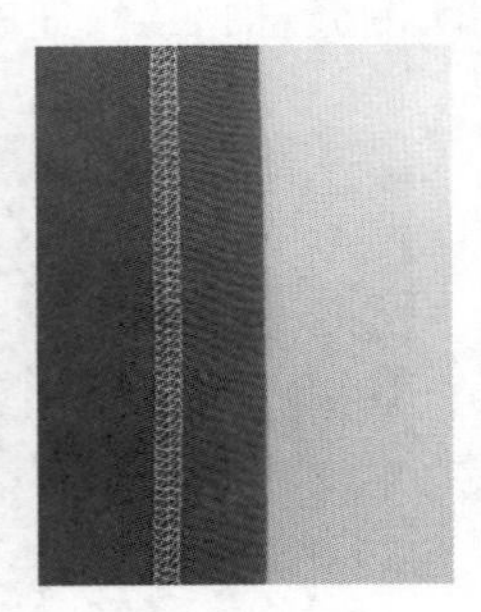

图 1-3-6　三针五线绷缝机及其线迹

7. 十二针橡筋机及其线迹

十二针橡筋机主要应用于各种服装的松紧带缝制，能产生各种立体花样效果(图 1-3-7)。

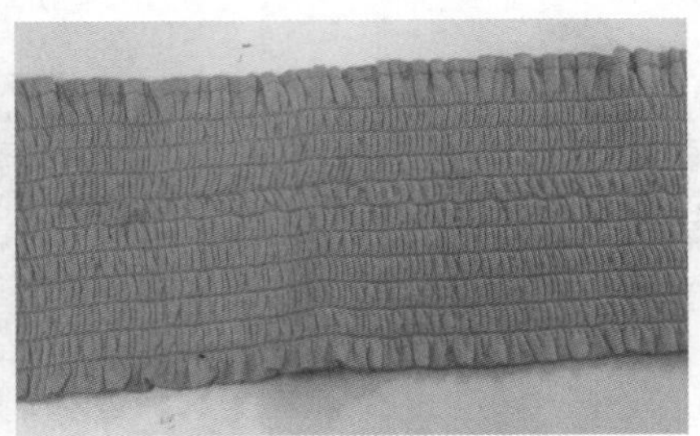

图 1-3-7　十二针橡筋机及其线迹

8. 链缝机及其线迹

形成各种链式线迹的缝纫机统称为链缝机。根据直针根数和缝线数量的不同，链缝机可分为单针单线链缝机、单针双线链缝机、双针四线链缝机和三针六线链缝机等。除了单针单线链缝机外，其他链缝机的直针与弯针都是成对、分组同步运动的，即一根弯针和一根直针是成对配合的，各自形成独立的线迹。

单针单线链缝机在结构上只有一根直针，故只有一根针线，无底线，若缝线断裂则会发生脱散，在实际应用中受到限制，故针织服装企业基本不使用该设备。

单针双线链缝机由一根直针和一根弯针互相配合，在缝料的正面形成的线迹与锁式线迹相同，呈虚线状，反面呈现链状(图 1-3-8)。该线迹的强力和弹性都比平缝机的锁式线迹好，且不易脱散。单针双线链缝机在生产过程中不必常换底线，可节约时间。因此该链缝机在针织服装生产中被广泛使用，在较多场合可替代平缝机。在针织服装生产中，单针双线链缝机常根据用途进行命名，如用于针织服装滚领的则称为滚领机，用于缝制松紧带的称为松紧带机，用于缝装饰条的称为扒条机等。用于滚领时，需配置能将滚边布卷成所需缝型的拉筒，见图 1-3-9。

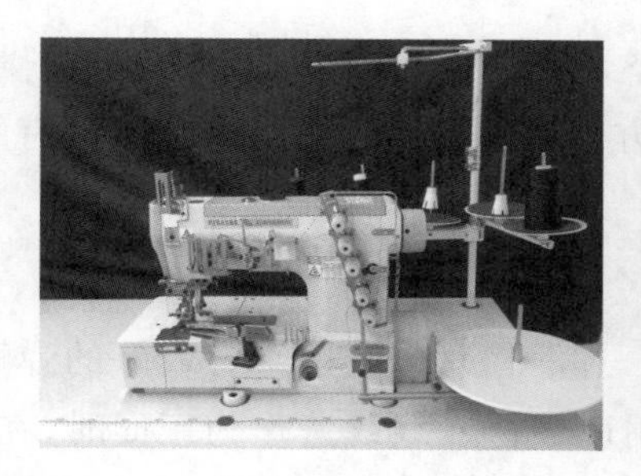
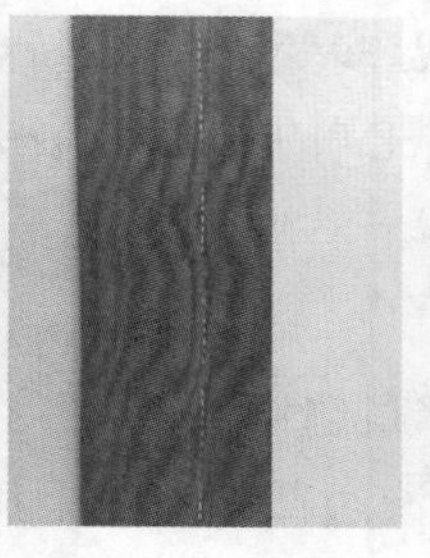
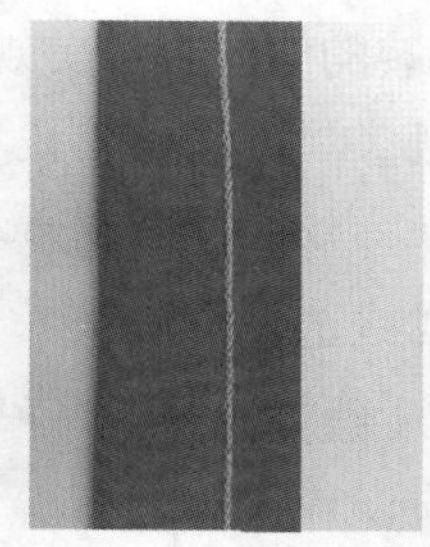

图 1-3-8　单针双线链缝机及其线迹

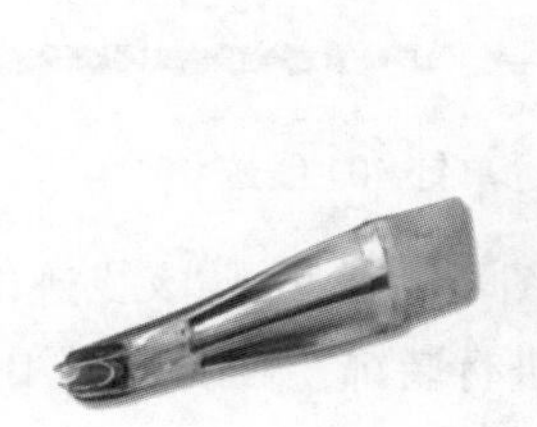

图 1-3-9　光滚拉筒

四、针织服装常用线迹与选用

线迹是指在缝制过程中，缝针带着缝线穿刺面料后，在面料相邻两个针眼之间所配置的缝线形式。为了方便国际间的交流，国际标准化组织于 1981 年首次制定了线迹类型的国际标准“ISO 4915:1981”。在对第一版修订的基础上，1991 年又颁布了“ISO 4915:1991”，并于该年的 8 月开始执行。

在该标准中，线迹用三位数字表示。三位数字中的第一个数字用来区分不同级别的线迹类型，共分为六级；第二个数字和第三个数字合起来区分同一级别中不同类型的线迹。具体如表 1-3-2 所示。

表 1-3-2　ISO 4915:1991 中的代号与线迹类型

代号	名称	定义	种类
100 级	链式线迹	由一根或几根缝线与自身形成的线圈穿套而形成	7 种(如钩针 101 、米袋子 103 等)
200 级	仿手工线迹	由单根缝线穿入和穿出缝料来锁紧	13 种
300 级	锁式线迹	由两组或多组缝线交织形成	30 种(如平缝 301、锯齿套结或锁眼 304 等)
400 级	多线链式线迹	由一组或多组缝线相互穿套形成	17 种(如滚边 401、犬牙边 404、折边或拼裆 406、缲边 409 等)
500 级	包缝线迹	由一组或几组缝线相互穿套形成，其中至少有一组缝线沿着缝料的边缘进行缝制	16 种(如一针两线 502 与 503、一针三线 504 与 505、两针四线 507、512 与 514，五线包缝 401+504 等)
600 级	覆盖线迹	由两组或多组缝线相互穿套形成，其中有两组缝线覆盖于缝料的两个表面	9 种

针织服装的线迹具有美观、多变、实用的特点，为其在结构造型设计方面提供更多的可能性，而线迹类型的选用不是独立的，是综合各方面的要求(如：针织面料所具有的弹性、缝合的部位、所需达到的效果等)后选定的。

1. 链式线迹

单针 401 线迹由单针链缝机缝制而成(图 1－3－10)，该线迹富有较好的弹性，且不易脱散，因此广泛应用于领口等滚边部位。当采用以锁链底线线迹作为正面时，在衣服上可起到装饰效果。若该线迹出现在拼缝部位时，一般与其他线迹一起使用，如在包缝之后再在正面压一道此线迹，用来加固和修饰。

图 1－3－10　单针 401 线迹

双针 401 线迹由双针链缝机缝制而成(图 1－3－11)，该线迹的牢固性较好，一般用在衣服的边口，或将织带等与衣片车缝在一起进行装饰。两者均可用于装饰条的固定。

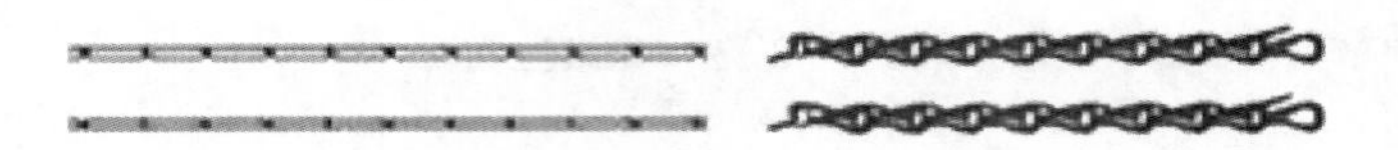

图 1－3－11　双针 401 线迹

2. 锁式线迹

在针织服装的缝制过程中，锁式线迹因其拉伸性较差，通常情况下出现在不易拉伸的部位，如缝制口袋、门襟及钉商标等。常用设备有平缝机、曲折缝机。其中曲折形锁式线迹(图 1－3－12)较为美观，常用在大身、领子、袖口等处，用以提升衣服的美感。锁式缲边线迹专门用于缝制大衣、上衣、裤口的底边缲边。

图 1－3－12　304 曲折形锁式线迹

3. 包缝线迹

每件针织服装的缝制都少不了双针 514 线迹(图 1－3－13)，由四线包缝机缝制而成，其将衣片的包缝及缝合工序合二为一，缝制方便简单且线迹牢固，对于易拉伸部位非常适用，常用于合肩、绱袖、绱领、合侧缝等。双针 516 线迹(图 1－3－14)是三线包缝和链缝的组合，同双针 514 线迹一样，将衣片的包缝及缝合工序一起完成。如果将底线调松，在正面拉开，会出现马蹄线效果。单针 504 线迹是由密三线包缝机缝制而成的密拷线迹(图 1－3－15)，加大压脚压力后，线迹可呈现波浪状，形成荷叶边，加强装饰效果，可用于裙摆、袖口、衣摆等部位。

图 1－3－13　双针 514 线迹

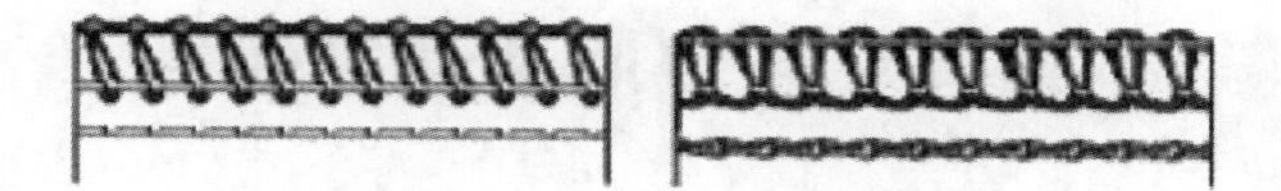

图 1-3-14　双针 516 线迹

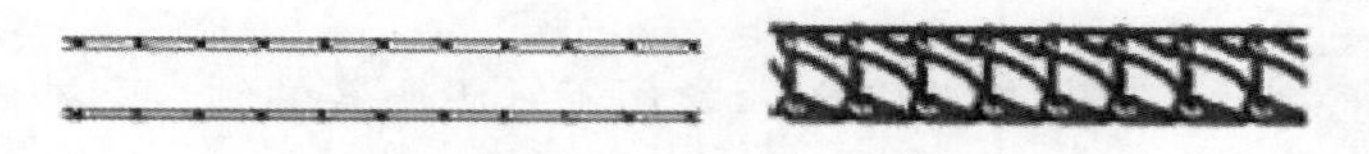

图 1-3-15　单针 504 线迹

4. 绷缝线迹

绷缝线迹平整、拉伸性好，常用于针织服装的滚领、折底边、宽松紧带的缝制、扒条、装饰等。在拼接等缝合中还能有效起到防止面料边缘线圈脱散的作用。常用的绷缝线迹有双针 406 线迹（图 1-3-16）、三针 407 线迹（图 1-3-17）、双针 602 线迹（图 1-3-18）、三针 605 线迹（图 1-3-19）等四种，其中双针 406 线迹是针织服装中最常用的绷缝线迹，由双针四线绷缝机缝制而成，常用于针织服装袖口、领口、衣摆、裙摆、裤口的折边处理。

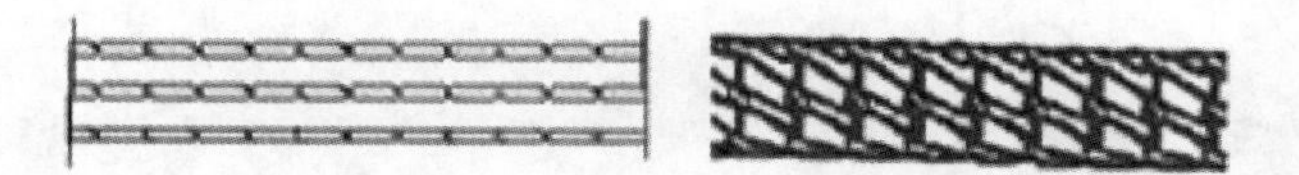

图 1-3-16　双针 406 线迹

图 1-3-17　三针 407 线迹

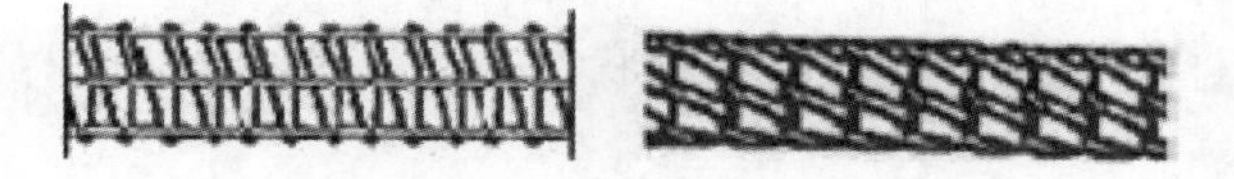

图 1-3-18　双针 602 线迹

图 1-3-19　三针 605 线迹

5. 组合线迹

组合线迹一般由两种线迹先后缝制组合而成，四线包缝线迹与双针绷缝线迹组合常用于袖口、领口、下摆、裤口罗纹等接缝处，肩缝、袖窿、侧缝等处也可使用组合线迹，既增加牢固度，防止变形，又有装饰作用。此外，包缝线迹也可以与链式线迹相结合，同样达到加固、美观的效果。

第四节　针织服装常用辅料

服装辅料是除面料外扩展服装功能和装饰服装的必不可少的配件。针织服装常用的辅料有罗纹、滚边布、横机领、人字带、松紧带、棉绳、花边、气眼、拉链、四合扣、五爪扣、绳扣等。

1. 罗纹

罗纹是由橡皮线与棉线、化纤线等原料织成的针织品，常用于裤口、领口、底摆等部位，起到防风保暖的作用(图 1-4-1)。

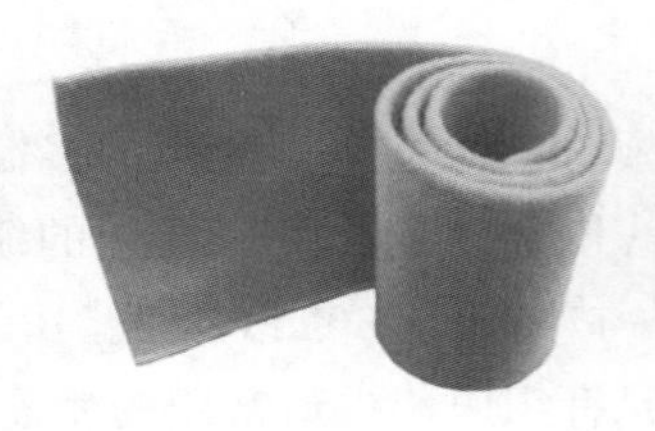

图 1-4-1　罗纹

2. 滚边布

滚边布是用于做滚边工艺的针织布条，常用于针织服装的领口和袖窿(图 1-4-2)。为了能使完成后的滚边平整服贴，一般采用横丝方向裁剪布条，滚边布的宽度由完成后的滚边宽度决定。常用的滚边条与衣片布料一致，有时为了设计效果，也可采用不同面料、不同颜色的滚边布。

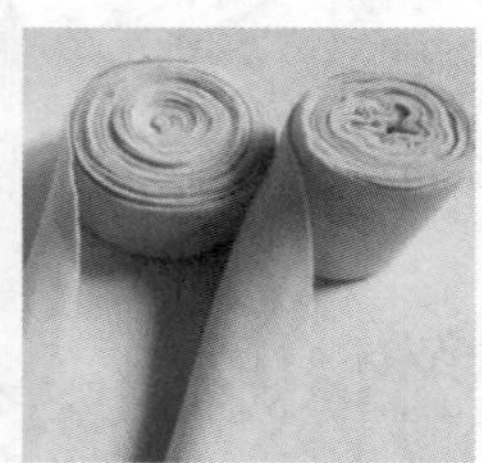

图 1-4-2　滚边布

3. 横机领

横机领是由针织横机织造成的整体成片状的领子，一般用作针织翻领 T 恤、机织夹克领等(图 1-4-3)。

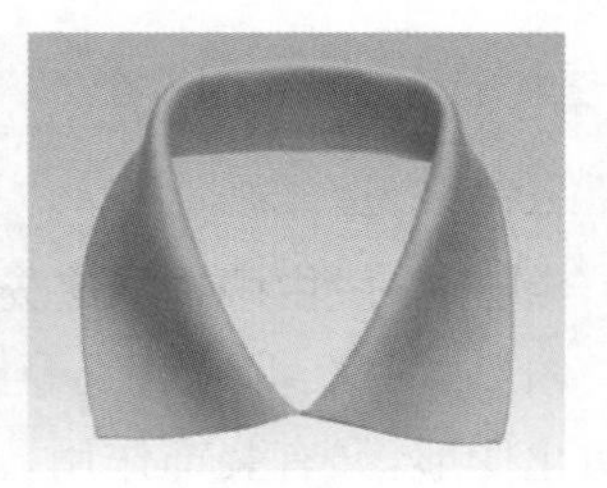

图 1-4-3　横机领

4. 人字带

人字带属于织带中最普通的一种，在服装上用途很多，在针织服装上可以用作帽子的抽绳、腰部抽绳，也可以用作装饰（图 1－4－4）。

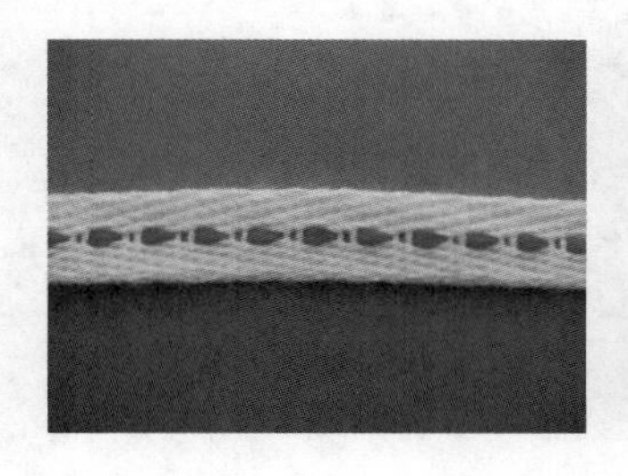

图 1－4－4　人字带

5. 松紧带

松紧带作为服装的常用辅料，特别适合于针织服装的内衣、裤子、婴儿服装、毛衣、运动服等服装（图 1－4－5）。松紧带的质地较紧密，品种多样，广泛用于服装袖口、下摆、裤腰、束腰等部位。

图 1－4－5　松紧带

6. 棉绳

棉绳一般为机编，有 8 股、16 股、32 股、48 股编织，还有 3 股扭及包心、不包心等工艺，常用于服装的抽绳与装饰（图 1－4－6）。

图 1－4－6　棉绳

7. 花边

花边是刺绣品的一种，是以棉线、麻线、丝线或各种织物为原料，经过绣制或编织而成的装饰性镂空制品（图 1－4－7）。花边有各种花纹图案，是作为装饰用的带状织物，可用作各种服装的嵌条或镶边。

图 1-4-7　花边

8. 气眼

气眼，也叫鸡眼、空心铆钉、鞋眼，多为金属材质，偶见塑胶制品，作为服装配饰，多用于装有拉绳的休闲服装的帽子的出口，也可直接作为服装装饰（图 1-4-8）。

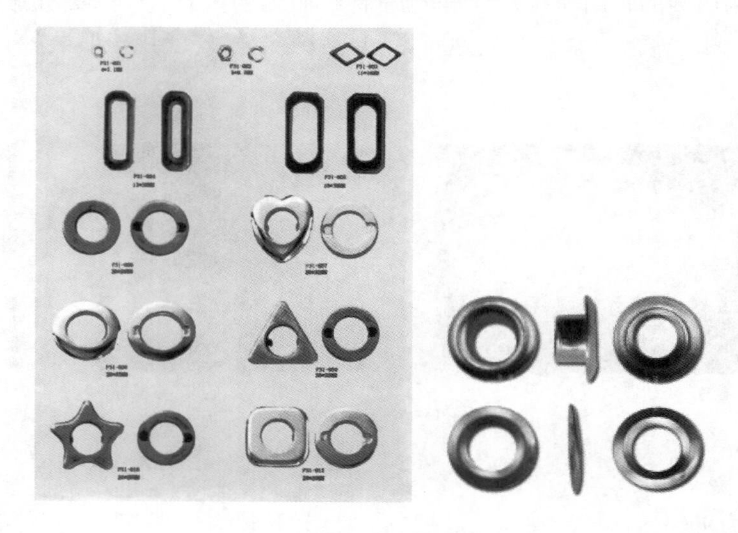

图 1-4-8　气眼

9. 拉链

拉链是由两边布带中间夹上一排金属齿或塑料齿组成的扣件，用于衣服或袋口的连接开口边缘（图 1-4-9）。按材料分，有尼龙拉链、树脂拉链、金属拉链；按品种分，有开尾拉链和闭尾拉链。

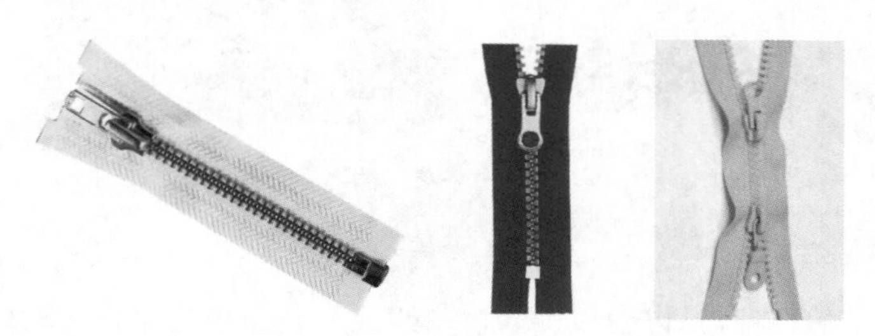

图 1-4-9　拉链

10. 四合扣

四合扣是钮扣的一种，俗称按扣、弹簧扣、车缝钮(图 1-4-10)。四合扣靠 S 型弹簧结合，从上到下分为 ABCD 四个部件：AB 件称为母扣，宽边上可刻花纹，中间有个孔，边上有两根平行的弹簧；CD 件称为公扣，中间突出一个圆点，圆点按入母扣的孔中后被弹簧夹紧，产生开合力，固定衣物。

图 1-4-10　四合扣

11. 五爪扣

五爪扣，意指五个爪的扣子，它不仅美观大方，并能在扣面上刻印各式精致的花纹图案和品牌商标，加上使用各种表面处理手段，能够适应各种颜色的服装，特别适用于童装(图 1-4-11)。

图 1-4-11　五爪扣

12. 绳扣

服装用绳扣主要用于抽绳的长短调节和抽绳末端的固定(图 1-4-12)。

图 1-4-12　绳扣

第二章　针织服装局部工艺设计

针织面料与机织面料在结构上存在差异，使得针织面料具有其特有的性能，故针织服装在缝制工艺上有别于机织面料。本章将对针织服装套头式领圈、套头式领开口、衣下摆、侧缝开衩等部位的工艺形式、缝制特点以及针织服装的一些特殊工艺做介绍。

第一节　套头式领圈工艺设计

套头式领圈是指在衣片上不设扣合件，直接从头上套入的一类服装款式。从造型上分类，有圆领、一字领、V字领、方形领、U字领、荡领等。本节以圆领圈为例，其工艺主要有罗纹、滚边、折边、扭边、毛边、贴边等形式。

一、罗纹工艺

罗纹为双面纬编针织物，具有很好的弹性，用于领口、袖口、下摆等部位将其收紧，达到适穿和造型效果。图 2－1－1 为套头式领圈罗纹。

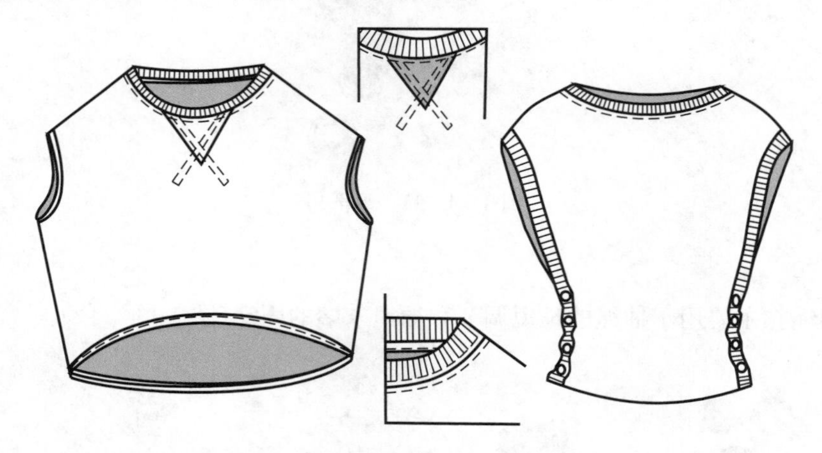

图 2－1－1　套头式领圈罗纹

（一）领口罗纹长度和宽度的设计

领口罗纹的长度应比领圈周长短，罗纹装上后会使领口显得平整，在领口罗纹宽度为 2 cm 左右时，领口罗纹长度≈领圈周长×80％左右，衣片领圈周长＝前衣片领口弧长＋后衣片领口弧长（图 2－1－2）。领口罗纹宽度应根据款式进行设计，通常平服的 T 恤一般为 1.5～3 cm，中领打底衫为 4～6 cm，高领打底衫则为 7～10 cm。

注：领口罗纹长度的确定，还要考虑罗纹布的紧密度和衣片领圈的形状，实际应用时，

应进行试样后再确定长度。

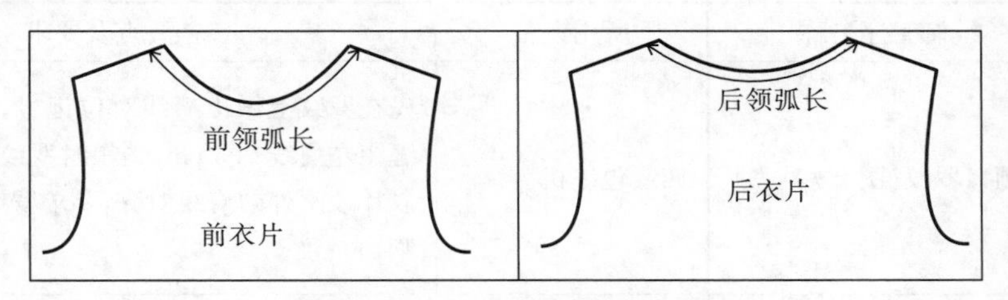

图 2-1-2　前、后领口弧长

（二）罗纹圆领工艺一

四线包缝＋双针三线绷缝固定(图 2－1－3)，缝制工艺要点见表 2－1－1。

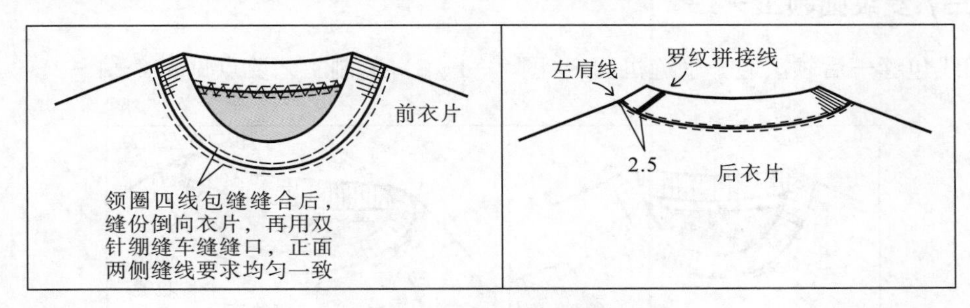

图 2-1-3　罗纹圆领工艺一

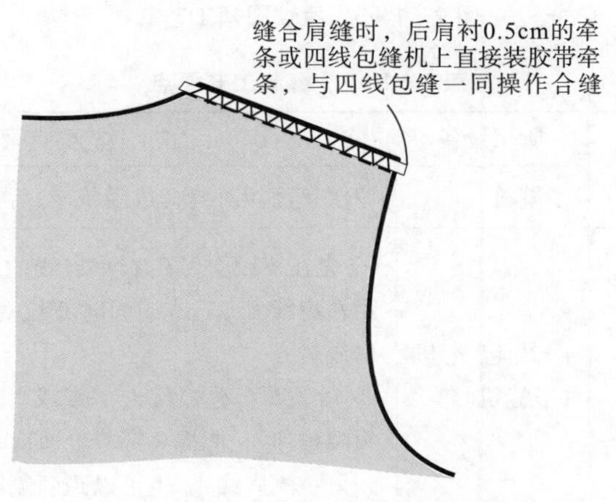

图 2-1-4　合肩时衬肩带

表 2-1-1　缝制工艺要点

序号	缝制工序名称	所用设备	工艺要点及要求
1	拼接罗纹	平缝机	罗纹正面相对缝合成圈状，然后将罗纹宽度对折
2	缝合肩缝(图 2－1－4)	四线包缝机	用四线包缝机缝合前后肩缝时，要在肩线上衬 0.5 cm 宽的牵带随四线包缝机与衣片领圈一同缝合，要求左右肩缝长度一致

续表

序号	缝制工序名称	所用设备	工艺要点及要求
3	绱领口罗纹(图 2-1-3)	四线包缝机	先在罗纹上做出肩线对位记号,罗纹的拼接缝距左肩线 2.5 cm,绱领时罗纹对位记号与衣片领圈处的肩线对齐,要求罗纹的宽度、松紧均一致
4	双针绷缝固定领圈(图 2-1-3)	双针三线绷缝机	领圈缝份倒向衣片,在绱领缝口一周用绷缝机固定,要求绱领缝口居中,双针绷缝线在两侧均匀一致

(三) 罗纹圆领工艺二

四线包缝+后领滚边+平缝机固定(图 2-1-5),缝制工艺要点见表 2-1-2。

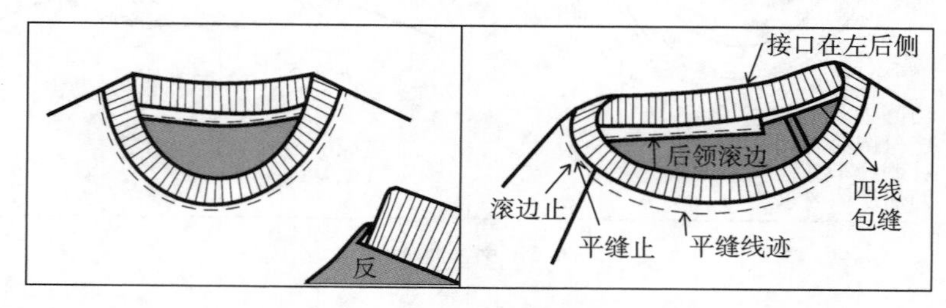

图 2-1-5 罗纹圆领工艺二

表 2-1-2 缝制工艺要点

序号	缝制工序名称	所用设备	工艺要点及要求
1	拼接领口罗纹	平缝机	罗纹正面相对缝合成圈状,然后将罗纹宽度对折
2	绱领口罗纹(后领圈车滚边布或棉质人字带)	四线包缝机(平缝机)	① 先在罗纹上做出衣片肩线的对位记号,罗纹的拼接缝距左肩线 2.5 cm,绱领时罗纹对位记号与衣片领圈上的肩线对齐 ② 后领圈车缝棉质人字带或者用本色布滚边,既能防止领圈拉伸,又能提高穿着舒适度。滚边可以从一侧肩线缝到另一侧肩线止,也可以距两侧肩缝不到 2 cm 止
3	固定领圈	平缝机	领圈缝份倒向衣片,沿领滚边车缝一周,要求缝线宽窄一致,滚边后的宽度盖住领圈的缝份

(四) 罗纹 V 领工艺

四线包缝+后领滚边+平缝机固定(图 2-1-6),缝制工艺要点见表 2-1-3。

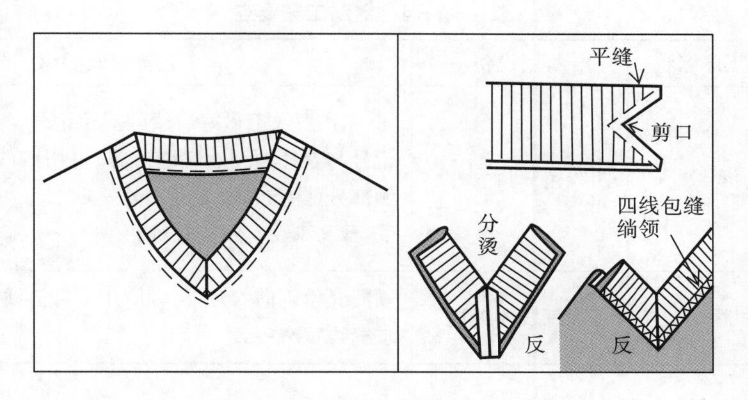

图 2-1-6 罗纹 V 领工艺

表 2-1-3 缝制工艺要点

序号	缝制工序名称	所用设备	工艺要点及要求
1	拼接罗纹 V 领	平缝机	① 按款式确定 V 领的尖角角度，罗纹正面相对后，按尖角形状平缝拼接，然后分烫缝份 ② 尖角处剪口，再按宽度折烫
2	绱罗纹领(后领圈车滚边布或棉质人字带)	四线包缝机(平缝机)	① 先在罗纹上做好肩线的对位记号，绱领时罗纹对位记号与衣片领圈处的肩线对齐，前衣片尖角剪口 0.3 cm 与 V 领尖角对准，罗纹与衣片领圈尖角两侧先平缝 4 cm 左右，再四线包缝机绱领一圈 ②后领圈车缝棉质人字带或者用本色布滚边(与罗纹一同缝合)，距两侧肩缝不到 2 cm 止
3	固定后领滚边	平缝机	领圈缝份倒向衣片，沿领滚边车缝，要求缝线宽窄一致

(五) 罗纹立领工艺

四线包缝＋双针三线绷缝固定(图 2-1-7)，缝制工艺要点见表 2-1-4。

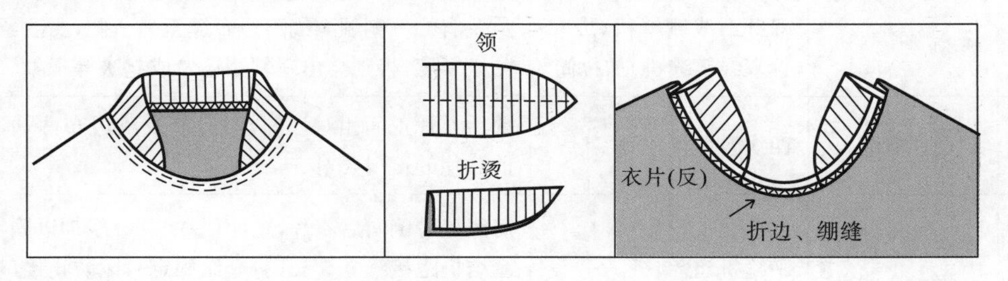

图 2-1-7 罗纹立领工艺

表 2-1-4　缝制工艺要点

序号	缝制工序名称	所用设备	工艺要点及要求
1	绱立领罗纹	四线包缝机	① 先在罗纹上做好肩线的对位记号，绱领时罗纹对位记号与衣片领圈的肩缝对齐，再用四线包缝机缝合立领部分(除前领圈无领部分外) ② 要求罗纹立领左右对称
2	固定领圈	双针三线绷缝机	领圈缝份倒向衣片，沿领圈用双针三线绷缝机车缝，要求缝线宽窄一致

二、滚边领工艺

滚边领工艺可以采用绷缝、链缝、平缝等缝迹，滚边布可以用本布、罗纹，也可以选包边用松紧带等辅料。缝制时可使用专用绷缝机并配上专业导布器(也称拉筒)，如用双针三线绷缝机滚领，正面有两道明线；如用链缝机滚领，正面线迹如同平缝机显示一道明线。下面介绍三种滚领工艺。

(一) 滚领工艺一

先滚领再缝合左肩缝(图 2-1-8)，缝制工艺要点见表 2-1-5。

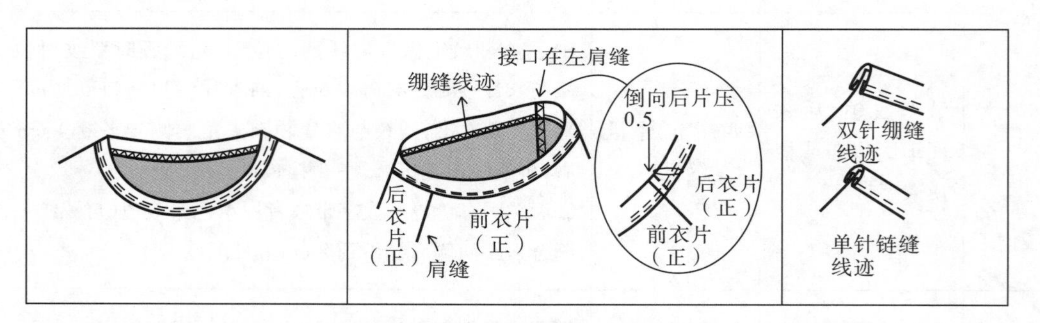

图 2-1-8　先滚领再缝合左肩缝

表 2-1-5　缝制工艺要点

序号	缝制工序名称	所用设备	工艺要点及要求
1	缝合右肩缝	四线包缝机	前后衣片正面相对，分别缝合右肩缝
2	滚领	双针三线绷缝机(或单针双线链缝机)加拉筒	从左肩的一侧领圈绱滚边布缝至另一侧，要注意送布的松紧度，否则会出现领圈还口或起皱等现象
3	缝合左肩缝	四线包缝机	前后衣片正面相对，缝合左肩缝及滚边布两端，要求前后片的接口要对齐
4	左肩滚边接口正面压线固定	平缝机、套结机	肩线缝份倒向后衣片，正面压 0.5 cm 线加以固定(或套结机距接缝 0.5 cm 打套结固定)，以防止接口缝份外露

(二) 滚领工艺二

先缝合左右肩缝再滚领(图 2-1-9),缝制工艺要点见表 2-1-6。

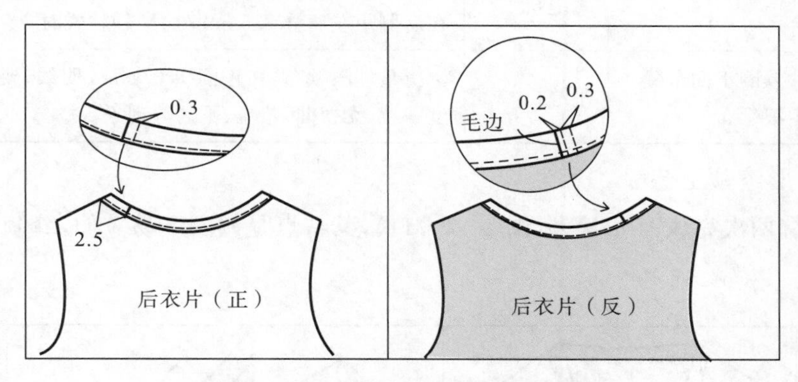

图 2-1-9　先缝合左右肩缝再滚领

表 2-1-6　缝制工艺要点

序号	缝制工序名称	所用设备	工艺要点及要求
1	缝合衣片肩缝	四线包缝机	衣片正面相对,分别缝合左右肩缝
2	滚领	单针双线链缝机	单针双线链缝机滚领,缉 0.1 cm 的明线,滚领接缝在后片左侧,距左肩缝 2.5 cm,要求缉线均匀、领圈圆顺
3	固定滚边接口	平缝机	平缝机车缝接口,缝份往后中倒,车 0.3 cm 回针固定,反面毛边止口外露 0.2 cm,接缝处平服,原身布不脱散

(三) 滚领工艺三

平缝机缝两次完成滚领(图 2-1-10),其特点是领圈不易拉伸,缝制工艺要点见表 2-1-7。

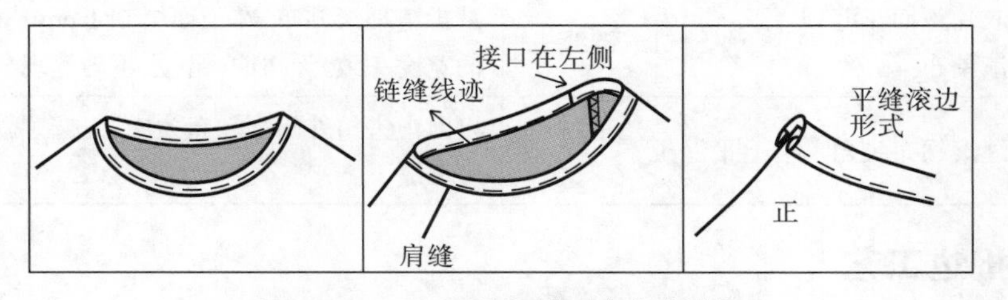

图 2-1-10　平缝机缝两次完成滚领

表 2-1-7　缝制工艺要点

序号	缝制工序名称	所用设备	工艺要点及要求
1	平缝滚边布接口	平缝机	① 先确定滚边长度,一般情况下,滚边长度为结构图上的领圈围度尺寸 ② 平缝滚边布接口,缝份分烫

续表

序号	缝制工序名称	所用设备	工艺要点及要求
2	滚领布与衣片领圈缝合	平缝机	衣片反面与滚领布正面相对缝合。圆领款式时，接口放在后侧距左肩缝 2.5 cm 处；V 领款式时，接口放在前中
3	衣片领圈正面车缝固定滚领布	平缝机	翻折整理滚领布，在正面缉 0.1 cm 明线，要求滚边的宽度一致，无扭曲、错位、不匀等现象

(四) V 形滚领工艺

平缝机缝两次完成 V 形滚领(图 2-1-11)，其特点是领圈不易拉伸，缝制工艺要点见表 2-1-8。

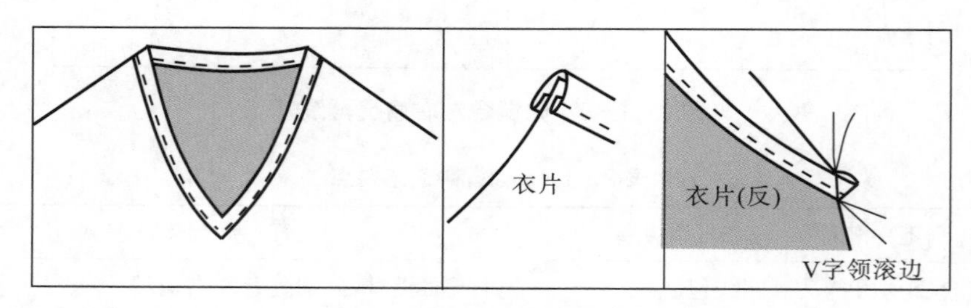

图 2-1-11 V 形滚领工艺

表 2-1-8 缝制工艺要点

序号	缝制工序名称	所用设备	工艺要点及要求
1	车缝滚边布接口	平缝机	① 先确定滚边长度，一般情况滚边长度为结构图上的领圈围度尺寸 ② 将滚领布两端接口缝合，再将缝份分烫
2	滚领布与衣领领圈缝合	平缝机或链缝机	滚领布接口放在衣领口前中尖角处，衣片反面与滚领布正面相对缝合
3	在衣片正面车缝固定滚领布	平缝机或链缝机	翻折整理滚领布，在正面缉 0.1 cm 明线，要求滚边的宽度一致，无扭曲、错位、不匀等现象
4	车缝滚领布尖角	平缝机	以前中尖角处的滚领布为中心，按照款式的尖角程度车缝

三、领圈折边工艺

领圈折边的收边形式有双折边和单折边两种，见图 2-1-12。双折边时常使用单针双线链缝机，单折边时常使用双针三线绷缝机。

当选择折边工艺缝制领圈时，需注意以下几点：

① 领圈尺寸要较大，等于或大于头围尺寸，以免领圈拉伸变形。

② 领圈弧度要较平缓，否则易起皱，如一字领、荡领等领型适用。

③ 折边宽度不宜过大，一般为 0.8～1 cm。

④ 根据设计，也可以在领圈的基础上加上蕾丝、荷叶边等，更有装饰性。

缝制工艺要点见表 2－1－9。

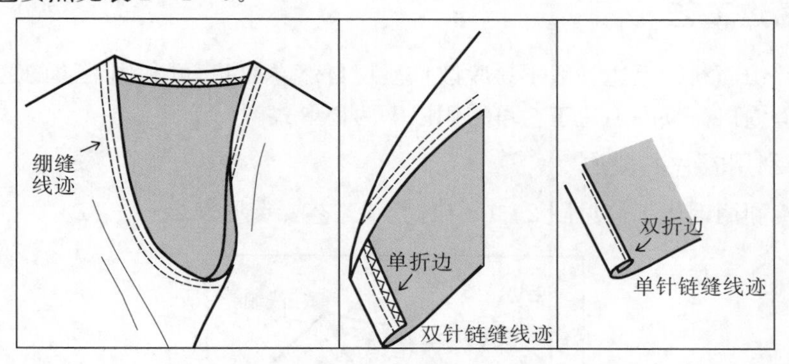

图 2－1－12　领圈折边工艺

表 2－1－9　缝制工艺要点

序号	缝制工序名称	所用设备	工艺要点及要求
1	缝合肩缝	平缝机	衣片正面相对，分别缝合左右肩缝
2	缝制领圈	绷缝机或链缝机	① 根据设计，将领圈按单折或双折的宽度折烫 ② 用绷缝机或链缝机沿领圈车缝一周固定，要求宽度均匀，不起扭、不起皱、不拉伸 ③ 缝线接头放在后衣片距左肩缝 2.5 cm 处，注意收尾处理，以防线迹脱散

四、领圈扭边工艺

扭边是故意将面料折扭的一种工艺形式，可用于领圈、袖口、底摆等部位，具有较好的装饰效果，见图 2－1－13，缝制工艺要点见表 2－1－10。

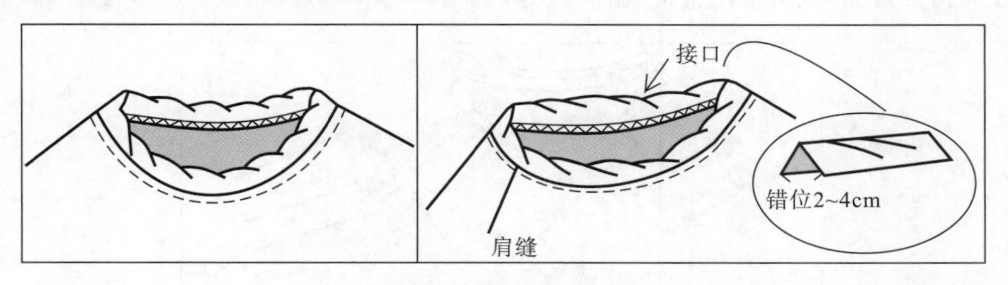

图 2－1－13 领圈扭边工艺

表 2－1－10　缝制工艺要点

序号	缝制工序名称	所用设备	工艺要点及要求
1	缝合领口布	平缝机	用于领口扭边的面料丝缕长度方向采用直丝，先确定领圈长度后再缝合接口（领口扭边布长度要短于领圈周长）
2	折扭边	平缝机	领口扭边面料对折，错位 2～4 cm 车缝固定一周
3	绱领圈扭边	四线包缝机	将领口扭边放置在衣片领圈上，领扭边接口置于后衣片且距左肩缝 2.5 cm 处，用四线包缝缝合
4	领圈缉明线	平缝机或单针链缝机	绱领缝份倒向衣片，正面压 0.1 cm 明线

五、领圈毛边工艺

大多数针织面料的毛边一般不易脱散且呈现自然卷曲状，可利用毛边的这种特性和装饰效果来处理领口。领圈毛边工艺可采用以下两种形式。

1. 直接利用衣片的裁边

领圈直接利用毛边工艺见图 2－1－14，缝制工艺要点见表 2－1－11。

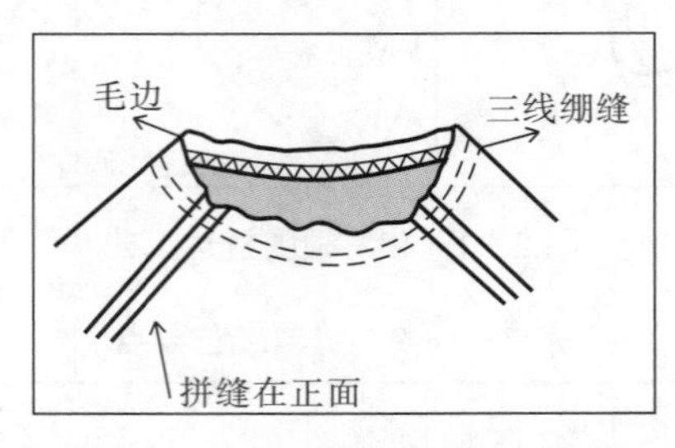

图 2－1－14　领圈直接利用毛边

表 2－1－11　缝制工艺要点

序号	缝制工序名称	所用设备	工艺要点及要求
1	绷缝领口	双针三线绷缝机或三针五线绷缝机	为防止领圈拉松，选择距边口 1～2 cm 左右绷缝加固。双针三线绷缝机正面呈现两条缝线，三针五线绷缝正面有较强的装饰效果

2. 领圈镶夹针织毛边条工艺

毛边条直接从针织面料上裁剪出，长度方向的丝缕最好是横丝（横丝卷曲效果好），形状既可采用长方形，也可采用扇形、漩涡状等，见图 2－1－15，缝制工艺要点见表 2－1－12。

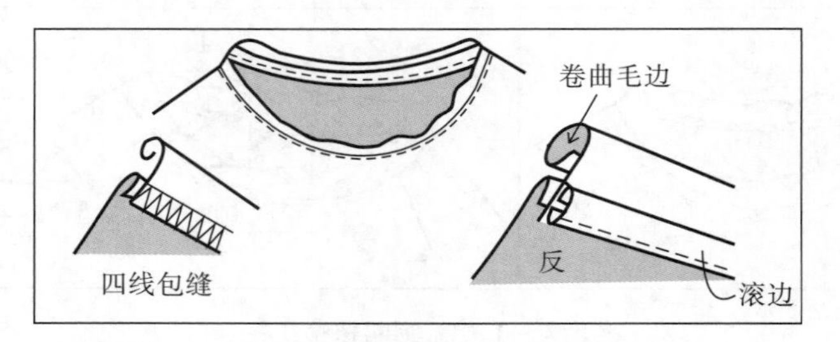

图 2－1－15　领圈镶夹针织边条

表 2－1－12　缝制工艺要点

序号	缝制工序名称	所用设备	工艺要点及要求
1	拼接毛边条	平缝机	将毛边条的两端拼接
2	车缝固定毛边条	四线包缝机或平缝机	毛边条与衣片正面相对固定在领圈上，可用四线包缝线迹或平缝线迹
3	衣片缉明线	平缝机或单针双线链缝机	如选择四线包缝线迹，此时需将缝份倒向衣片，在正面沿领圈压明线一周
4	绷缝或内滚边加固	绷缝机或平缝机	如选择平缝线迹，此时可采用绷缝或者内滚边方式将缝份盖住

六、领圈贴边工艺

领圈内加贴边是机织服装常用的一种工艺形式，用在针织服装上，则适合于低弹针织面料。图 2-1-16 为 V 字尖口领圈的贴边工艺，缝制工艺要点见表 2-1-13。

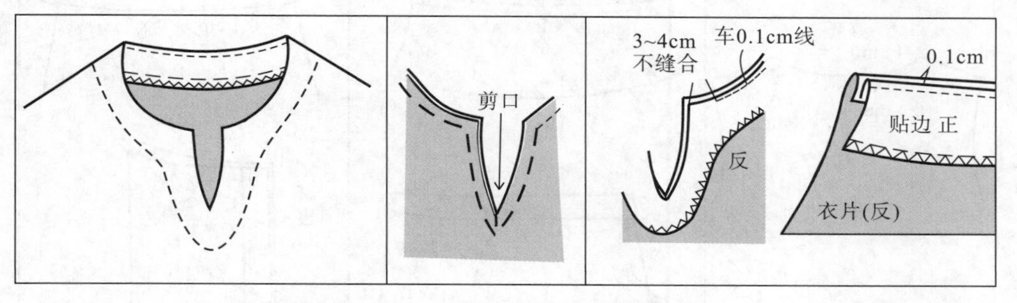

图 2-1-16　V 字尖口领圈的贴边工艺

表 2-1-13　缝制工艺要点

序号	缝制工序名称	所用设备	工艺要点及要求
1	缝合贴边肩缝，缝合衣片肩缝	平缝机	分别缝合贴边和衣片的肩缝后，再分别分烫肩缝
2	贴边与衣片领圈缝合	平缝机	将衣片和贴边正面相对，对准两肩缝、V 字尖口，车缝后修剪缝份留 0.3 cm。注意 V 字尖角处要打剪口
3	车缝领圈暗线	平缝机	衣片翻至正面，在贴边一侧车缝 0.1 cm 暗线固定领圈缝份，以防止贴边外翻，同时缝份压实后看上去薄挺
4	翻烫、固定贴边	平缝机	翻烫贴边，固定贴边线，可用明线车缝固定。外观如不需明线，可在各个拼缝和肩缝处车缝或手缝固定

第二节　套头式开口工艺设计

针织服装最大的特点是弹性较好易于穿脱，但当套头式的针织服装领围较小、面料弹性较低或者需要装饰设计时，应考虑开口设计。开口设计包括位置、长度、工艺等要素。下面介绍几种常用开口工艺，包括开衩开口、门里襟开口、普通拉链开口、隐形拉链开口等工艺。

一、滚边式开衩开口(图 2-2-1)

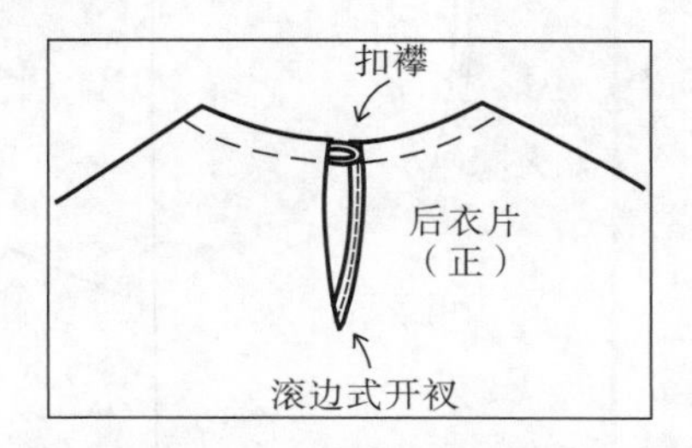

图 2-2-1　滚边式开衩开口

滚边式开衩开口的工艺分为开衩开口缝制和领圈缝制两部分。

1. 滚边式开衩开口工艺

滚边式开衩开口的工艺见图 2-2-2,缝制工艺要点见表 2-2-1。

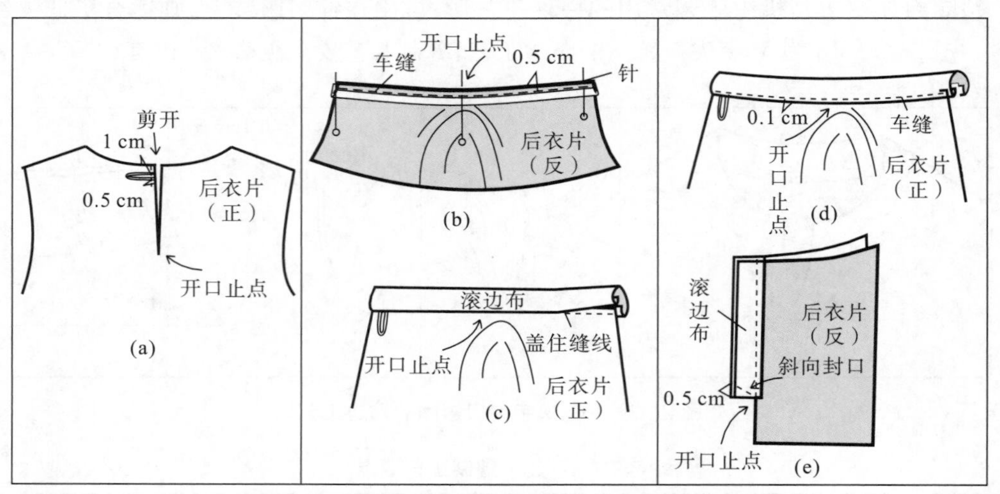

图 2-2-2　滚边式开衩开口的工艺

表 2-2-1　缝制工艺要点

序号	缝制工序名称	所用设备	工艺要点及要求
1	后开衩剪口固定扣襻	剪刀 平缝机	按开衩位置剪口,将扣襻距领圈 1 cm、开口 0.5 cm 车缝固定,见图 2-2-2(a)
2	开口滚边	平缝机	① 衣片反面朝上,剪口拉成直线,与滚边条正面相对,用珠针固定后距边 0.5 cm 车缝。注意开口顶端必须缝住,见图 2-2-2(b); ② 衣片翻到正面,折转滚边条盖住第一条缝线,见图 2-2-2(c),然后车缝 0.1 cm 固定,见图 2-2-2(d)
3	开口顶端封口	平缝机	衣片反面朝上,滚边条顶端斜向车缝固定,见图 2-2-2(e)

2. 领圈滚边工艺

领圈滚边的工艺见图 2-2-3,缝制工艺要点见表 2-2-2。

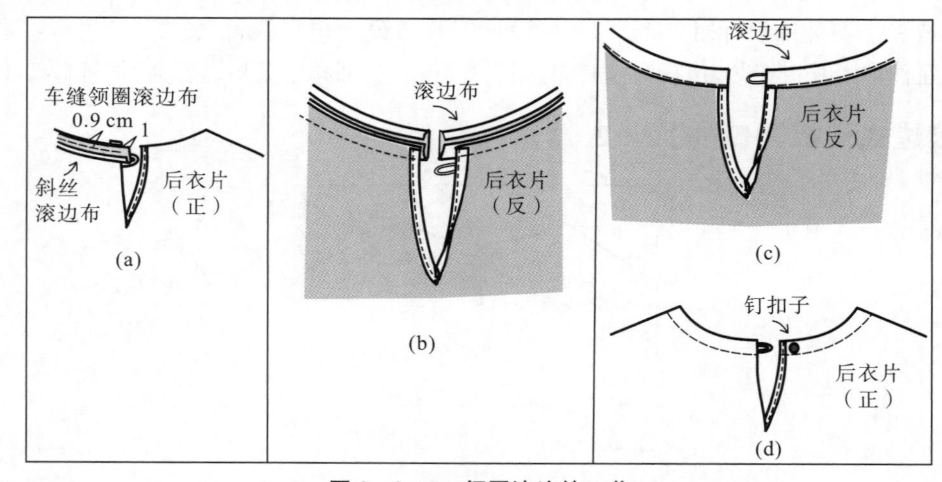

图 2-2-3　领圈滚边的工艺

表 2-2-2　缝制工艺要点

序号	缝制工序名称	所用设备	工艺要点及要求
1	车缝领圈滚边	平缝机	将斜裁的滚边条(采用机织布,以防拉伸变形)一侧先扣烫,与衣片正面相对后,滚边条的另一侧与领圈对齐,滚边条在开口处伸出 1 cm 用于后续边缘处理,然后按 0.9 cm 车缝,见图 2-2-3(b)
2	滚边布内侧车缝固定	平缝机 电熨斗	① 将开口两侧的缝份折转,再沿缝口折转滚边条到衣片反面并扣烫,整理领圈使之平整后,车缝固定领圈滚边,见图 2-2-3(c) ② 在领圈右侧钉扣子,见图 2-2-3(d)

二、折边式开口工艺

该款衣片在开口止点处有横向分割线,折边式开口工艺见图 2-2-4,缝制工艺要点见表 2-2-3。

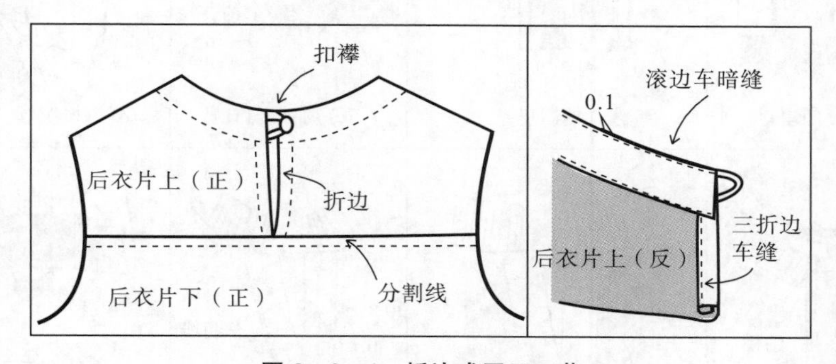

图 2-2-4　折边式开口工艺

表 2-2-3　缝制工艺要点

序号	缝制工序名称	所用设备	工艺要点及要求
1	开口折边	平缝机	将衣片上部的开口直接三折边车缝
2	缝合衣片上下部分	平缝机	将衣片的上下部分正面相对缝合后缝份往下倒,在下衣片上车明线固定
3	装扣襻,领圈滚边	平缝机	① 领圈滚边条为单层斜裁,先与衣片正面相对车缝 0.5 cm,然后修剪留 0.3 cm,在滚边条上车暗线 ② 将扣襻装在左后领圈开口处 ③ 折转滚边条到衣片的反面,折光滚边条后与衣片的领圈车缝固定

三、门里襟开口工艺

门里襟开口工艺在针织 T 恤中经常使用(图 2-2-5),门里襟开口工艺见图 2-2-6,缝制工艺要点见表 2-2-4。

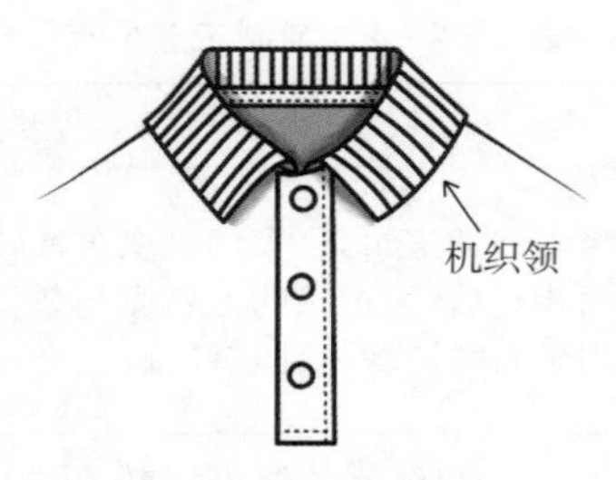

图 2-2-5　门里襟开口

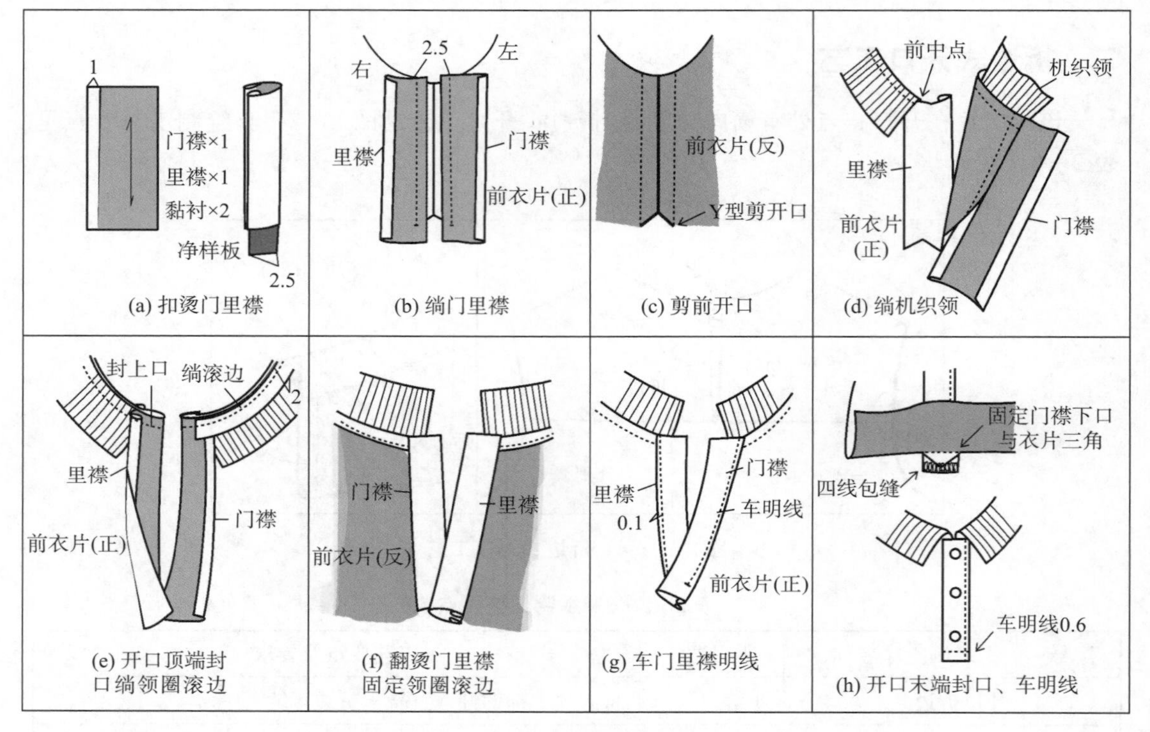

图 2-2-6　门里襟开口工艺

表 2-2-4　缝制工艺要点

序号	缝制工序名称	所用设备	工艺要点及要求
1	扣烫门里襟	电熨斗	门里襟分别烫上黏衬，用净样板包烫，宽 2.5 cm，见图 2-2-6(a)
2	绱门里襟	平缝机	在前衣片正面对齐开口的位置右边绱里襟、左边绱门襟，正面相对车缝固定，两线间距 2.5 cm，见图 2-2-6(b)
3	剪前片开口	剪刀	前衣片按开口位置剪口，见图 2-2-6(c)
4	绱机织领	平缝机	对齐前领、后领的中点，将机织领适当拉开与衣片正面相对缝合，见图 2-2-6(d)
5	开口顶端封口 绱领圈滚边	平缝机	① 分别将门里襟上口正面相对按净线车缝 ② 取宽约 2 cm 滚边条与衣片领圈对齐车缝，见图 2-2-6(e)

续表

序号	缝制工序名称	所用设备	工艺要点及要求
6	翻烫门里襟 固定领圈滚边	平缝机	① 把门里襟用镊子翻到正面,熨烫平整 ② 衣片翻到反面,折转滚边条盖住领圈缝份,然后车缝 0.1 cm 固定,见图 2-2-6(f)
7	车门里襟明线	平缝机	衣片正面朝上,分别在门里襟压 0.1 cm 明线,注意要固定住内侧缝份,见图 2-2-6(g)
8	开口末端封口 车明线	平缝机 四线包缝机	① 对齐门里襟末端与三角,在反面车缝固定三道线 ② 缝份四线包缝 ③ 在正面、前衣片开口的末端车 0.6 cm 明线,见图 2-2-6(h)

四、普通拉链开口工艺

1. 领圈绱普通拉链的开口工艺一

领圈绱普通拉链开口工艺一,开口处采用加贴边,款式见图 2-2-7,开口工艺见图 2-2-8,缝制工艺要点见表 2-2-5。

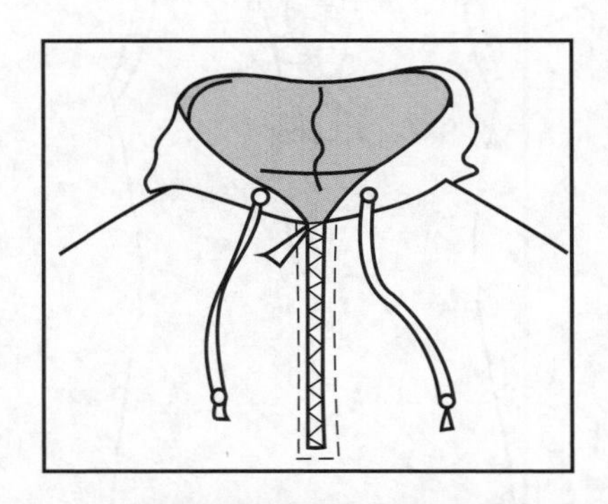

图 2-2-7　领圈绱普通拉链开口工艺一款式图

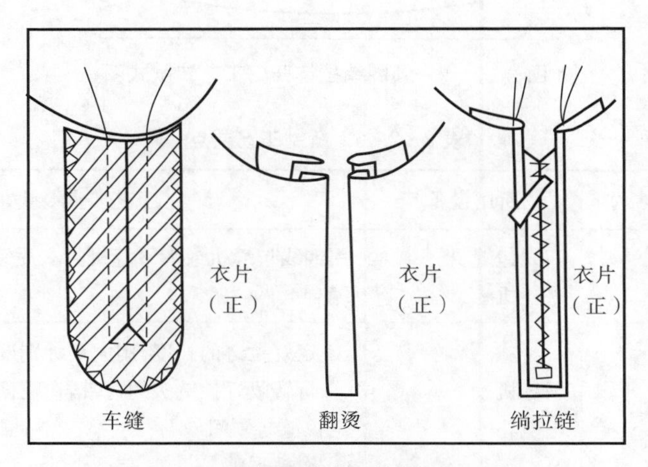

图 2-2-8　领圈绱普通拉链开口工艺一

表 2-2-5　缝制工艺要点

序号	缝制工序名称	所用设备	工艺要点及要求
1	开口处绱贴边	平缝机	正面相对缝合贴边布与衣片，按开口长度和露出拉链齿的宽度车缝
2	剪开口翻烫贴边	剪刀 电熨斗	① 前衣片按开口位置再剪 Y 型剪口到止点 ② 把贴边布翻到衣片反面熨烫，注意止口不能外露
3	绱普通拉链	平缝机	把定好长度的拉链放到开口下，要注意位置，如用铜拉链，拉链齿需放在净线范围内

2. 领圈绱拉链开口工艺二

领圈绱拉链开口工艺二见图 2-2-9，缝制工艺要点见表 2-2-6。

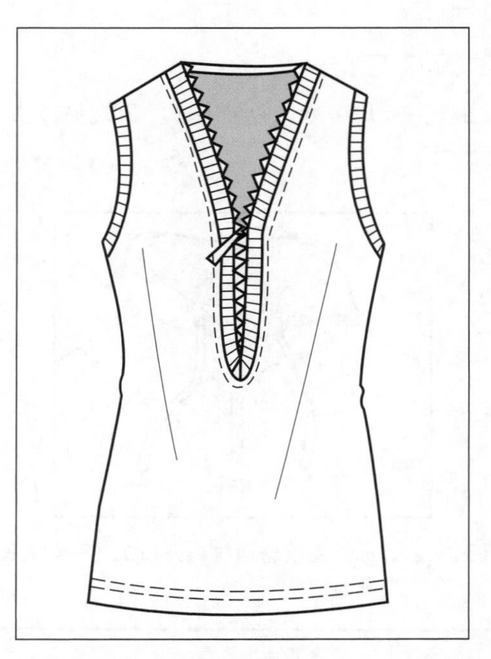

图 2-2-9　领圈绱拉链开口工艺二款式图

表 2-2-6　缝制工艺要点

序号	缝制工序名称	所用设备	工艺要点及要求
1	领圈收边	四线包缝机 平缝机	用四线包缝机或者平缝机将衣片领圈与罗纹正面相对缝合
2	绱普通拉链	平缝机 电熨斗	① 定好拉链的长度，用大头针别好拉链露齿的宽度 ② 折转收好拉链头的边带，在正面压 0.1 cm 明线，固定拉链与领圈 ③ 熨烫平整

五、隐形拉链开口工艺

开口用隐形拉链时，一般有两种开口形式：一端打开和两端闭合。隐形拉链的位置一般放在后中线上或者侧缝。连衣裙合体款低弹面料开口一般到臀围线附近，上衣领圈开口尺寸一般大于头围尺寸。装在后中线上的隐形拉链多为上口打开（图 2-2-10），装在侧缝的隐形拉链则是两端闭合（图 2-2-11）。缝制工艺要点见表 2-2-7。

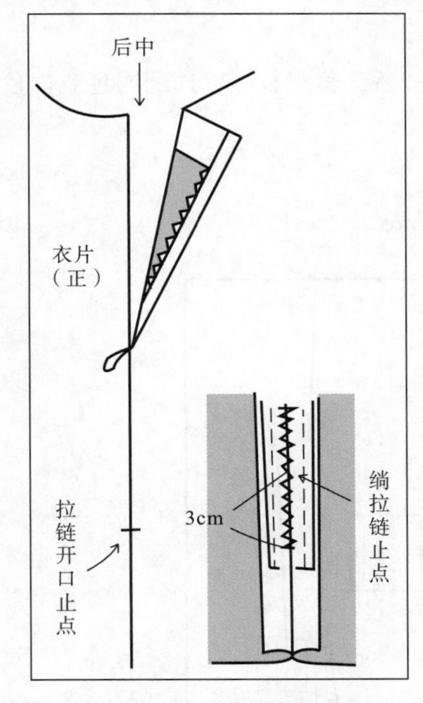

图 2-2-10　后中装隐形拉链（一端打开）工艺

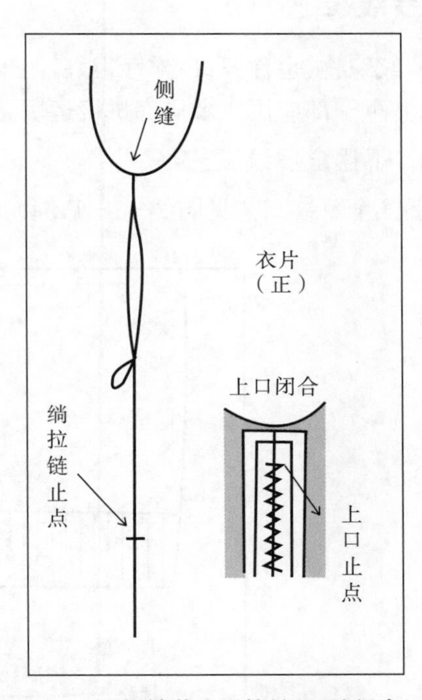

图 2-2-11　侧缝装隐形拉链（两端闭合）工艺

表 2-2-7　缝制工艺要点

序号	缝制工序名称	所用设备	工艺要点及要求
1	一端打开的隐形拉链开口	平缝机 专用压脚 电熨斗	① 缝合衣片，留出开口长度，注意拉链净长要比开口长度多 2～3 cm，放在拉链尾部，上口打开 ② 用隐形拉链压脚绱拉链，注意密合，两侧松紧一致 ③ 上口用贴边收口 ④ 与衣片车缝固定拉链尾部余下部分，熨烫平整
2	两端闭合的隐形拉链开口	平缝机 专用压脚 电熨斗	① 缝合开口上、下两端的衣片缝份，注意拉链净长要比开口长度多 2～3 cm，放在拉链尾部 ② 用隐形拉链压脚绱拉链，注意密合，两侧松紧一致 ③ 与衣片车缝固定拉链尾部余下部分，熨烫平整

第三节　下摆工艺设计

针织服装的下摆工艺设计与袖口、袖窿的边口工艺形式很接近，下摆工艺设计时可以与领圈工艺彼此呼应。其主要工艺有罗纹、折边、扭边、滚边、毛边、密拷、克夫、束口等形式。

一、罗纹工艺

罗纹织物(也称罗口)弹性很好，用于收紧下摆舒适又美观。可以选配同色或撞色的罗纹织物，可全部应用或者局部拼接运用。

1. 下摆全罗纹工艺

下摆全罗纹工艺见图 2-3-1，缝制工艺要点见表 2-3-1。

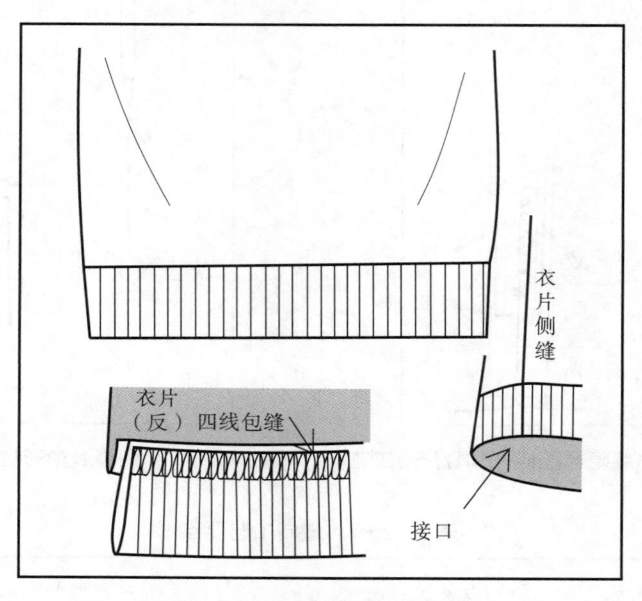

图 2-3-1　下摆全罗纹工艺

表 2-3-1　缝制工艺要点

序号	缝制工序名称	所用设备	工艺要点及要求
1	平缝拼接罗纹	平缝机	① 根据款式和罗纹弹性确定罗纹的长度，通常罗纹的长度小于衣片下摆围度约为 4～8 cm 左右，具体长度视款式而定 ② 罗纹正面相对缝合成圈状，然后将罗纹宽度对折
2	四线包缝缝合下摆罗纹	四线包缝机	将罗纹的拼接线对准衣片侧缝，用四线包缝机缝合衣片与下摆罗纹，要求罗纹的宽度、松紧均一致

2. 下摆局部罗纹工艺

下摆局部拼接罗纹工艺常用于较宽松的款式，下摆前中位置不用罗纹。拼接转角部位是工艺难点。下摆局部罗纹工艺见图 2－3－2，缝制工艺要点见表 2－3－2。

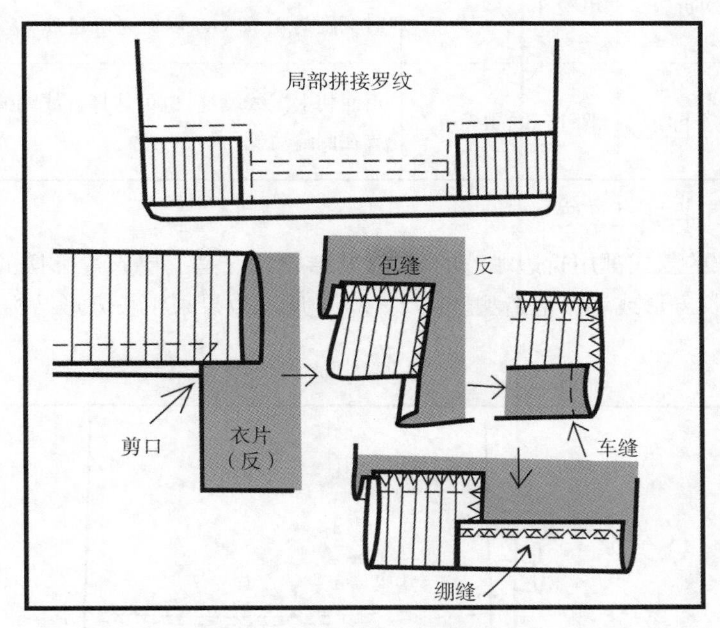

图 2－3－2　下摆局部罗纹工艺

表 2－3－2　缝制工艺要点

序号	缝制工序名称	所用设备	工艺要点及要求
1	拼接罗纹与衣片转角	电熨斗 平缝机 三线包缝机	① 先确定适当的罗纹长度然后按宽度折烫 ② 用平缝机正面相对拼接罗纹与衣片的转角部分，注意衣片转角处在车到转折点时要打剪口
2	绱下摆罗纹	四线包缝机	用四线包缝机缝合下摆罗纹与衣片（除了前中下摆），要求罗纹的宽度、松紧均一致
3	双针绷缝固定前中下摆	平缝机 双针三线绷缝机	① 翻折前中部位的两侧缝份，用平缝机车缝固定 ② 前中下摆缝份用绷缝机固定，要求双针绷缝线均匀一致

二、折边工艺

下摆折边绷缝是最常用的针织成衣下摆的工艺形式，在下摆呈直线或弧线较平缓时应用，有一定弹性的休闲运动款有时会选择与面料撞色的缝线来强调设计感。

1. 常规下摆折边工艺

常规下摆折边工艺见图 2－3－3，缝制工艺要点见表 2－3－3。

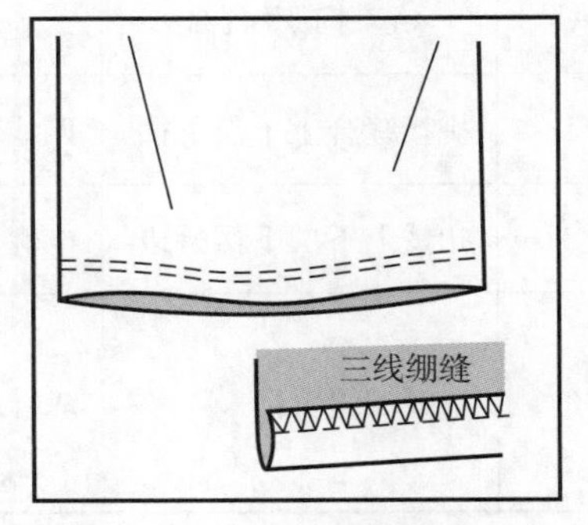

图 2－3－3　常规下摆折边工艺

表 2-3-3 缝制工艺要点

序号	缝制工序名称	所用设备	工艺要点及要求
1	扣烫下摆折边	电熨斗	扣烫下摆折边，折边宽度为 2～3 cm，当下摆弧度加大时宽度为 1～2 cm，以免起扭起皱
2	双针绷缝下摆	双针三线绷缝机	正面朝上三线绷缝，也可选择五线绷缝，注意线迹接口放在侧缝后侧

2. 假双层下摆折边工艺

假双层下摆的款式都用折边绷缝的工艺，其结构特点是上层衣片下摆的造型可能是弧线，下层可以是长方形或者其他造型。图 2-3-4 所示效果采用长方形结构，缝制工艺要点见表 2-3-4。

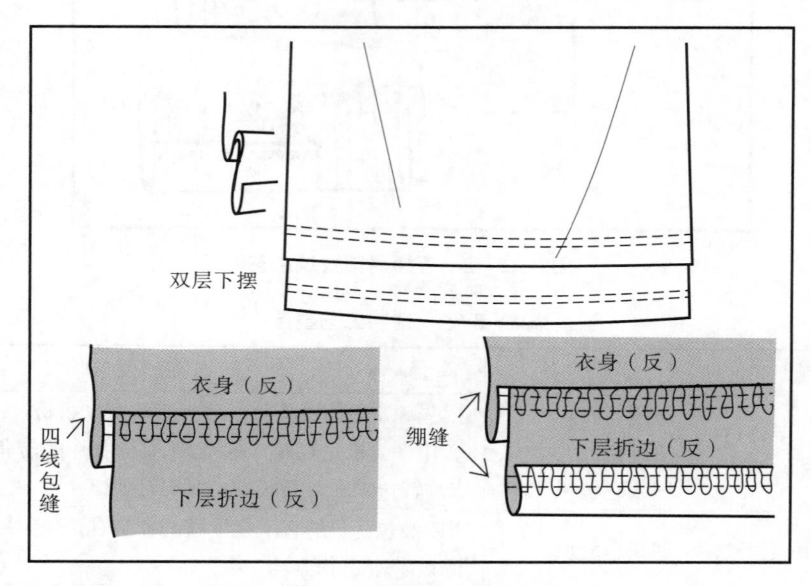

图 2-3-4 假双层下摆折边工艺

表 2-3-4 缝制工艺要点

序号	缝制工序名称	所用设备	工艺要点及要求
1	拼接缝合上下层下摆	四线包缝机	用四线包缝机拼接缝合上下层
2	扣烫上下层下摆折边	电熨斗	分别扣烫下摆折边，折边宽度为 2～3 cm
3	双针绷缝下摆	双针三线绷缝机	正面朝上，分别用三线绷缝固定上层和下层下摆，也可以用五线绷缝，双层下摆的面料配色多为撞色设计，凸显里外关系

3. 下摆抽绳工艺

在下摆折边绷缝的基础上加纵向抽绳的设计，抽绳可调节，使下摆有所变化（图 2-3-5），缝制工艺要点见表 2-3-5。

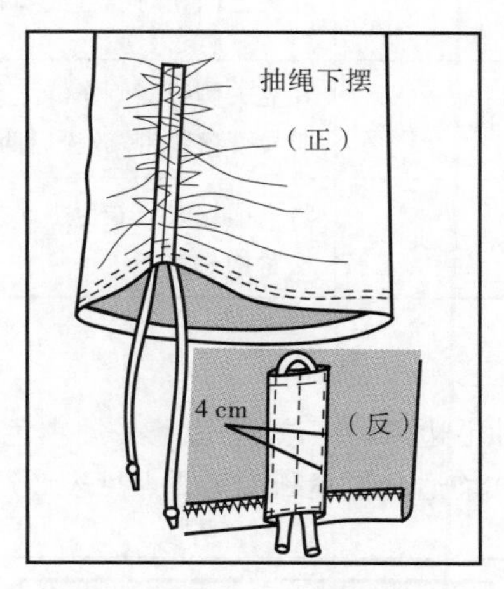

图 2-3-5 下摆抽绳工艺

表 2-3-5 缝制工艺要点

序号	缝制工序名称	所用设备	工艺要点及要求
1	双针绷缝下摆	双针三线绷缝机	扣烫下摆折边，正面朝上三线绷缝
2	扣烫贴边布	电熨斗	贴边布宽约 4 cm，四周折烫
3	贴边两端折光	平缝机	贴边布上下两端用平缝机，折边车缝
4	车缝固定贴边 穿入抽绳	平缝机 穿带器	① 贴边布两侧按定位车 0.1 cm 扣压缝，中间再车一道线，形成两个通道 ② 运用穿带器穿好配套的棉绳，绳子两头打结固定

三、下摆克夫工艺

克夫工艺也是下摆和袖口的常用工艺。克夫一般为双层结构，宽度可根据款式随意设计。在克夫和衣片的拼接处可加毛边、蕾丝等装饰，也可以对克夫本身进行变化设计。

1. 下摆克夫两侧加松紧工艺

在衣片下摆克夫两侧加松紧，会呈现比较紧身或贴体的效果。其工艺见图 2-3-6，缝制工艺要点见表 2-3-6。

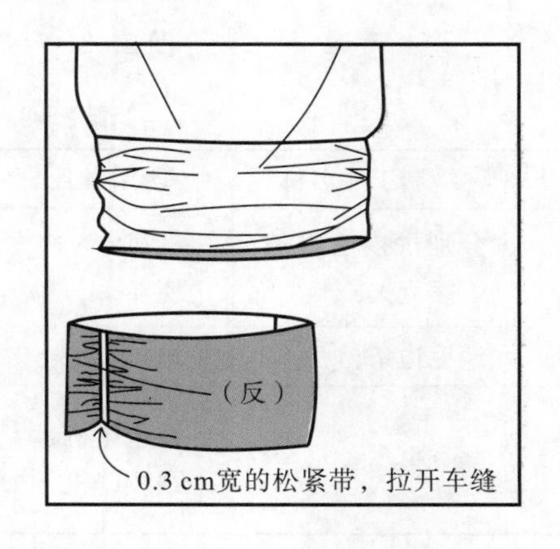

图 2-3-6 下摆克夫两侧加松紧工艺

表 2-3-6　缝制工艺要点

序号	缝制工序名称	所用设备	工艺要点及要求
1	拼接克夫	平缝机 电熨斗	克夫正面相对缝合成圈状，然后按宽度对折烫好
2	装松紧带	平缝机	在克夫侧缝两侧车缝配色窄松紧带（0.3～0.5 cm），缝制时拉开松紧带，放松后两侧缝长度要一致
3	绱下摆克夫	四线包缝机	将下摆克夫与衣片正面相对缝合，要求前后克夫的宽度、松紧均一致

2. 下摆克夫加毛边条工艺

图 2-3-7 是在拼接处加毛边条的工艺（毛边条采用本色或异色针织布，横丝裁剪，卷曲效果好），合体或宽松的款式均适合。缝制工艺要点见表 2-3-7。

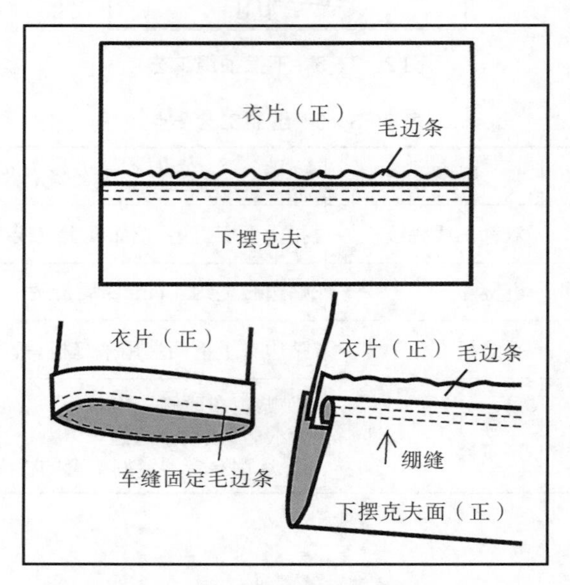

图 2-3-7　下摆克夫加毛边条工艺

表 2-3-7　缝制工艺要点

序号	缝制工序名称	所用设备	工艺要点及要求
1	分别拼接毛边条、下摆克夫	平缝机 电熨斗	毛边条、下摆克夫分别正面相对缝合成圈状，克夫按宽度对折烫好
2	绱毛边条	平缝机	将毛边套在衣片下摆车 0.5 cm 左右，固定一圈
3	绱克夫	四线包缝机 三线绷缝机	① 四线包缝机缝合固定克夫面与衣片 ② 翻折克夫里整理好克夫宽度，三线绷缝固定衣片、毛边条和克夫。注意对位，以免起扭

四、束口工艺

针织服装的下摆束口造型较多，运用罗纹、克夫等形式都有束口效果。这里介绍两种运用辅料——松紧带和绳子来实现的束口效果。

1. 南瓜造型工艺

在南瓜造型或茧型服装中强调下摆束口，考虑实穿性和美观性，常用有弹性的松紧带（图2-3-8），缝制工艺要点见表2-3-8。

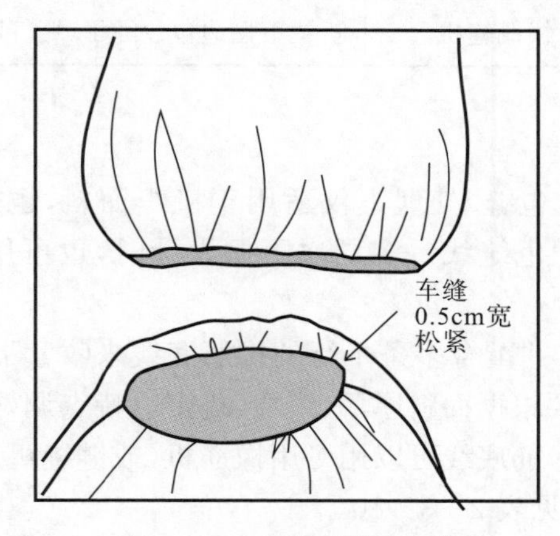

图2-3-8　南瓜造型工艺

表2-3-8　缝制工艺要点

序号	缝制工序名称	所用设备	工艺要点及要求
1	拼接松紧带	平缝机	确定松紧带长度，两端平叠车缝固定成圈状
2	装松紧带	三线绷缝机或平缝机	① 衣服单层时，可将松紧带包进下摆折边里绷缝 ② 衣服有里布时，可将松紧带塞入面、里布的拼缝里 ③ 松紧带也可以直接拉开，用平缝机车缝在下摆

2. 绳子收紧下摆工艺

在一些休闲运动款式中常运用绳子收紧下摆工艺（图2-3-9），缝制工艺要点见表2-3-9。

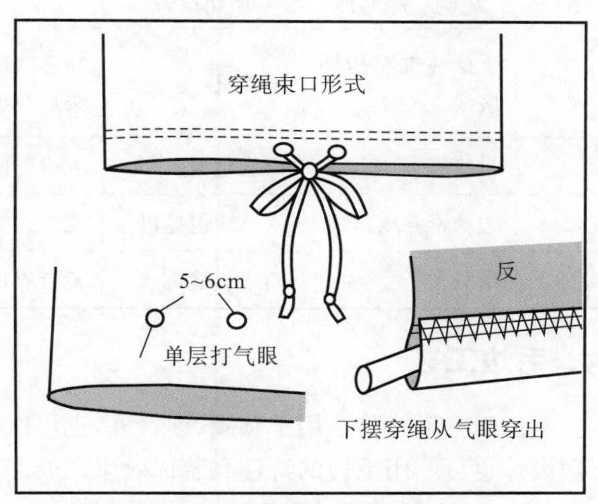

图2-3-9　绳子收紧下摆工艺

表 2-3-9　缝制工艺要点

序号	缝制工序名称	所用设备	工艺要点及要求
1	衣片打孔	锁眼机或打汽眼模具	留出绳子的两个出口，可以打气眼，也可以锁圆形扣眼。为保证牢度，打汽眼时打孔处要加垫片
2	穿绳		选择粗细和颜色配套的棉绳，两端分别穿过两个汽眼或扣眼
3	绷缝下摆	三线绷缝机	折烫下摆边包住绳子，绷缝固定下摆

五、密拷工艺

下摆边缘密拷（密三线包缝）处理不仅适用于机织面料，也可用于针织面料，有木耳边的装饰效果，通常采用配色缝线。多层次下摆设计时，也可用撞色线来强调层次和节奏感。

下摆边缘密三线包缝，并配合多条平行的橡筋底线来收紧下摆，更能凸显密三线包缝的装饰性。密三线包缝时要根据面料厚薄、弹性、疏密等特点调好线迹，以保证线迹不易脱散且达到设计效果。车缝橡筋底线可以用专用橡筋机（或链缝机）同时完成几条平行线（图 2-3-10）。缝制工艺要点见表 2-3-10。

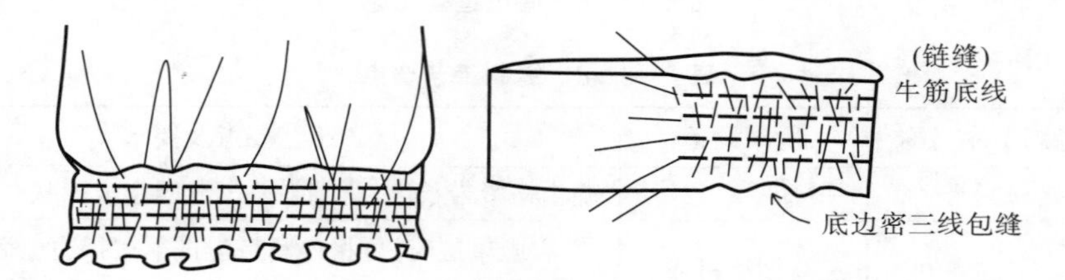

图 2-3-10　下摆密三线包缝工艺

表 2-3-10　缝制工艺要点

序号	缝制工序名称	所用设备	工艺要点及要求
1	下摆克夫车橡筋底线	平缝机	梭芯绕橡筋底线，调大线迹密度，试缝面料确认收缩效果后车缝，平缝后两端橡筋要打结，以防松散
2	拼接克夫	四线包缝机	克夫正面相对缝合成圈状
3	边缘密三线包缝	密三线包缝机	克夫边缘密三线包缝，接口放在衣片侧缝的后侧
4	绱克夫	四线包缝机	缝合衣片与下摆克夫，要求克夫的宽度、松紧均一致

六、毛边工艺

毛边工艺形式除了用于领圈、袖口外，也可以在衣片和袖片上用剪刀剪成破洞而形成，下摆设计也可利用毛边的特性和装饰效果来处理边口。

1. 衣片剪洞加下摆毛边工艺

图 2－3－11 为衣片剪洞加下摆毛边工艺，表 2－3－11 为缝制工艺要点。

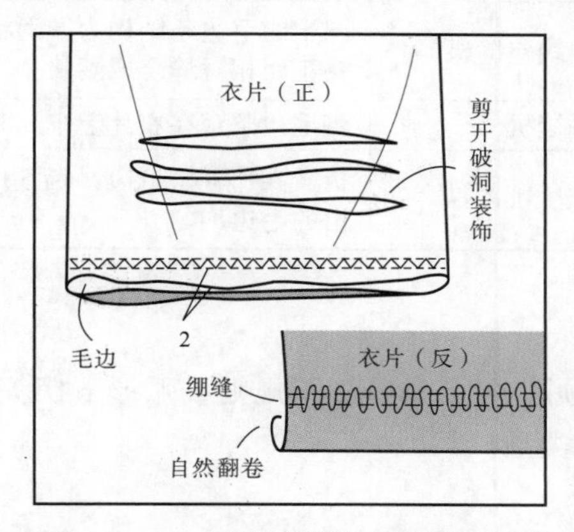

图 2－3－11　衣片剪洞加下摆毛边工艺

表 2－3－11　缝制工艺要点

序号	缝制工序名称	所用设备	工艺要点及要求
1	衣片破洞装饰	剪刀	根据设计在衣片适当部位横向或纵向剪开，剪口可长可短，可布满可局部，出现各种镂空效果，镂空面积较大时可内搭一件衣服，体现层次感
2	缝合衣片侧缝	四线包缝机	缝合前后衣片侧缝
3	绷缝下摆	绷缝机	单层衣片距毛边约 2 cm 绷缝，可以用三线绷缝或五线绷缝线迹，毛边会有自然卷曲效果

2. 下摆另加毛边条工艺

下摆另加毛边条工艺见图 2－3－12，缝制工艺要点见表 2－3－12。

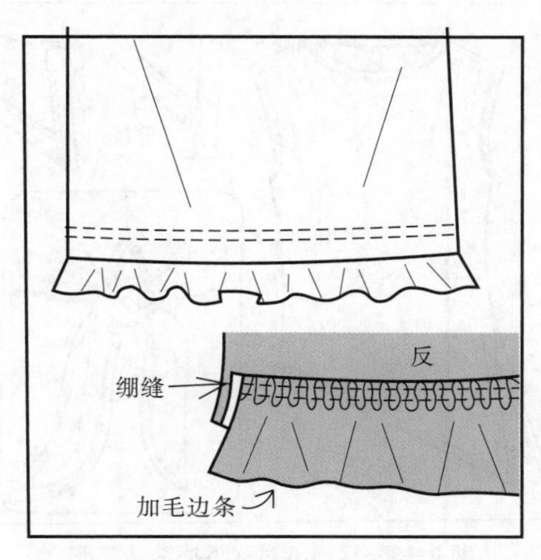

图 2－3－12　下摆另加毛边条工艺

表 2-3-12　缝制工艺要点

序号	缝制工序名称	所用设备	工艺要点及要求
1	拼接毛边条	四线包缝机	图中的毛边条结构为漩涡状，下摆会出现荷叶边效果，两头正面相对缝合成圈状
2	绱毛边条	平缝机	将毛边条套在衣片上车 0.5 cm 左右，固定一圈
3	绷缝下摆	绷缝机	折烫衣片下摆折边，与毛边条一起绷缝固定，注意下摆露出的毛边均匀

七、滚边工艺

滚边工艺广泛运用于领圈、袖口、镂空、不规则或弧形下摆等部位，按面料、款式不同选择滚边的材质、宽度和线迹类型。

1. 弧形下摆滚边工艺

弧形下摆滚边工艺见图 2-3-13。下摆弧形较大的成衣，滚边布不宜太宽(0.5～0.8 cm 合适)。

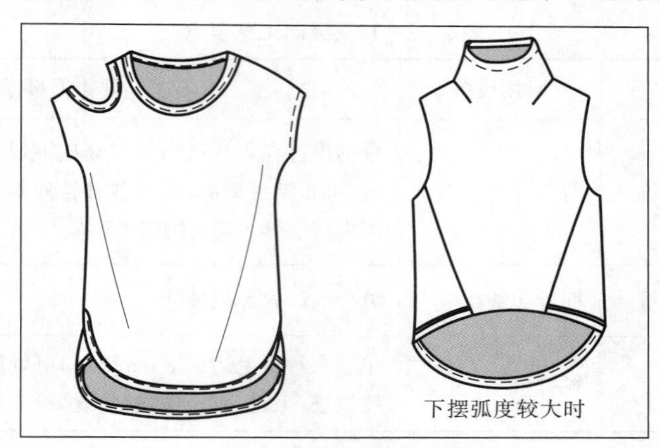

图 2-3-13　弧形下摆滚边工艺

2. 不对称下摆滚边工艺

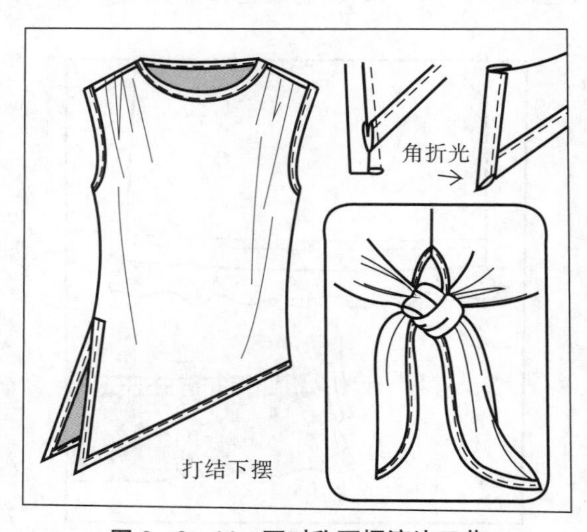

图 2-3-14　不对称下摆滚边工艺

图 2-3-14 所示是不对称斜角状下摆、右侧缝长开衩、在右下摆处打结工艺，缝制工艺要点见表 2-3-13。

表 2-3-13 缝制工艺要点

序号	缝制工序名称	所用设备	工艺要点及要求
1	下摆滚边	链缝机	可运用缝纫配件——拉筒引导滚边布，用链缝机车一次完成下摆滚边
2	侧缝开衩滚边	链缝机 平缝机	侧缝开衩处链缝滚边，要注意转角处要尖锐，包光缝份

第四节 侧缝工艺设计

针织服装的侧缝工艺设计主要针对侧缝开衩折边工艺。下面介绍两种常用的侧缝开衩工艺，一种是侧缝不等长开衩折边工艺，另一种是侧缝开衩运用织带收边的开衩工艺。

1. 侧缝不等长开衩折边工艺

侧缝开衩折边工艺在针织 T 恤服装缝制中经常使用。这里选择一款侧缝不等长的开衩来分析工艺要点(图 2-4-1)。图 2-4-1(a)是此款开衩折边的正面图和背面图。缝制工艺要点见表 2-4-1。

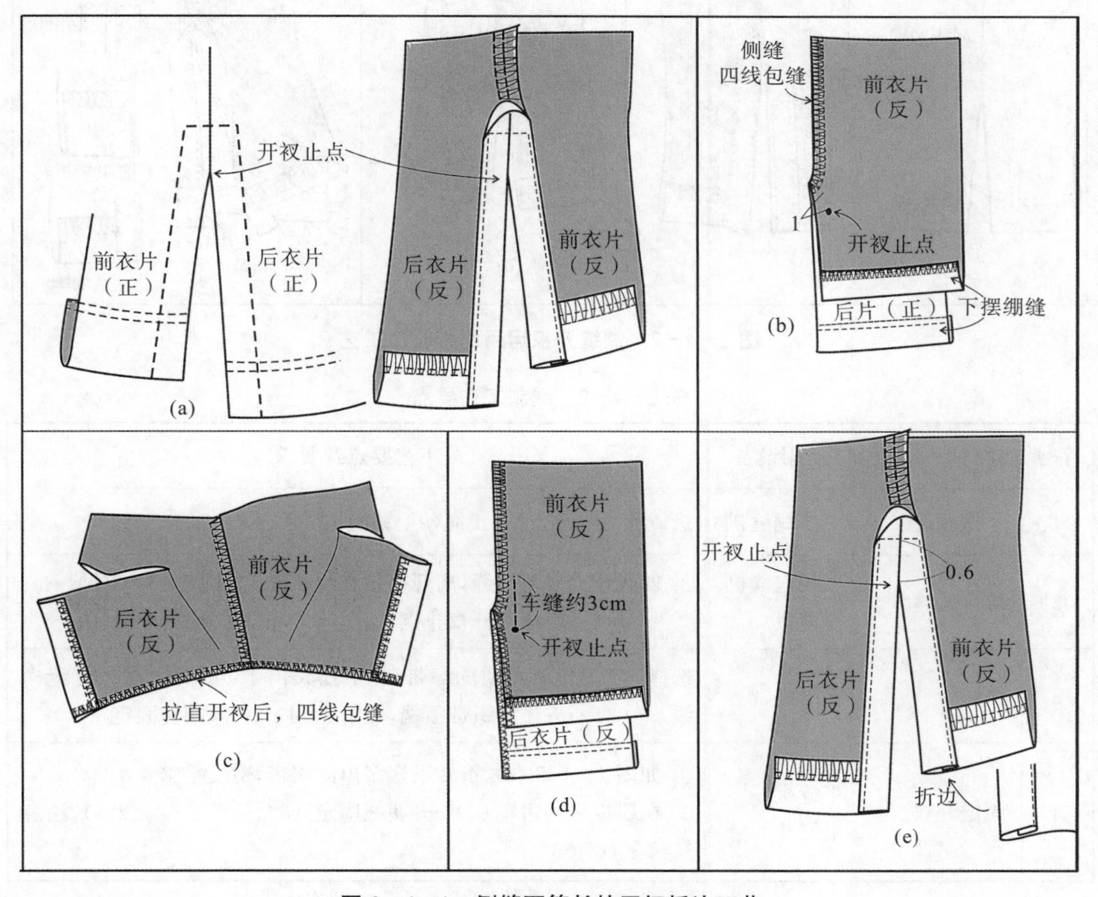

图 2-4-1 侧缝不等长的开衩折边工艺

表 2-4-1　缝制工艺要点

序号	缝制工序名称	所用设备	工艺要点及要求
1	下摆绷缝	三线绷缝机	折烫前、后衣片下摆，正面朝上绷缝，见图 2-4-1(a)
	缝合侧缝	四线包缝机	采用四线包缝机缝合侧缝，距开衩止点约 1 cm 停止，见图 2-4-1(b)
2	包缝前后开衩侧缝	四线包缝机	衣片正面朝上，拉直开衩后，连续四线包缝，见图 2-4-1(c)
3	平缝开衩止点	平缝机	在侧缝开衩止点处往上约 3 cm，从四线绷缝线内侧线开始，用平缝机车缝至开衩止点，缝份 1 cm，见图 2-4-1(d)
4	车缝固定开衩	平缝机	开衩缝边二折后，用平缝机车缝，明线距开衩止点 0.6 cm，见图 2-4-1(e)

2. 侧缝开衩运用织带收边工艺

针织服装的侧缝开衩运用织带收边，不仅外观精致美观，也能增加牢度(图 2-4-2)。图 2-4-2(a)是此款开衩的正面和背面图。缝制工艺要点见表 2-4-2。

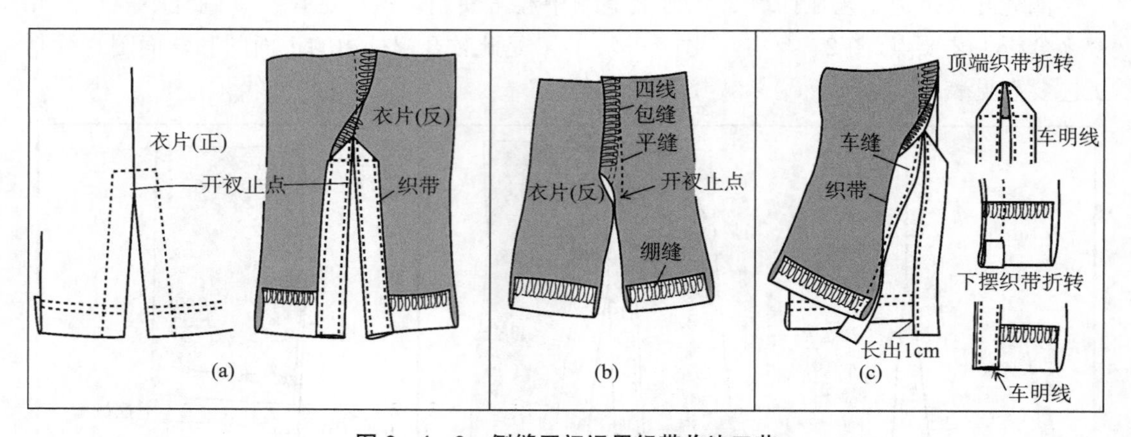

图 2-4-2　侧缝开衩运用织带收边工艺

表 2-4-2　缝制工艺要点

序号	缝制工序名称	所用设备	工艺要点及要求
1	下摆绷缝	三线绷缝机	折烫前后衣片下摆，正面朝上绷缝，见图 2-4-2(b)
2	缝合侧缝	四线包缝机 平缝机	① 四线包缝衣片侧缝，离开衩止点约 2 cm，见图 2-4-2(b) ② 平缝余下侧缝至开衩止点，缝份约 1 cm，见图 2-4-2(b)
3	绱织带	平缝机	选择适当宽度和材质的织带，比下摆长出 1 cm，一边对齐侧缝净线，车 0.1 cm；注意织带顶端，如图 2-4-2(c)，翻转固定
4	固定开衩	平缝机 电熨斗	① 如图 2-4-2(c)，折转下摆多出的织带，熨烫平整 ② 在织带另一边车 0.1 cm 明线固定开衩，见图 2-4-2(a)，注意衩长左右对称

第五节　特殊工艺设计

针织服装除了常用的边口、开口工艺之外，还有一些注重装饰性的特殊工艺。这里着重介绍镂空效果的几种工艺设计，如布条编织、剪开、打结等综合运用的实例。

一、特殊工艺设计一

1. 纵向平行剪开法

在针织T恤前片上加纵向平行剪开线，会出现较有规律的破洞镂空效果，可以选一款成衣T恤改装制作，是简洁易做的设计(图2-5-1)。

2. 剪开编织法

在T恤的领圈下方，按领圈的弧状呈放射状画出线条，用剪刀剪开画线后呈现镂空效果，下摆搭配流苏，具有民族风(图2-5-2)。镂空、编织加流苏的工艺要点见表2-5-1。

图2-5-1　纵向平行剪开法　　图2-5-2　剪开编织法

表2-5-1　镂空、编织加流苏的工艺要点

序号	缝制工序名称	所用设备	工艺要点及要求
1	领口剪开、编织： ① 领口剪开 ② 打结编织	剪刀	① 按领圈的弧状呈放射状画出线条，用剪刀剪开 ② 在本色针织面料上剪出约1 cm宽的布条，布条长度应加上打结所需的量，从衣片肩线处开始，在领弧剪口处逐一打结，要调节好每个结的松紧和间距，整体要求平顺
2	下摆剪开、编织： ① 剪下摆流苏 ② 下摆流苏打结编织 ③ 绱流苏	剪刀 平缝机 三线绷缝机	① 裁剪：先裁剪一块长方形针织面料，宽度与衣片下摆围度等长，长度根据下摆流苏的设计所需(本款需考虑相邻两侧打结所需的长度) ② 剪流苏条：在布边的长度一侧剪开，上方留1.5 cm不剪断，流苏条宽度0.8～1 cm，注意剪口排列均匀 ③ 下摆流苏打结编织：将剪出的布条逐一打结，控制好流苏打结的位置 ④ 绱下摆流苏：用平缝机将下摆流苏条与衣片下摆缝合，下摆流苏两侧平置(不需拼接或重叠)，然后用绷缝机再次固定衣片下摆，露出的流苏均匀一致

二、特殊工艺设计二

1. 剪开打结法

衣片剪开打结形成镂空效果的实例，紧身合体结构，纸样设计时围度方向要计算好打结需要的量，纵向要考虑人体凹凸变化与结的位置之间的关系，胸、腰部的镂空面积在视觉上要恰到好处，更要适穿(图 2－5－3)。

2. 布条编织法

本款是在前片胸线以上部分直接运用布条进行编织形成镂空装饰效果后再拼接衣片另加局部流苏的设计(图 2－5－4)。布条编织法工艺要点见表 2－5－2。

图 2－5－3　剪开打结法　　图 2－5－4　布条编织法

表 2－5－2　布条编织法工艺要点

序号	缝制工序名称	所用设备	工艺要点及要求
1	编织前上片	手工	取一定长度的本布布条，按所需针法穿插、打结等手工编织好前上片，按纸样调整尺寸，左右对称
2	拼接前片	平缝机 四线包缝机	① 0.5 cm 平缝固定编织裁片的缝份四周 ② 四线包缝固定编织的前上片与前下片
3	绱流苏	手工	取本布布条对折，在前片的设计部位，穿过编织镂空，套系做成流苏，调整好长度

三、特殊工艺设计三

1. 麻花辫编织法

本款是在衣片的领圈下方加麻花辫编织的款式，留出足够长度的布条，均匀编织出两条与领圈尺寸吻合的麻花辫，两端毛边可以塞入肩缝(图 2－5－5)。

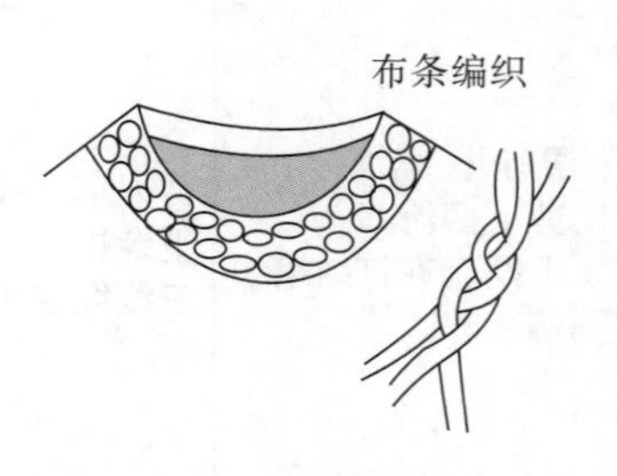

图 2－5－5　麻花辫编织法

2. 网状编织法

本款的编织工艺较复杂，前肩部有侧卧的∪形主线引导，横向密集排列布条，以打结的方式连接主线，一直往后，后片的编织效果是上小下大的网状，极具手工感觉（图 2－5－6）。

3. 交错编织法

本款设计点在背部，不对称、松松的带子交错编织，看上去随意自由（图 2－5－7）。交错编织法工艺要点见表 2－5－3。

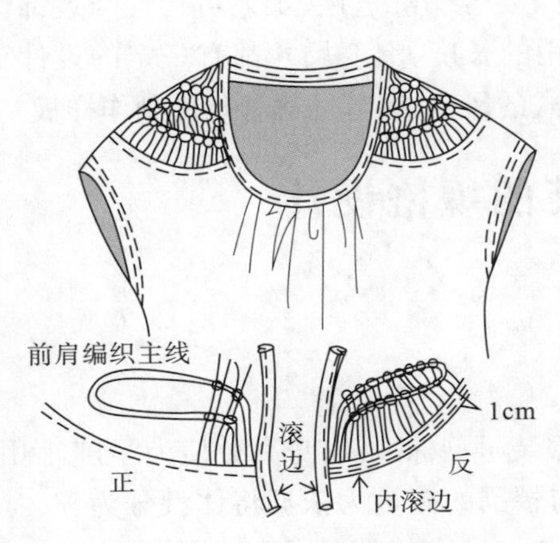

图 2－5－6　网状编织法

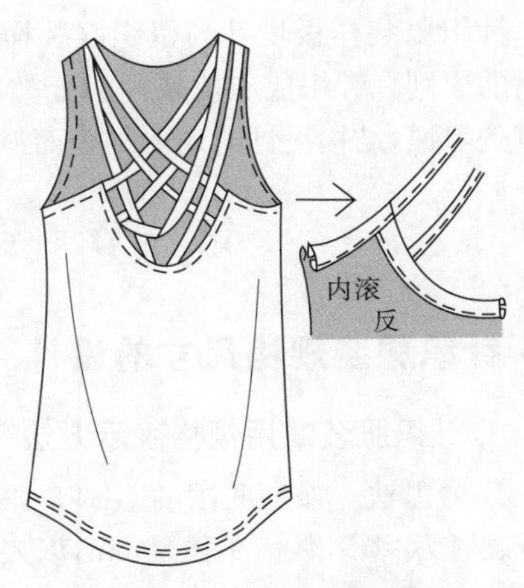

图 2－5－7　交错编织法

表 2－5－3　交错编织法工艺要点

序号	缝制工序名称	所用设备	工艺要点及要求
1	制作带子	平缝机 长钩针	正面相对用平缝机缝合带子两侧，再用手缝针线或者长钩针翻出，做成宽度一致的 7 根带子
2	穿插固定带子	平缝机	① 按款式设计穿插编织这组带子，确定长度和位置后，用平缝机车缝固定在肩缝、后衣片上 ② 注意要按对位记号固定带子两端，要着重区分把握造型功能的布条，必须适合人体结构
3	缝合肩缝 后背收边	四线包缝机 平缝机 电熨斗	① 包缝固定肩缝，缝份烫倒向前衣片 ② 用内滚工艺将袖窿和后背收边，注意避免边缘拉伸起扭

第三章
针织服装样板设计基础知识

针织服装样板设计与机织服装样板设计一样，要遵循舒适性、工艺可行性与装饰性相平衡的原则。针织成衣按品种的分类不同，其常用的长度、围度尺寸都有一定的设计范围和审美习惯，结构设计时还要结合面料的弹性、款式的风格、穿着用途等条件制作样板。

第一节　针织服装的规格设计

一、针织服装规格尺寸的设计

1. 针织服装常用规格表示方法

① 号型法　按照我国的GB/T 1335—1997服装号型标准，以身高数值为“号”，胸围或腰围数值为“型”，数值单位是cm，以人体的胸围与腰围的差量为依据将体型分为Y、A、B、C体型，见表3-1-1。

表3-1-1　我国人体体型分类表　　单位：cm

体型分类代号	性别	胸腰差	体型分类代号	性别	胸腰差
Y	女	19～24	A	女	14～18
	男	17～22		男	12～16
B	女	9～13	C	女	4～8
	男	7～11		男	2～6

如女式上衣的规格标示为160/84A，是指适合身高158～162 cm，净胸围在82～86 cm，胸腰差在14～18 cm的女性。女式下装的规格标示为160/68A，是指适合身高158～162 cm，净腰围在66～70 cm，胸腰差在14～18 cm的女性。

② 胸围法　针织内衣、运动衫、羊毛衫、T恤等针织服装常用成衣胸围尺寸作为规格标示方法，如80 cm、85 cm、90 cm等，一般以5 cm分档。

③ 代号法　一般用大写英文字母或数字标示成衣规格。如S(小号)、M(中号)、L(大号)、XL(特大号)，也有2、4、6、8、10、12或34、36、38、40等数字代表尺码。代号法本身没有确切的尺寸规定，只是表示相对大小的含义。每个服装品牌或服装系列设置的代号所代表的实际规格会有差异。

2. 针织服装的围度尺寸设计

服装成衣的围度尺寸一般不能小于人体的实际围度，因为结构设计时需要考虑人体活动时所需的基本松量。围度的松量设计对于针织服装也同样重要。由于针织面料有弹性，按弹性程度分一般有超高弹、高弹、中弹、低弹等面料。款式设计成紧身型且选用高弹和中弹的面料时，成衣围度尺寸可以比人体实际尺寸小；合体型款式选用中弹面料时，成衣围度尺寸可以与人体实际尺寸相近；而设计宽松型的款式且选用中弹或低弹面料时，成衣围度尺寸则要大于人体实际尺寸。

3. 针织服装的长度尺寸设计

针织服装的长度主要根据款式设计确定。由于针织面料具有的弹性特性，制板时的长度与实际穿着时的长度尺寸会发生差异，应综合考虑面料纬向和经向的弹性，在经向或纬向作适当的尺寸调整。如高弹面料紧身造型，因面料的经向具有极好的弹性，因此背长要变短，整件服装的长度尺寸要缩短；又如合体裤型，由于下蹲等动作幅度较大，面料横向（经向）张力加大，但臀围太大会影响美观，所以围度不变，但要补足裤子直裆长度。

常用针织服装各部位的长度尺寸设计参考：

① 衣长：从后颈点到臀围线附近作参考线。打底衫、T恤、背心等内衣类针织服装的衣长在臀围线以上，运动类服装的衣长在臀围线上下，主要看款式设计和流行趋势而定，见图3-1-1。

② 袖长：肩点、肘点、腕点是袖长的参照点。无袖或盖肩袖款式袖线在肩点附近；短袖款式在肘点以上；中袖款式在肘点与腕点之间，如五分袖（肘点略上）、七分袖（肘点向下10 cm左右），长袖款式在腕点附近，见图3-1-2。

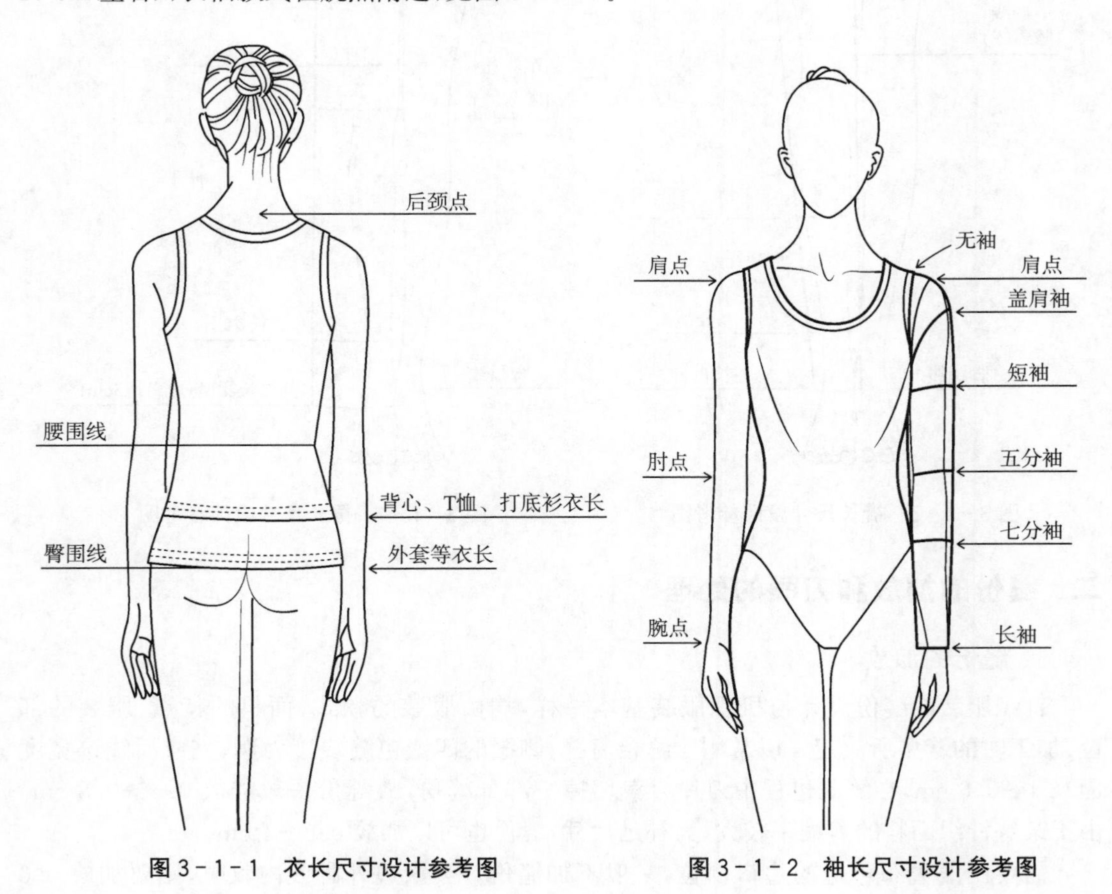

图3-1-1　衣长尺寸设计参考图　　图3-1-2　袖长尺寸设计参考图

③ 裤长：横裆线、膝盖线（中裆线）、脚踝线是裤长的参照线。热裤（包括泳裤）的裤长在

横裆线附近；裤长在膝盖以上是短裤，如运动短裤在膝盖以上 20 cm 左右；中裤的裤长在膝盖线与脚踝线之间，如七分裤、九分裤等；长裤的裤长在脚踝线附近，有时会根据鞋跟高低确定裤长，见图 3－1－3。

④ 裙长：臀围线、膝盖线、脚踝线是裙长的参照线。连体舞蹈（体操）裙或泳装裙的裙长会在臀线附近；短裙在膝盖线以上 5～10 cm；中裙在膝盖线附近，长裙在膝盖线下到脚踝线之间；及地长裙是长过脚踝线到地面附近或者后片再加长拖地，常常要参考鞋跟高度，且前片裙长要离地 3 cm 左右，以免影响行走，见图 3－1－4。

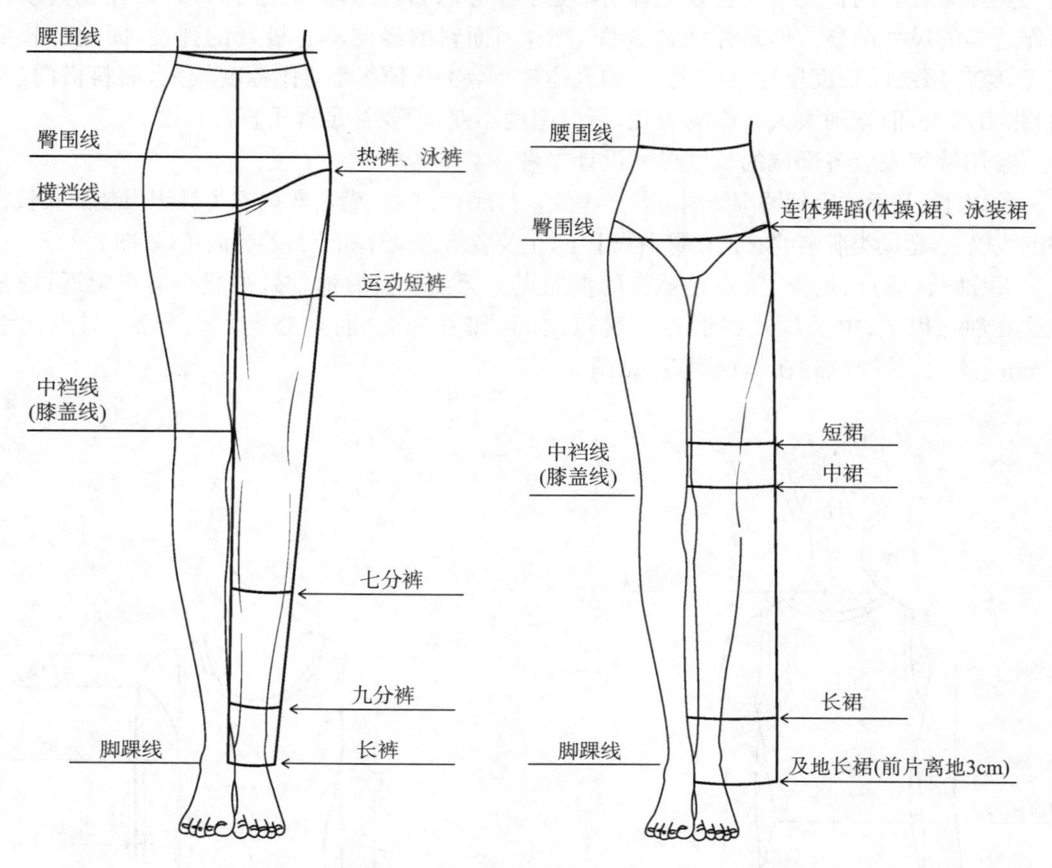

图 3－1－3　裤长尺寸设计参考图　　　　图 3－1－4　裙长尺寸设计参考图

二、缝份的加放和刀眼的处理

1. 缝份的加放

针织服装的缝份设计与机织服装基本一样，均由服装的款式、面料的特点、服装的部位、加工时的缝型所决定。以常用于缝合肩缝、侧缝的四线包缝线迹为例，完成后线迹宽度为 0.4～0.6 cm，在缝制过程中刀片会裁切掉一部分缝份，故缝份一般加放 0.6～0.8 cm。由于某些针织面料的剪缩率较大，为补足尺寸，缝份也可以加放 0.8～1 cm。

需要用滚边布包边的边口部位，一般不加缝份。当滚边外翻或内收时，则要加放 0.6～0.8 cm。

袖口、裤脚口、下摆等需要绷缝折边的部位，用直线或较平缓弧线时缝份为 2～3 cm，弧度较大时缝份为 1～1.5 cm。

常规针织服装各部位缝份设计参考见表 3-1-2。

表 3-1-2　常规针织服装各部位缝份设计参考　　单位：cm

服装部位	缝型或缝迹名称	所用缝制设备	缝份设计说明	缝份(不含缩率)
领子、口袋、门襟、钉商标、针织面料与机织面料相拼接	平缝	平缝机	翻领领子的缝制、罗纹领口的拼接、挖袋的缝制、上衣门襟的缝制，其工艺方法与机织面料相同	1
肩缝、袖缝、侧缝	四线包缝	四线包缝机	针织面料之间的拼接均由四线包缝机缝制	0.6～0.8
袖口、裤脚口、衣裙下摆等	绷缝	双针三线绷缝机	下摆折边的缝制，均由绷缝机缝制，如有需要也可采用其他绷缝机	2～3
上衣领口、袖口等	平缝、链缝或绷缝	平缝机、链缝机或绷缝机	采用滚边工艺的部位	0

2. 刀眼的处理

由于部分针织面料打剪口后易导致线圈脱散造成破损，或者破口拉伸变形，所以针织服装裁片上需要做对位记号的刀眼与机织服装不一样。针织服装的刀眼改成向外突出的小三角，宽度与深度尺寸为 0.3～0.5 cm，见图 3-1-5。

在实际操作时，有些不易脱散、线圈紧密的针织面料做对位记号时也可以剪一刀，斜向或直向剪，深度 0.3 cm 左右。

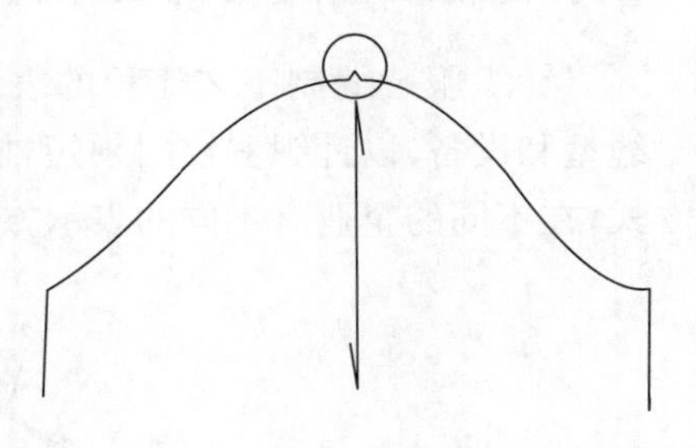

图 3-1-5　三角对位标记

三、铺料、排料、裁剪要点

针织面料在铺料裁剪前要在松弛状态下放置 24 h 以上，以使面料自然回缩充分，这样针织面料的线圈结构才处于比较稳定的状态，以免造成成品的尺寸变化。同时要验布，检查面辅料的配色、色差、编织疵点、染整疵点、印花疵点等，做出记号，在裁剪时避开。如果是批量排料裁剪，在分包时检查并及时换片。

1. 铺料要点

① 铺料是在裁剪台上展开面料平铺，按照样板排料要求，以一定的段长剪断，逐层叠放到一定厚度。铺料前要确认清点面辅料数量和样板、排料图等以免漏裁，还要核对测量面料的幅宽与面料长度。

② 铺料方式要根据针织面料的特点(如花型、条纹、定位花等)，选择适宜的铺料方法，常用铺料方式有单向铺料、双向铺料和翻身对合铺料等，单向铺料是在铺好一层布(规定长度)后剪断，再把布拉回起点铺下一层；双向铺料是铺好一层布后不剪断，直接折回继续铺料；翻身对合铺料是铺好一层布后剪断，再翻面往回铺。

③ 铺料过程中要注意：每层布料的表面要铺平整，丝缕对正，拉布时用力轻而均匀，以免起皱或有段长差异，从而保证铺料的段长基本一致，面料的松紧度一致；有花型、条格面料在铺料时要对正图案与条格；铺料时要不断地理齐布边，留意布面的疵点，尽量避免布疵色差，严重时要裁掉这段。

④ 铺料厚度按面料种类和电刀品种规格而定，以电刀 20 cm（8 英寸）直刀型为例，汗布≤120 层，棉毛布≤50 层，罗纹布≤45 层，薄绒布≤30 层，厚绒布≤20 层。这里只是参考层数，具体按裁剪效果和效率决定层数。

2. 排料与裁剪要点

① 排料的基本原则是对正丝缕，先大后小，紧密套排，有效利用可用的面料空间排列所有样板。可以运用打印好的排料图铺在面料的最上层，直接开刀裁剪。

② 按排料图指示方法把样板放在上层面料上手工画样，画样时要注意面料丝缕与样板所示箭头方向一致，用手压紧，垂直布面画线，线条要细且清晰，然后按线迹裁剪。

③ 对于单件或者小批量的任务，可以省略画样这一步，在布面上确认排列好样板，直接沿纸样边裁切，这种方法适用于轻薄而柔滑的针织面料。

④ 裁剪时要注意裁片边缘要剪顺，刀眼打法要适用于针织面料，位置准确，裁剪结束要核对裁片数量，做各种标记，如袋位、尺码规格等。

四、缝制工艺流程的表示方法

针织服装缝制工艺流程的表示方法，除了与机织服装相同外，还要增加该工序所用的缝型和设备，以针织罗纹圆领短袖衫（图 3－1－6）为例加以说明。注：工艺流程的表示方式，在不同的企业有不同的表示方法，没有统一的标准，只要简单明了，便于实施即可。

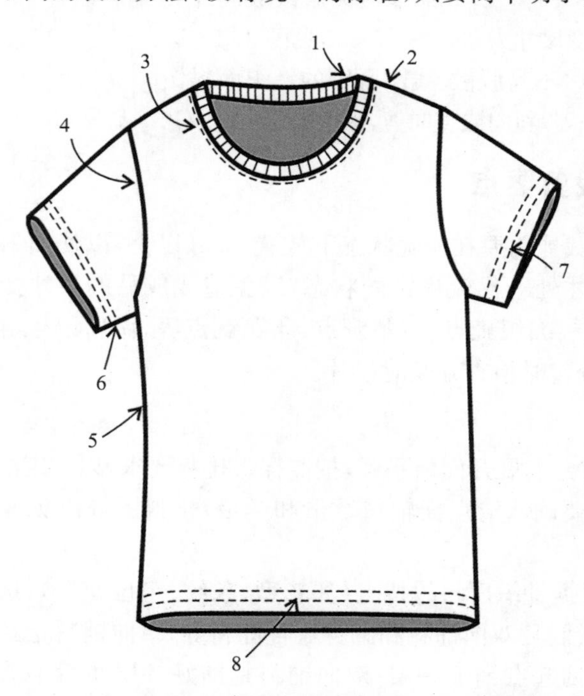

图 3－1－6　针织罗纹圆领短袖衫缝制工艺流程图

针织罗纹圆领短袖衫缝制工艺流程：

领口罗纹平缝拼接（平缝机）→缝合肩缝，衬本色布带或专用弹性胶带（四线包缝机）→绱领口罗纹（四线包缝机，罗纹接头位于左肩缝后 3 cm）→ 车缝领线一周双针绷缝（双针绷缝机、三线包缝机）→ 绱袖子（四线包缝机）→ 缝合侧缝和袖底缝（四线包缝机）→ 袖口折边（双针四线绷缝机，重针位于袖缝后袖处 2～3 cm 处）→ 下摆折边（双针四线绷缝机，重针位于左侧缝后 2～3 cm 处）→ 钉主标（位于后领中心绷缝线上 0.1 cm，左右宽松度 0.5 cm）。

第二节　针织服装样板设计构成要素

由于针织面料的特殊性，其服装样板设计更具多样性、复杂性和灵活性。在进行样板设计时，需先了解针织服装样板设计构成要素，才能使所学的结构设计理论知识得到很好的运用和发挥。

一、款式造型

服装的样板设计应展现服装的款式造型风格，因此在进行样板设计时，须考虑人体着装时的立体形态是紧身型、合体型、半宽松型还是宽松型。同时，款式的设计应以简洁为主，尽量避免过多分割线和省道设计。

二、面料特性

针织服装样板设计的多样性、复杂性主要体现在面料所具有的不同拉伸性和弹性上。

1. 拉伸性

拉伸性是指针织面料在受到外力拉伸时，尺寸延长的特性。拉伸性的好坏可用拉伸系数表示。拉伸系数指针织面料在拉伸到其最大长度和宽度时，平均每厘米面料被拉伸的长度和宽度的数值。针织面料的拉伸系数通常在 18%～100%甚至更大。拉伸系数越大，其拉伸性越好；拉伸系数越小，其拉伸性越差。针织面料的拉伸性有单向拉伸和双向拉伸两种。

2. 弹性

弹性是指针织面料在拉伸作用力失去以后回复到原来形状的程度。弹性好的针织面料，在拉力消失后能回复到原来的长度和宽度。不同的针织面料，其弹性是有差异的，同种针织面料在长度和宽度方向的弹性可能也不相同。针织面料的弹性有单向弹性和双向弹性两种。

拉伸性好而弹性不好的针织面料，如在拉力消失后不能回复到原来的长度和宽度，或只能回复到近似于原来的尺寸，缝制后的服装穿在身上会显得松垮。为了消除服装的松垮现象，在样板制作时，需根据面料拉伸性和弹性，对样板进行长度和宽度的修改。因此，针织面料的拉伸性和弹性是紧身服装样板长度和宽度设计的重要依据。

3. 拉伸性和弹性的测定

对于像泳衣、紧身连衣式体操服之类的服装，由于面料需要优良的拉伸性和弹性，在样板设计前，面料的拉伸性和弹性的测定显得尤为重要。

面料的拉伸性和弹性在纬向(面料的横向)和经向(面料的纵向)都要测定,测定的方法有多种,本节介绍的是尺子测定法,通过特制的尺子测定面料的拉伸性和弹性(图 3-2-1),尺子左边 10 cm 是放置未拉伸前的面料,右边 12 cm 用于确定面料拉伸后的长度,用百分率表示。

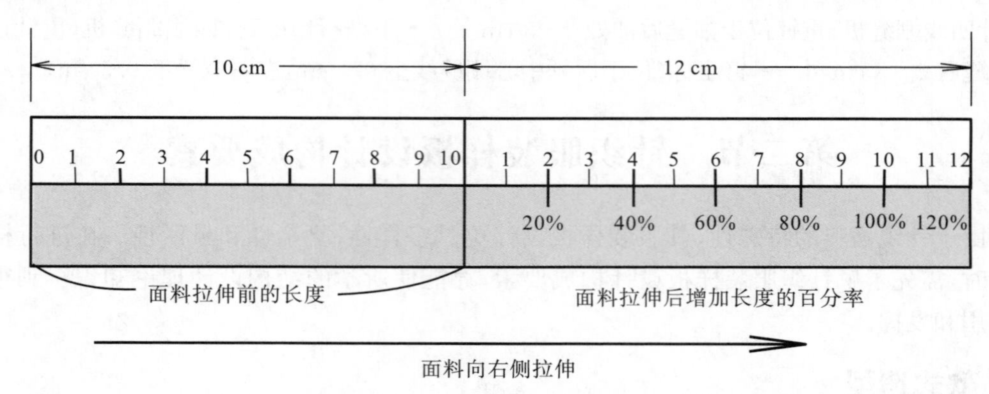

图 3-2-1　用特制尺子测定拉伸性

(1) 纬向(面料的横向)拉伸性和弹性的测定

具体操作步骤见图 3-2-2。

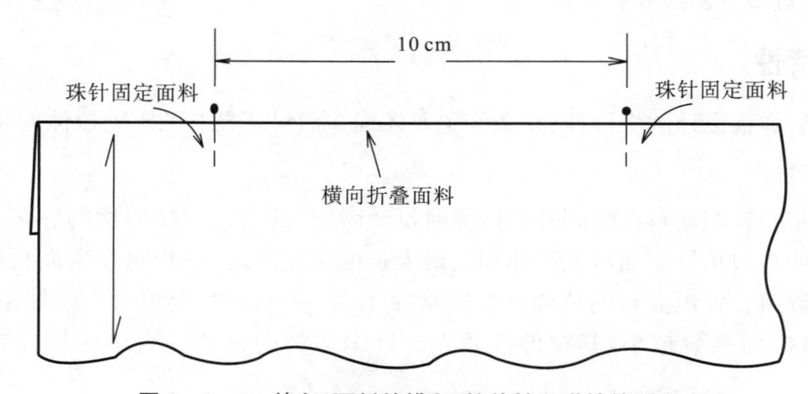

图 3-2-2　纬向(面料的横向)拉伸性和弹性的测定

① 测试样品距布端 1.5 m 以上,取纬向(横向)30 cm、经向(纵向)25 cm 面料一块,将面料经向对折,中间取 10 cm,起止点用珠针固定作为标记。

② 将针织面料的对折线放在特制尺子上,面料中间的 10 cm 对准尺子相应的位置(图 3-2-1)。

③ 在特制尺子的零位刻度上用珠针固定左侧面料,在面料右侧用力拉,使面料伸长,注意面料不能扭曲变形。

④ 在特制尺子上记录面料拉伸后(珠针固定标记处)超过其原有长度的数据(如 20%、30%、50%、100%),然后放松面料,让其自然回复,如回复到原来的位置,则表明纬向(面料的横向)的复原性好,即面料横向的弹性好。

(2) 经向(面料的纵向)拉伸性和弹性的测定

具体操作步骤见图 3-2-3。

① 测试样品距布端 1.5 m 以上,取经向(纵向)30 cm、纬向(横向)25 cm 面料一块,将

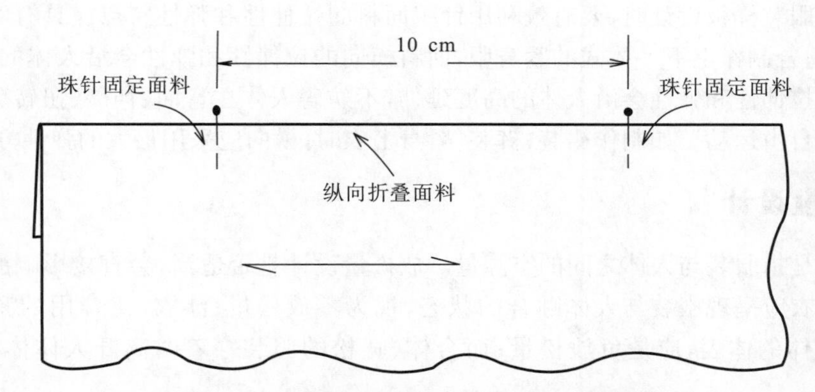

图 3-2-3　经向(面料的纵向)拉伸性和弹性的测定

面料纬向对折，中间取 10 cm，起止点用珠针固定作为标记。

② 将针织面料的对折线放在特制尺子上，面料中间的 10 cm 对准尺子相应的位置(图 3-2-1)。

③ 在特制尺子的零位刻度上用珠针固定面料左侧，在面料右侧用力拉，使面料伸长，注意面料不能扭曲变形。

④ 在特制尺子上记录面料拉伸后超过其原有长度的数据(如 20%、50%、100%)，然后放松面料，让其自然回复，如回复到原来的位置，则表明面料经向(面料的纵向)的复原性好。

有的针织面料具有双向弹性，有些则具有单向弹性，因此要对面料的经、纬方向进行测定。用于制作紧身连衣裤、一体式泳衣、紧身舞蹈服之类的针织面料，要求其经、纬两个方向的拉伸性和弹性都达到 50%～100%。

针织面料由于受其组织结构、纱线弹性、摩擦因数等因素的影响，其拉伸性和弹性是有差异的。根据弹性的大小，针织面料的弹性可分为超高弹性、高弹性、中弹性、低弹性四个级别。

表 3-2-1 是各类针织面料的拉伸系数，供设计各类服装样板结构时参考。

表 3-2-1　各类针织面料的拉伸系数(弹性)与服装的关系

针织面料弹性级别	拉伸系数	面料特点	适合制作的服装类别
超高弹性	横向：100%左右 纵向：100%左右	面料的拉伸性极好，可拉伸至原长度的几倍，然后回复到原长度	低领紧身连衣裤、紧身舞蹈服、游泳衣、紧身上衣
高弹性	横向：50%左右 纵向：18%～50%	面料含有氨纶或橡筋线，因而弹性强，悬垂性好	紧身连衣裤、紧身舞蹈服、游泳衣、紧身服装、时装、打底裤、礼服
中弹性	横向：25%～40%	面料的横向弹性中等，纵向弹性较差	合体(半合体)服装、休闲运动服、时装、礼服
低弹性	横向：18%以下	面料的横向弹性差，纵向弹性很差	宽松(半宽松)服装、居家休闲装、各类时装

在进行服装样板设计时，要有效利用针织面料的拉伸性和弹性特点。具有双向弹性的针织面料，适合制作上下一体式的紧身服，面料横向的拉伸性和弹性会沿人体的围度延伸，面料纵向的拉伸性和弹性会沿人体的高度延伸，不妨碍人体在弯曲、伸展、扭转、下蹲、跳跃等状态下做自由运动。如制作裙装、裤装、紧身上衣时，横向应采用最大的弹性方向。

三、放松量设计

放松量是指服装与人体之间的空隙量。放松量设计是否适当，会直接影响服装的造型风格。如内衣应呈现服装与人体贴合的状态，视为零放松量；泳衣、比赛用的紧身体操服由于切入人体的体表，应是负放松量；而合体、宽松的服装穿着时离开人体体表，是正放松量。

针织面料是当今服装市场上最为流行的面料之一，既适合制作紧身贴体的比赛运动服、紧身塑身内衣，也适合制作室内居家服、外出休闲装，以及时装和优雅华丽的礼服。

影响放松量设计的主要因素，一是人体的生理活动量和动态活动量，二是服装的造型风格。服装各部位设计的放松量不同，会直接影响穿着的舒适度和服装的外观造型风格。因此，放松量设计在服装样板设计中显得尤为重要。针织服装放松量设计需考虑以下因素：

① 款式造型风格。在样板设计前，应认真分析款式的造型特征，判断服装的造型风格和合体程度，确定是紧身型、合体型、半合体型还是宽松型。

② 面料特性。针织面料的特性对服装样板设计的影响极大。在样板设计前，应测试面料的拉伸系数和弹性系数，同时还要考虑面料的厚薄程度及结构密度。

③ 穿着状态和穿着对象。穿着状态是指作为内衣还是外衣穿着；穿着对象是指穿着者的年龄，每个年龄层对穿着舒适度的要求是有所不同的。

综上所述，放松量设计是多种因素确定的，版师的经验在设计时也很重要。表 3-2-2 为结合实践得出的各种风格针织上衣主要部位围度放松量，供初学者参考。

表 3-2-2　各种风格针织上衣主要部位围度放松量参考表　　单位：cm

服装风格 / 弹性等级	紧身型	合体型	半宽松型	宽松型	备注
超高弹性	胸围：-8～-4 腰围：-4～-2 臀围：-6～-4				超高弹性针织面料适合紧身型服装，如连衣裤、紧身舞蹈服、游泳衣等
高弹性	胸围：-4～-2 腰围：0～-4 臀围：0～-2	胸围：-2～0 腰围：1～4 臀围：0			高弹性针织面料不适合制作半宽松型和宽松型的服装，放松量因面料的弹性和款式的差异而有所不同

续表

服装风格 弹性等级	紧身型	合体型	半宽松型	宽松型	备注
中弹性	胸围:0～2 腰围:2～4 臀围:2～4	胸围:2～4 腰围:4～6 臀围:4～6	胸围:6～8 腰围:8～10 臀围:8～10	胸围:10～14 腰围:14～16 臀围:根据胸围相应加大	中弹性针织面料适合制作各种风格的服装,放松量因面料的弹性和款式的差异而有所不同
低弹性	胸围:2～4 腰围:4～6 臀围:2～6	胸围:6～8 腰围:8～10 臀围:4～8	胸围:10～14 腰围:14～16 臀围:根据胸围相应加大	胸围:16 以上 腰围:20 以上 臀围:根据款式进行设计	低弹性针织面料不适合制作过于紧身风格的服装,放松量因面料弹性和款式的差异而有所不同

四、缝制因素(工艺回缩率)

针织面料在缝制加工过程中,纵向和横向方向均会产生一定程度的回缩,回缩量与原衣片长、宽尺寸之比称为工艺回缩率。针织面料的工艺回缩率一般在 2%左右。工艺回缩率的大小不是固定的,它受面料的组织结构、原料的种类、纱线的线密度、染整加工和后整理方式等条件的影响。工艺回缩率是针织面料的一个重要特征,样板设计前必须进行测试。

五、其他缩率因素

其他缩率包括针织面料的缩水率、热缩率、缝缩率,在针织服装样板设计时,与机织面料相同,也要事先进行测试,在样板设计时加以考虑。

第四章　针织服装基本样板设计

针织服装与机织服装样板设计的最主要的区别是针织服装需考虑面料的拉伸性、弹性和工艺回缩性等因素。不同的服装造型风格在样板围度放松量和长度的设计中本身就有差异,因此在进行样板设计时,需同时考虑面料的特性和服装的风格。如紧身连体式的服装适合选用高弹面料,且服装围度的放松量为负值,长度也要相应减短;若是半合体或宽松式的针织服装,宜选用中弹或低弹面料,服装结构设计与机织面料相似。

本章上衣基本样板制图时均采用以下尺寸,见表 4-1-1。

表 4-1　针织上衣基本样板制图尺寸参考表　　单位:cm

号型	胸围(B)	腰围(W)	臀围(H)	肩宽(S)	背长	臀高	袖长	腕围
160/84A	84(净)	68(净)	90(净)	39(净)	37	18	52(净)	15.5

注:①以上为人体的净尺寸。

②本章各类基本样板制图中所标注的 B、W、H、S 均为人体的净尺寸。

基本样板的作用:可作为其他类似款式样板设计的基础。本章上衣基本样板依据面料的弹性不同、款式的合体度不同,设计了六个不同放松量的衣身和袖子基本样板;下装基本样板包括腰裙和长裤。在具体应用中,应针对款式和面料弹性,选择相应的基本样板。

第一节　紧身型针织上衣基本样板设计

一、款式和面料适宜范围

紧身型服装是指服装与人体紧贴并切入人体体表的一类服装,如泳衣、比赛用的紧身体操服、紧身打底衫等。紧身型服装适合选用超高弹性和高弹性的针织面料。紧身型上衣基本样板款式应用参考见图 4-1-1。

图 4-1-1　紧身型上衣基本样板款式应用参考

二、紧身型上衣基本样板设计

上衣基本样板长度至臀围线，采用前后衣片一同制图的方法，后衣片上部比前衣片上部长 0.5 cm，制图基础尺寸参见表 4－1，各部位放松量参考数据见表 4－1－1。

表 4－1－1　紧身型上衣基本样板各部位放松量参考数据　　单位：cm

部位	净胸围(B)	净腰围(W)	净臀围(H)	净肩宽(S)	背长
放松量	负值	零或负值	负值	负值	正值
	－8～－4	－4～0	－8～－4	－6	0.5～1

注：B＝84，W＝68，H＝90，S＝39，背长＝37。

1. 紧身型上衣基本样板基础线绘制(图 4－1－2)

2. 紧身型上衣基本样板轮廓绘制(图 4－1－3)

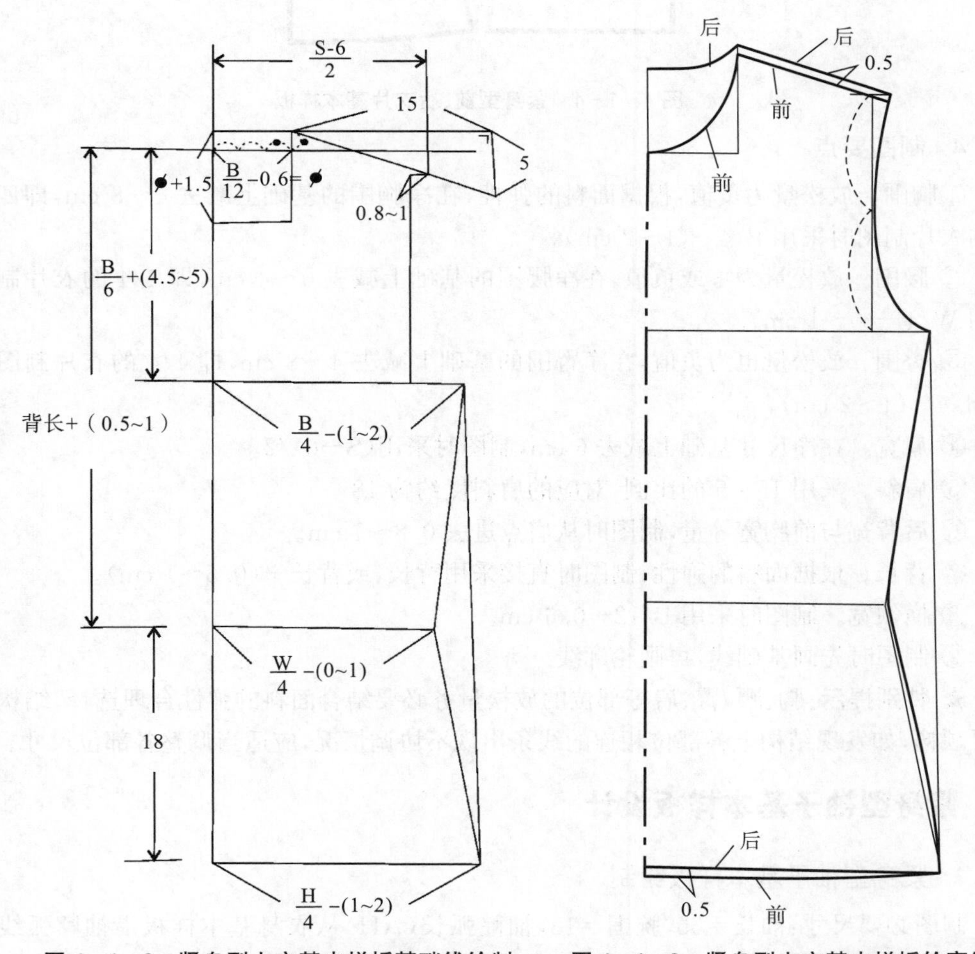

图 4－1－2　紧身型上衣基本样板基础线绘制　　图 4－1－3　紧身型上衣基本样板轮廓绘制

3. 复制前、后衣片的样板(图4-1-4)

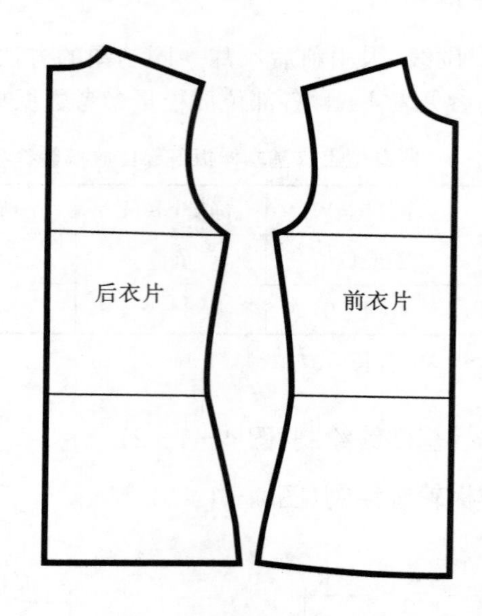

图4-1-4 紧身型前、后衣片基本样板

4. 制图要点

①胸围。放松量为负值,根据面料的弹性,在净胸围的基础上减去4~8 cm,即四分之一的衣片制图时采用B/4-(1~2 cm)。

② 腰围。放松量为零或负值,在净腰围的基础上减去0~4 cm,即1/4的衣片制图时采用W/4-(0~1 cm)。

③ 臀围。放松量也为负值,在净臀围的基础上减去4~8 cm,即1/4的衣片制图时采用H/4-(1~2 cm)。

④ 肩宽。在净尺寸基础上减去6 cm,制图时采用(S-6)/2。

⑤ 肩斜。采用15∶5的比例,对应的肩斜度约为18°。

⑥ 后背宽与前胸宽等量,制图时从肩点进去0.8~1 cm。

⑦ 背长。根据面料的弹性,制图时直接采用背长,或背长+(0.5~1 cm)。

⑧ 横领宽。制图时采用B/12-0.6 cm。

⑨ 制图时先画基础线,再画轮廓线。

★ 特别提示:胸、腰、臀、肩等部位的放松量务必要结合面料的弹性合理选择,结构的线条要顺畅,如发现结构上各部位相连的线条出现不协调情况,应适当调整各部位尺寸。

三、紧身型袖子基本样板设计

1. 紧身型袖子基本样板绘制

制图必要尺寸:袖长=55,腕围=18,袖窿弧长(AH)从衣身基本样板沿袖窿弧线测量得到,见图4-1-5,AH=前AH+后AH。

袖子基本样板长度至腕围,采用前后袖片一同制图的方法,见图4-1-6。

袖子展开后的整片形状见图4-1-7,前后袖窿曲度相同。

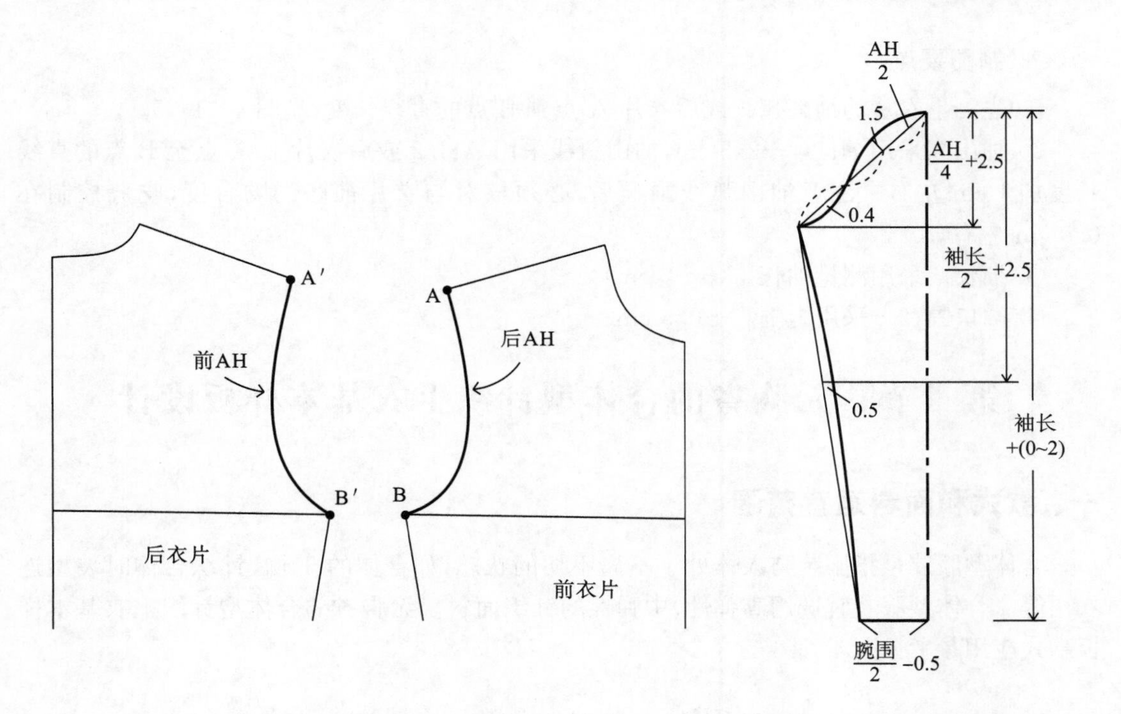

图 4-1-5　袖窿弧长的测量

图 4-1-6　紧身型袖子基本样板绘制

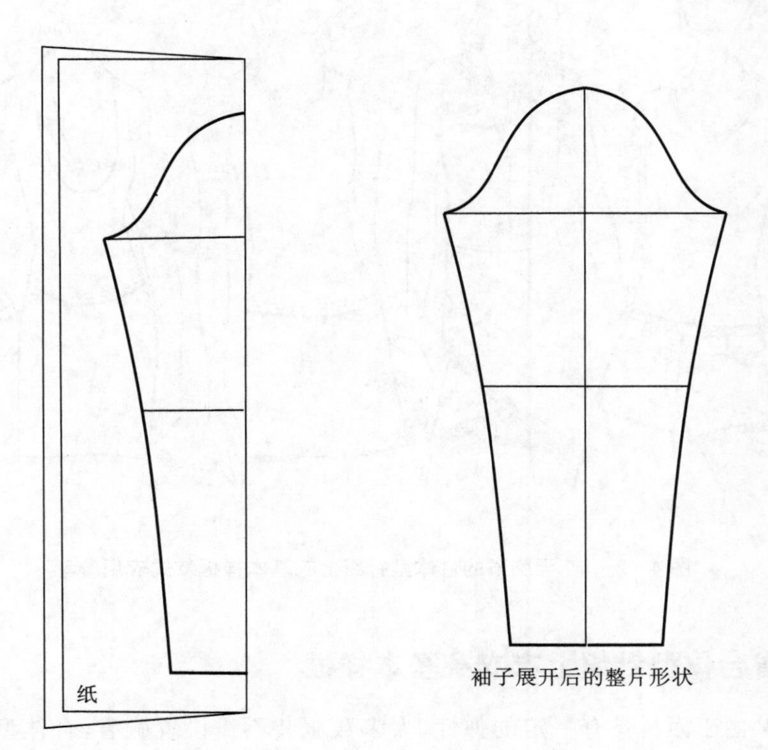

图 4-1-7　袖子展开后的整片形状

2. 制图要点

① 先测量衣片的袖窿弧长或后衣片 A′点到 B′点的直线长度，见图 4-1-5。

② 袖山高采用 AH/4+2.5 cm，袖山斜线采用 AH/2 或后衣片上 A′点至 B′点的直线长度加 1 cm 左右。注意袖山弧线画顺后，必须核对与衣片袖窿的吻合度，吃势控制在 0.5 cm 左右。

③ 袖长。采用测量袖长+(0～2 cm)。

④ 袖口围/2。采用腕围/2－0.5 cm。

第二节　无胸省的合体型针织上衣基本样板设计

一、款式和面料适宜范围

合体型服装是指服装与人体处于不离不切的状态，如合体的 T 恤、针织合体时装型连衣裙等。合体型服装宜选用高弹性、中弹性的针织面料。无胸省的合体型针织上衣基本样板款式应用参考见图 4-2-1。

图 4-2-1　无胸省的合体型针织上衣基本样板款式应用参考

二、无胸省合体型针织上衣衣身基本样板

针织服装由于面料具有一定的弹性，大多数服装不需设置胸省，合体型服装也一样。衣身基本样板长度至臀围线，采用前后衣片一同制图的方法，后衣片上部比前衣片上部长 1 cm。制图基础尺寸见表 4-1，各部位放松量参考数据见表 4-2-1。

表 4-2-1　无胸省合体型针织上衣基本样板各部位放松量参考数据　　单位：cm

部位	净胸围(B)	净腰围(W)	净臀围(H)	净肩宽(S)	背长
放松量	正值或负值	正值	零	负值	正值
	−2～2	2～4	0	−4～−2	0～0.5

注：B=84，W=68，H=90，S=39，背长=37。

1. 衣身基本样板基础线绘制(图 4-2-2)

2. 衣身基本样板轮廓线绘制(图 4-2-3)

3. 复制前、后衣片的样板(图 4-2-4)

前衣片肩斜点比后衣片肩斜点下降 0.3～0.5 cm，根据人体肩部的合体度做调整。

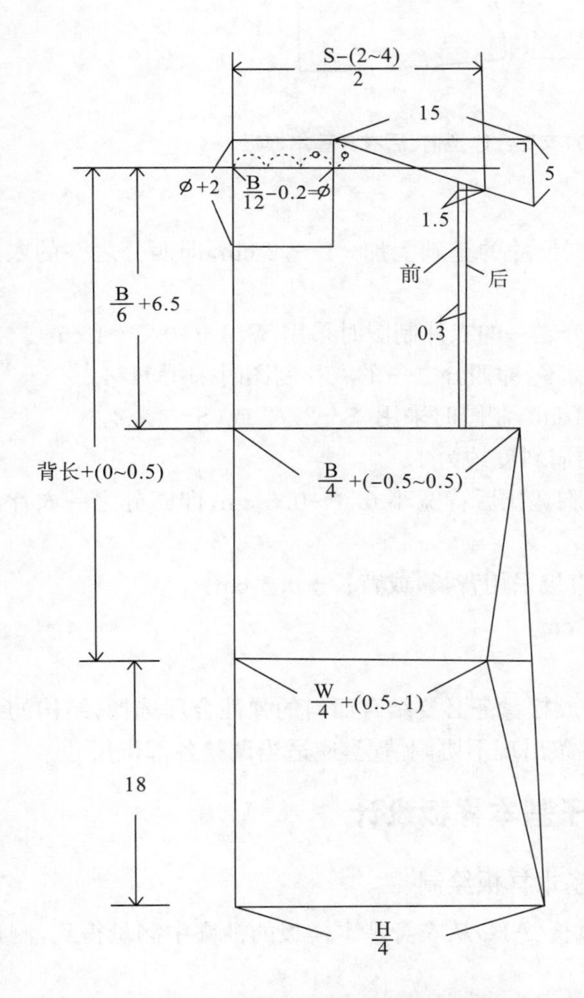

图 4-2-2　无胸省的合体型衣身基本样板基础线绘制

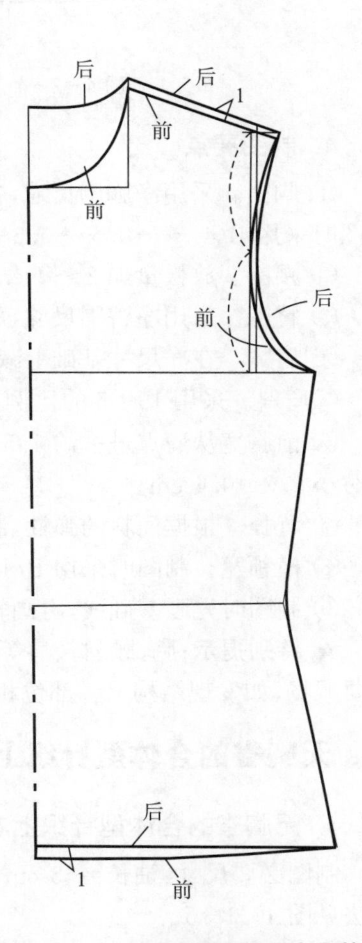

图 4-2-3　无胸省的合体型衣身基本样板轮廓线绘制

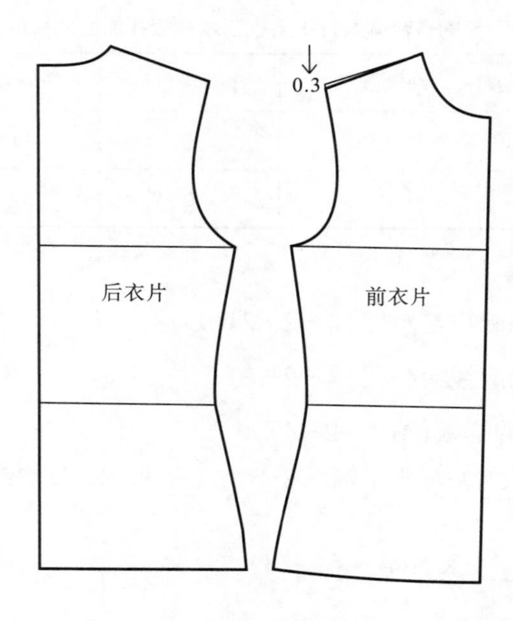

图 4-2-4 无胸省的衣身合体型前、后衣身基本样板

4. 制图要点

① 胸围。采用净胸围尺寸，在净胸围尺寸的基础上加－2～2 cm，即四分之一的衣片制图时采用 B/4＋(－0.5～0.5 cm)。

② 腰围。放松量加 2～4 cm，即四分之一的衣片制图时采用 W/4＋(0.5～1 cm)。

③ 臀围。采用净臀围尺寸，放松量为零，即四分之一的衣片制图时采用 H/4。

④ 肩宽。在净尺寸基础上减去 2～4 cm，制图时采用(S－2)/2 或(S－4)/2。

⑤肩斜。采用 15∶5 的比例，对应的肩斜度约为 18°。

⑥ 前胸宽从肩点进去约 1.5 cm，前胸宽比后背宽小 0.6～0.8 cm，即四分之一衣片制图时小 0.3～0.4 cm。

⑦ 背长。根据面料的弹性，制图时直接采用背长，或背长＋0.5 cm。

⑧ 横领宽。制图时采用 B/12－0.2 cm。

⑨ 制图时先画基础线，再画轮廓线。

★ **特别提示：**胸、腰、臀、肩等部位的放松量务必要结合面料的弹性合理选择，结构的线条要顺畅，如发现结构上各部位相连的线条出现不协调情况，应适当调整各部位尺寸。

四、无胸省的合体型针织上衣袖子基本样板设计

1. 无胸省的合体型针织上衣袖子基本样板绘制

制图必要尺寸：袖长＝55 cm，袖窿弧长(AH)从衣身基本样板的袖窿中测量得到，测量方法见图 4-1-5。

袖子基本样板长度至腕围，采用前后袖片一同制图的方法，前袖山弧线的曲度要大于后袖山弧线的曲度，袖子基本样板绘制见图 4-2-5。

袖子展开后的整片形状见图 4-2-6。图中先按后袖窿曲线剪下，再将前袖窿曲度加

深0.5 cm左右剪出即可。

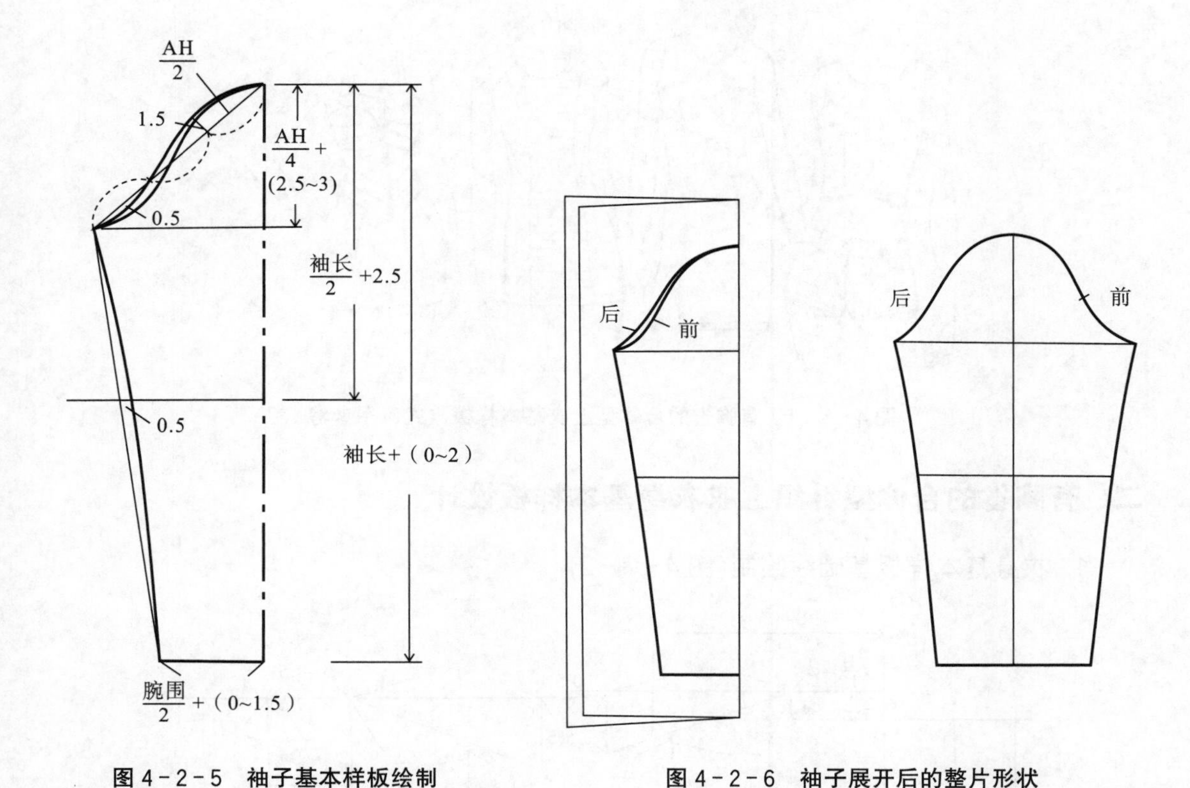

图4-2-5　袖子基本样板绘制

图4-2-6　袖子展开后的整片形状

2. 制图要点

① 先测量后衣片的袖窿弧长或后衣片A′点到B′点的直线长度，测量方法见图4-1-5。

② 袖山高采用AH/4＋(2.5～3 cm)，袖山斜线采用AH/2或后衣片上A′点至B′点的直线长度＋1 cm左右。注意袖山弧线画顺后，必须核对与衣片袖窿的吻合度，吃势控制在0.5～0.8 cm。

③ 袖长。采用测量袖长＋(0～2 cm)。

④ 袖口围/2。采用腕围 /2＋(0～1.5 cm)。

第三节　有胸省的合体型针织上衣基本样板设计

一、款式和面料适宜范围

有胸省设计的基本样板适合于圆领圈的合体T恤以及有省道或有省道转移设计的针织时装，适合采用中弹性针织面料。有胸省的合体上衣基本样板款式应用参考见图4-3-1。

图 4-3-1　有胸省的合体型上衣基本样板款式应用参考

二、有胸省的合体型针织上衣衣身基本样板设计

1. 衣身基本样板基础线绘制(图 4-3-2)。

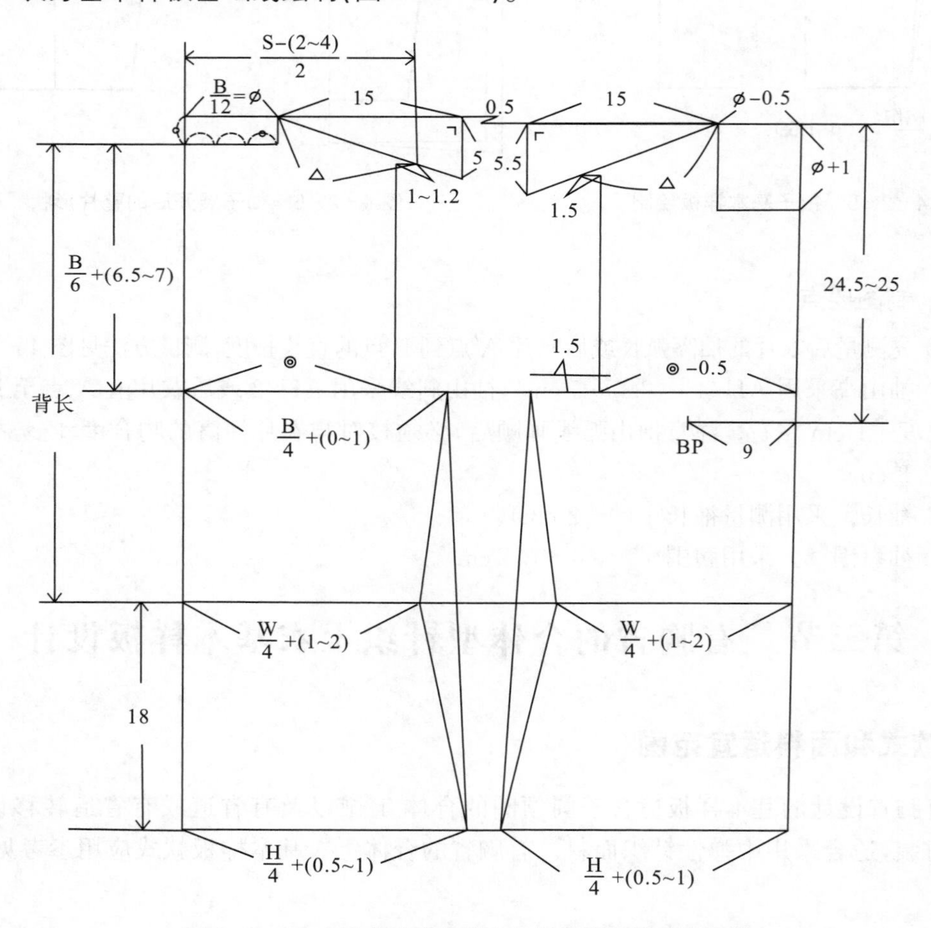

图 4-3-2　有胸省的合体型衣身基本样板基础线绘制

衣身基本样板长度至臀围线，采用前后衣片分开制图的方法。制图基础尺寸见表 4－1，各部位放松量参考数据见表 4－3－1。

表 4－3－1 有胸省的合体型基本样板各部位放松量参考表 单位：cm

部位	净胸围(B)	净腰围(W)	净臀围(H)	净肩宽(S)	背长
放松量	正值	正值	正值	负值	零
	0～4	4～8	2～4	－2～－4	0

注：B＝84，W＝68，H＝90，S＝39，背长 37。

2. 胸省及基本样板轮廓线绘制

胸省的绘制：分别将 A 点和 B 点与 BP 点（胸高点）连接，形成胸省，要求从 BP 点到 A 点和 B 点的距离相等，见图 4－3－3。

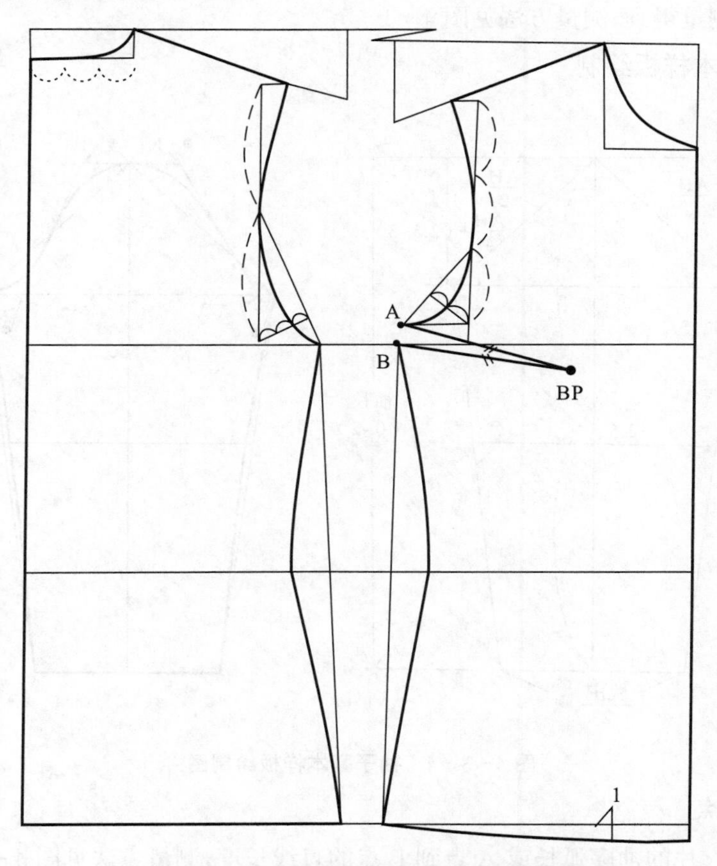

图 4－3－3 有胸省的合体型基本样板轮廓线绘制

3. 制图要点

先画后衣片，再画前衣片。

① 基础水平线。后上平线比前上平线高出 0.5 cm，前后片胸围线、腰围线、臀围线对齐；在前片胸围线高出 1.5 cm。

② 胸围、腰围、臀围。放松量见表 4－3－1，基本样板见图 4－3－2。

③ 肩宽。后肩宽采用(S－4)/2 或(S－2)/2；前后肩线长度相等。

④ 肩斜。后肩斜采用 15∶5 的比例，前肩斜采用 15∶5.5 的比例。

⑤ 后胸宽。从后肩点进去 1～1.2 cm。

⑥ 前胸宽。从前肩点进去 1.5 cm 左右，前胸宽比后背宽小 0.5 cm 左右。

⑦ 胸高点（BP 点）。上平线量下 24.5～25 cm，前中线进去约 9 cm。

⑧ 横领宽。后横开领制图时采用 B/12，前横开领比后横开领小 0.5 cm。

⑨ 制图时先画基础线，再画轮廓线。

★ **特别提示**：胸、腰、臀、肩等部位的放松量务必要结合面料的弹性合理选择，结构的线条要顺畅，如发现结构上各部位相连的线条出现不协调情况，应适当调整各部位尺寸。

三、袖子基本样板设计

制图必要尺寸：袖长＝55 cm，袖子基本样板长度至腕围。袖窿弧长（AH）从衣身基本样板的袖窿中测量得到，测量方法见图 4－1－5。

1. 袖子基本样板绘制

见图 4－3－4。

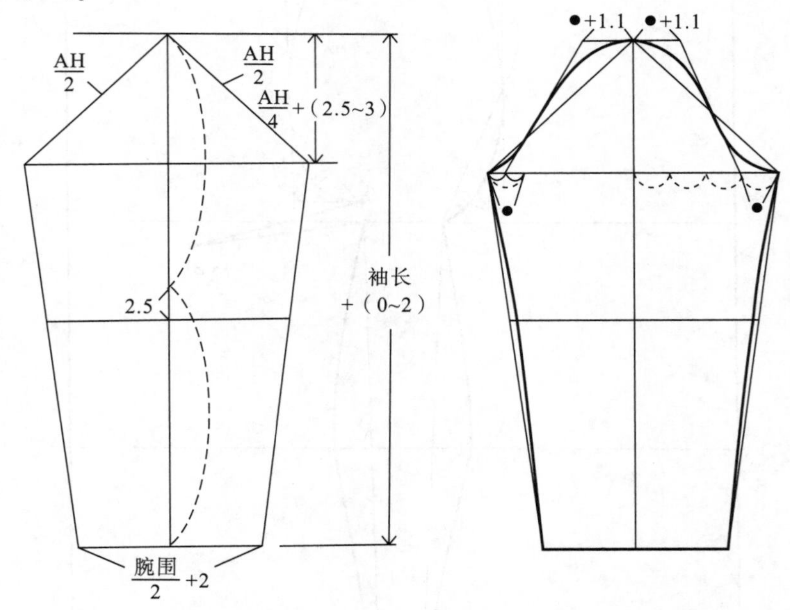

图 4－3－4　袖子基本样板绘制图

2. 制图要点

① 先测量衣片的袖窿弧长或 A 点到 B 点的直线长度，测量方法见图 4－1－5。

② 袖山高采用 AH/4＋（2.5～3 cm）或 AH/3，袖山斜线采用 AH/2。注意袖山弧线画顺后，必须核对与衣片袖窿的吻合度，吃势控制在 0.8～1 cm。

③ 袖长。采用测量袖长＋（0～2 cm）。

④ 袖口围/2。采用腕围 /2＋（1～2 cm）。

第四节　半宽松型针织上衣基本样板设计

一、款式和面料适宜范围

半宽松型服装介于合体与宽松之间，是指服装与人体有一定的空隙，如直身 T 恤、针织西装、套装等，胸围放松量在 8 cm 左右。半宽松型服装宜选用中等弹性或低弹性的针织面料。半宽松型上衣基本样板款式应用参考见图 4－4－1。

图 4－4－1　半宽松型上衣基本样板款式应用参考

二、半宽松型衣身基本样板设计

衣身基本样板长度至臀围线，采用前后衣片一同制图的方法，后衣片上平线比前衣片上平线高出 1.5 cm 左右。制图基础尺寸见表 4－1，各部位放松量参考数据见表 4－4－1。

表 4－4－1　半宽松型衣身基本样板各部位放松量参考数据　　单位：cm

部位	净胸围(B)	净腰围(W)	净臀围(H)	净肩宽(S)	背长
放松量	正值	正值	正值	负值	零
	8～12	14～16	4～ 6	－1	0

注：B＝84，H＝68，H＝90，S＝39，背长＝37。

1. 半宽松型衣身基本样板基础线绘制(图 4-4-2)

2. 半宽松型衣身基本样板轮廓线绘制(图 4-4-3)

3. 复制前、后衣片的样板(图 4-4-4)

前衣片肩斜点比后衣片肩斜点下降 0.3～0.5 cm,根据人体肩部的合体度做调整。

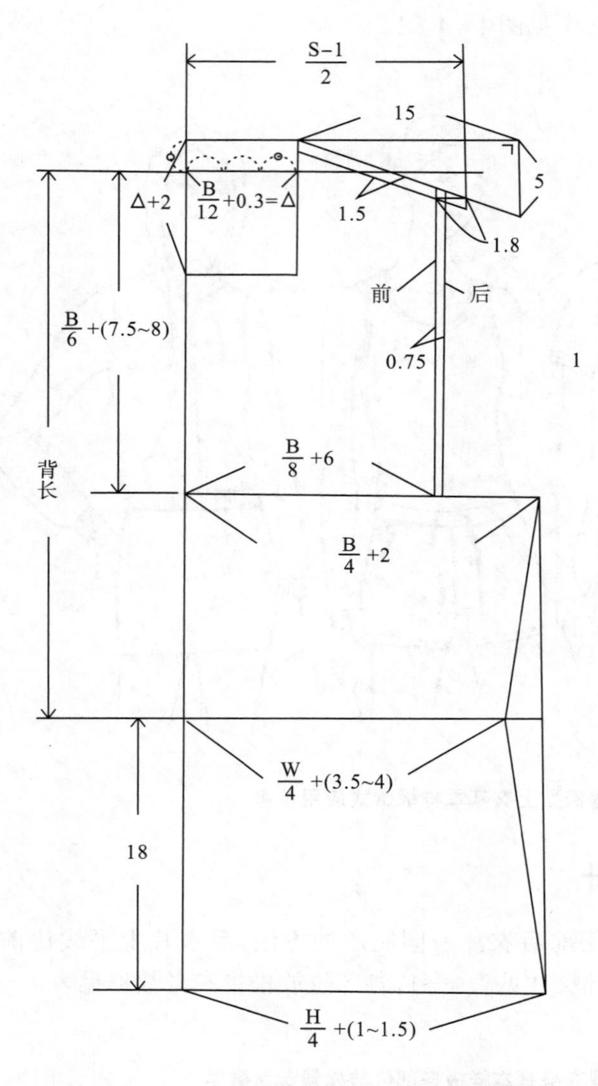

图 4-4-2 半宽松型衣身基本样板基础线绘制

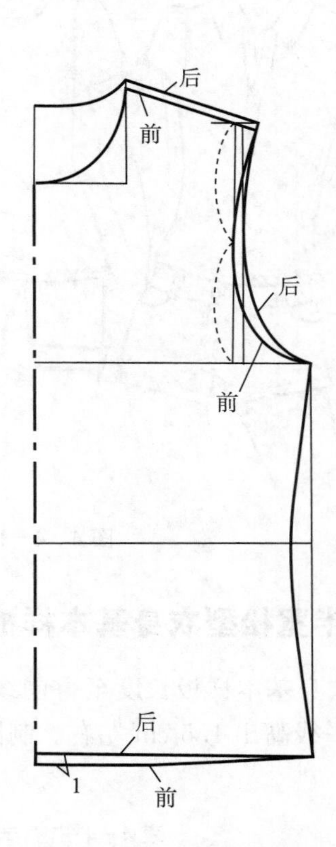

图 4-4-3 半宽松型衣身基本样板轮廓线绘制

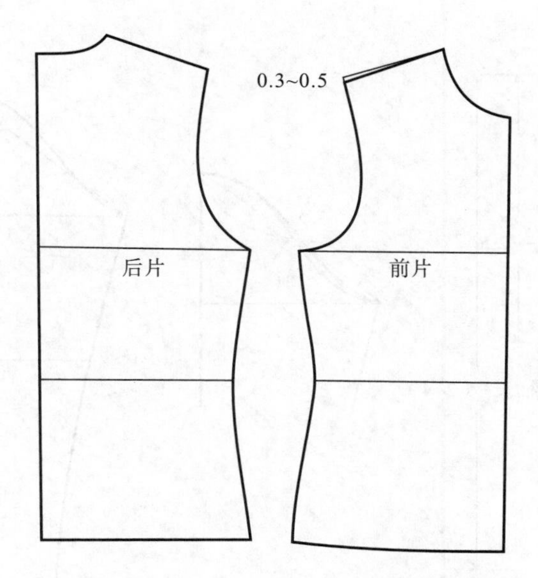

图 4-4-4　半宽松型衣身前、后片基本样板

4. 制图要点

① 胸围。放松量加 8～12 cm，即 1/4 的衣片制图时采用 B/4＋2 cm 或 3 cm。

② 腰围。放松量加 14～16 cm，即 1/4 的衣片制图时采用 W/4＋(3.5～4 cm)。

③ 臀围。放松量加 4～6 cm，即 1/4 的衣片制图时采用 H/4＋(1～1.5 cm)。

④ 肩宽。在净尺寸基础上减去 1 cm，制图时采用(S－1)/2。

⑤ 肩斜。采用 15∶5 的比例，对应的肩斜度约为 18°。

⑥ 前胸宽。从肩点进去 1.8 cm 左右，前胸宽比后背宽小 1.5 cm，即 1/4 衣片制图时小 0.75 cm 左右。

⑦ 横领宽。采用 B/12＋0.3 cm。

⑧ 制图时先画基础线，再画轮廓线。

★ **特别提示**：胸、腰、臀、肩等部位的放松量，务必要结合面料的弹性适当选择，结构的线条要顺畅，如发现结构上各部位相连的线条出现不协调情况，应适当调整各部位尺寸。

四、半宽松型袖子基本样板设计

1. 半宽松型袖子基本样板绘制

制图必要尺寸：袖长＝55 cm，袖窿弧长(AH)从衣身基本样板的袖窿中测量得到。

袖子基本样板采用前后袖片一同制图的方法，前袖山弧线的曲度要大于后袖山弧线 0.7 cm 左右，然后把袖子展开即可。袖子基本样板绘制见图 4-4-5。

2. 制图要点

① 先测量衣片的袖窿弧长或后衣片 A′点到 B′点的直线长度，测量方法见图 4-1-5。

② 袖山高采用 AH/4＋3 cm，袖山斜线采用 AH/2 或后衣片上 A′点至 B′点的直线长

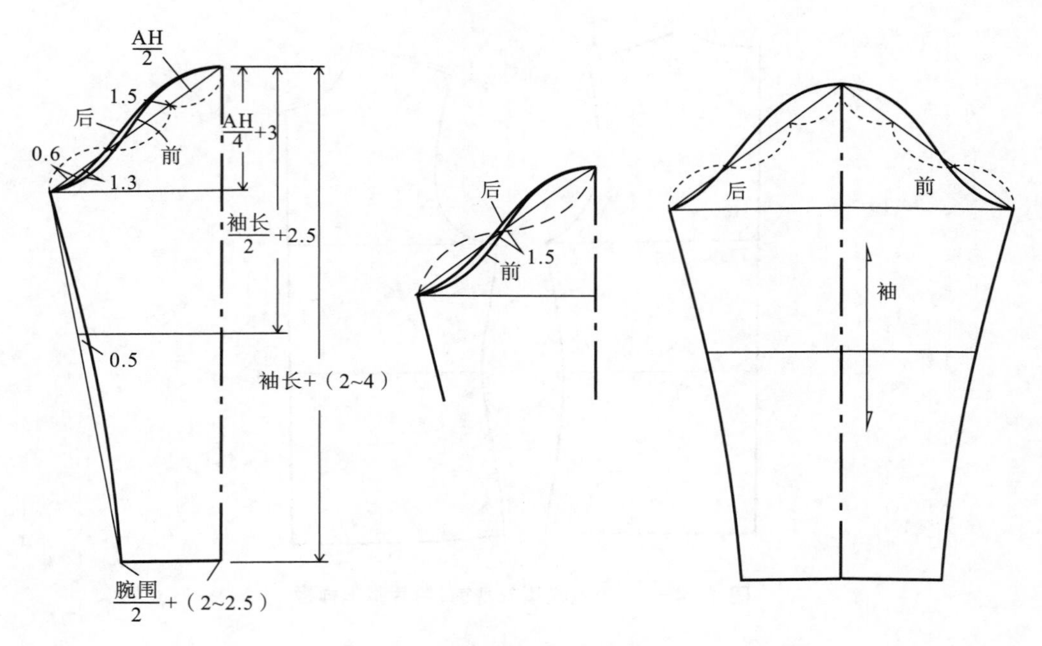

图 4－4－5 袖子基本样板绘制

度＋1 cm 左右。注意袖山弧线画顺后，必须核对与衣片袖窿的吻合度，吃势控制在1～1.2 cm。

③ 袖长。采用测量袖长＋(2～4 cm)

④ 袖口围/2。采用腕围/2＋(2～2.5 cm)或根据需要确定袖口的大小。

第五节　宽松型针织上衣基本样板设计

一、款式和面料适宜范围

宽松型服装与人体有较大的空隙，如各类休闲针织外衣、休闲运动服、室内装等，胸围放松量在 16 cm 以上。宽松型服装宜选用低弹性的针织面料，如针织呢。宽松型上衣基本样板款式应用参考见图 4－5－1。

二、宽松型针织服装衣身基本样板设计

衣身基本样板长度至臀围线，直腰身，采用前后衣片一同制图的方法，后衣片上部比前衣片上部长出 1.2～1.5 cm。制图基础尺寸见表 4－1，各部位放松量参考数据见表 4－5－1。

表 4－5－1　宽松型基本样板各部位放松量参考数据　　单位：cm

部位	净胸围(B)	净肩宽(S)	背长
放松量	正值	正值	零
	16 以上	2～3	0

注：B＝84，S＝39，背长＝37。

图 4－5－1　宽松型上衣基本样板款式应用参考

1．宽松型衣身基本样板基础线绘制(图 4－5－2)

2．宽松型衣身基本样板轮廓线绘制(图 4－5－3)

前衣片肩斜点比后衣片肩斜点下降 0.5 cm，根据人体肩部的合体度稍做调整。

3．制图要点

① 胸围。放松量加 16～20 cm，即四分之一的衣片制图时采用 B/4＋(4～5 cm)。

② 腰围和臀围。宽度同胸围。

③ 肩宽。采用 S/2＋(1～ 1.5 cm)。

④ 肩斜。采用 15：5 的比例，对应的肩斜度为 18°左右。

⑤ 前胸宽从肩点进去 2 cm 左右，前胸宽比后背宽小 1～2 cm，即四分之一衣片制图时小 0.5～1 cm。

⑥ 横领宽。采用 B/12＋0.5 cm。

⑦ 制图时先画基础线，再画轮廓线。

★ **特别提示：**胸、腰、臀、肩等部位的放松量务必要结合面料的弹性合理选择，结构的线条要顺畅，如发现结构上各部位相连的线条出现不协调情况，应适当调整各部位尺寸。

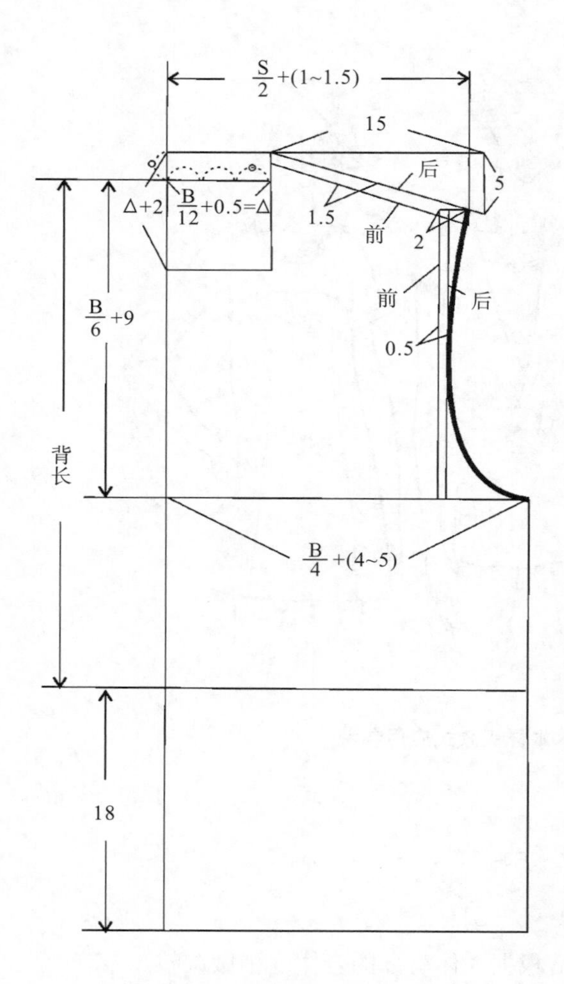

图 4-5-2　宽松型衣身基本样板基础线绘制

图 4-5-3　宽松型衣身基本样板轮廓线绘制

四、宽松型袖子基本样板设计

制图必要尺寸：袖长＝55 cm。袖窿弧长(AH)从衣身基本样板的袖窿中测量得到，测量方法见图 4-1-5。袖子基本样板长度至腕围，采用前后袖片一同制图的方法，见图 4-5-4。

1. 宽松型袖子基本样板绘制

袖子基本样板采用前后袖片一同制图的方法，前袖山弧线的曲度要大于后袖山弧线，袖子基本样板绘制见图 4-5-4。

2. 制图要点

① 先测量衣片的袖窿弧长或后衣片 A′点到 B′点的直线长度，测量方法见图 4-1-5。

② 袖山高采用 AH/4＋(0～2 cm)，袖山斜线采用 AH/2 或后衣片上 A′点至 B′点的直线长度＋(1～1.5 cm)。注意袖山弧线画顺后，必须核对与衣片袖窿的吻合度，吃势控制在 1～1.5 cm。

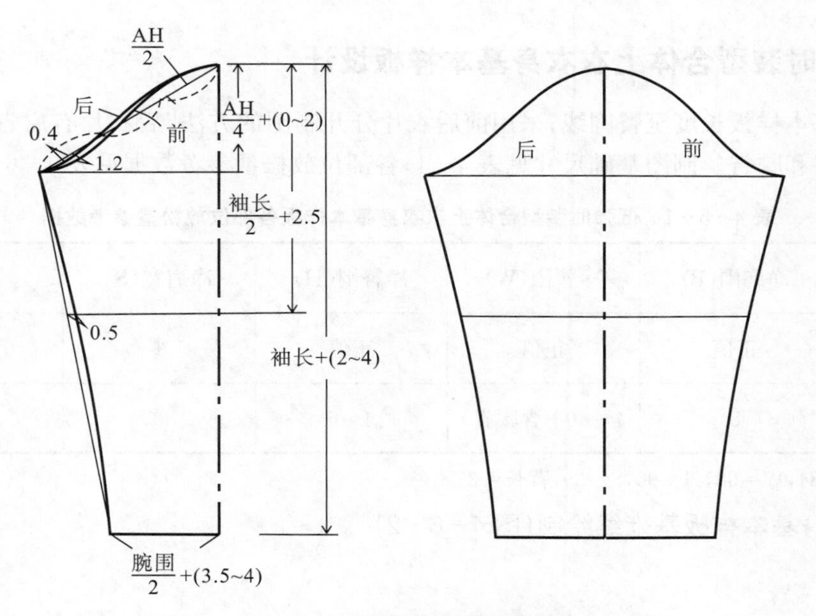

图 4-5-4　袖子基本样板绘制

③ 袖长。采用测量袖长＋(2～4 cm)。

④ 袖口围/2。采用腕围 /2＋(3.5～4 cm)或根据需要确定。

第六节　低弹时装型合体上衣基本样板设计

一、款式和面料适宜范围

该基础样板适合低弹性的针织面料，款式适合于时装型合体上衣。基础样板胸围放松量为 8 cm，基础样板适应的款式参考见图 4-6-1。

图 4-6-1　低弹时装型合体上衣基本样板款式应用参考

二、低弹时装型合体上衣衣身基本样板设计

衣身基本样板长度至臀围线，采用前后衣片分开制图的方法，后衣片有肩省和腰省，前衣片有胸省和腰省。制图基础尺寸见表 4－1，各部位放松量参考数据见表 4－6－1。

表 4－6－1　低弹时装型合体上衣衣身基本样板各部位放松量参考数据　　单位：cm

部位	净胸围(B)	净腰围(W)	净臀围(H)	净肩宽(S)	背长
放松量	正值	正值	正值	零	零
	8	4～6(不含腰省)	4～6	0	

注：B＝84，W＝68，H＝90，S＝39，背长＝37。

1. 衣身基本样板基础线绘制(图 4－6－2)

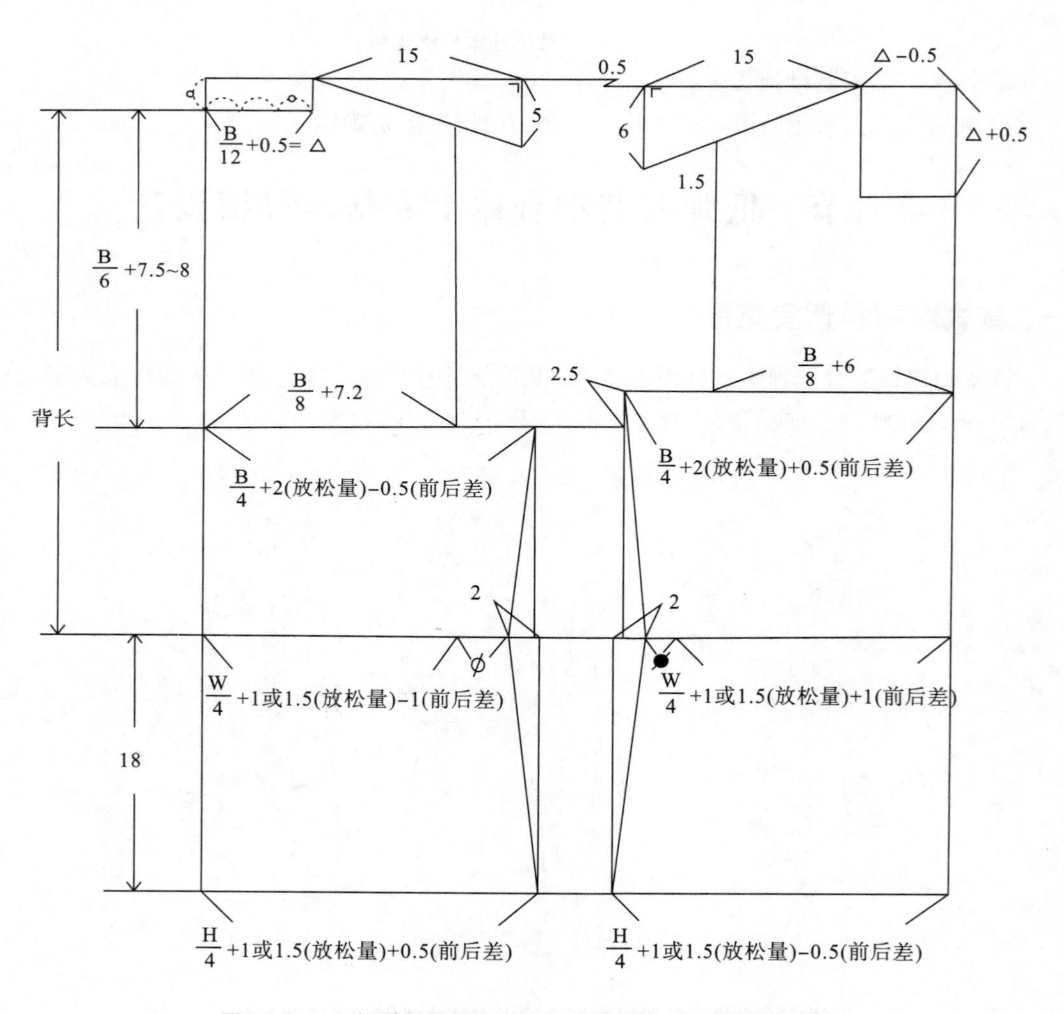

图 4－6－2　低弹时装型合体上衣衣身基本样板基础线绘制

2. 衣身基本样板轮廓线绘制(图4-6-3)

后肩省画好后,后肩点需下降。

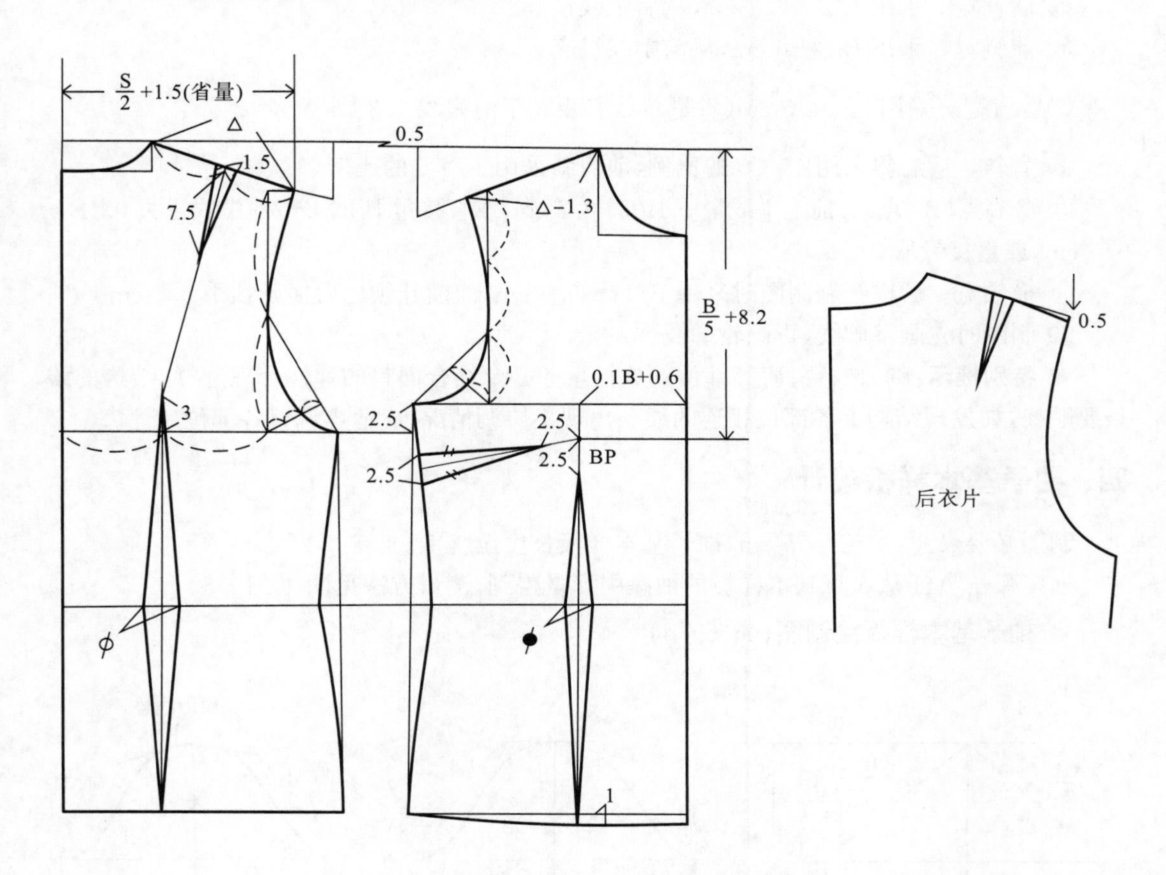

图4-6-3　低弹时装型合体上衣衣身基本样板轮廓线绘制

3. 制图要点

先画后衣片,再画前衣片。

① 基础水平线线。后片上平线比前片上平线高出0.5 cm;胸围线,前片高出2.5 cm;腰围线、臀围线,前后片对齐。

② 胸围。放松量8 cm;前胸围采用$\frac{B}{4}$+2 cm(放松量)+0.5 cm(前后差),后胸围采用$\frac{B}{4}$+2 cm(放松量)-0.5 cm(前后差)。

③ 腰围。放松量4~6 cm;前腰围采用$\frac{W}{4}$+1或1.5 cm(放松量)+1 cm(前后差),不包含前腰省量;后腰围采用$\frac{W}{4}$+1或1.5(放松量)-1 cm(前后差),不包含后腰省量。

④ 臀围。放松量4~6 cm;前臀围采用$\frac{H}{4}$+1或1.5(放松量)-0.5 cm(前后差);后臀

围采用$\frac{H}{4}$+1 或 1.5(放松量)+0.5 cm(前后差)。

⑤ 后背宽。采用 B/8+7.2 cm,从后中线量起。

⑥ 前胸宽。采用 B/8+6 cm,从前中线量起。

⑦后肩宽。采用$\frac{S}{2}$+1.5 cm(省量),后肩线大于前肩线 1.3 cm。

⑧ 肩斜。后肩斜采用 15∶5 的比例,前肩斜采用 15∶6 的比例。

⑨ 胸高点(BP 点)。前上平线量下 B/5+8.2 cm,或直接量取 25 cm;前中线进去 0.1B+0.6 cm,或直接量取 9 cm。

⑩ 横领宽。后横开领制图时采用 B/12+0.5 cm,前横开领比后横开领小 0.5 cm。

⑪ 制图时先画基础线,再画轮廓线。

★ 特别提示:胸、腰、臀、肩等部位的放松量务必要结合面料的弹性合理选择,结构的线条要顺畅,如发现结构上各部位相连的线条出现不协调情况,应适当调整各部位尺寸。

四、袖子基本样板设计

制图必要尺寸:袖长=55 cm,袖子基本样板长度至腕围。

袖窿弧长 AH 从衣身基本样板的袖窿中测量得到,测量方法见图 4-1-5。

1. 袖子基本样板绘制图(4-6-4)

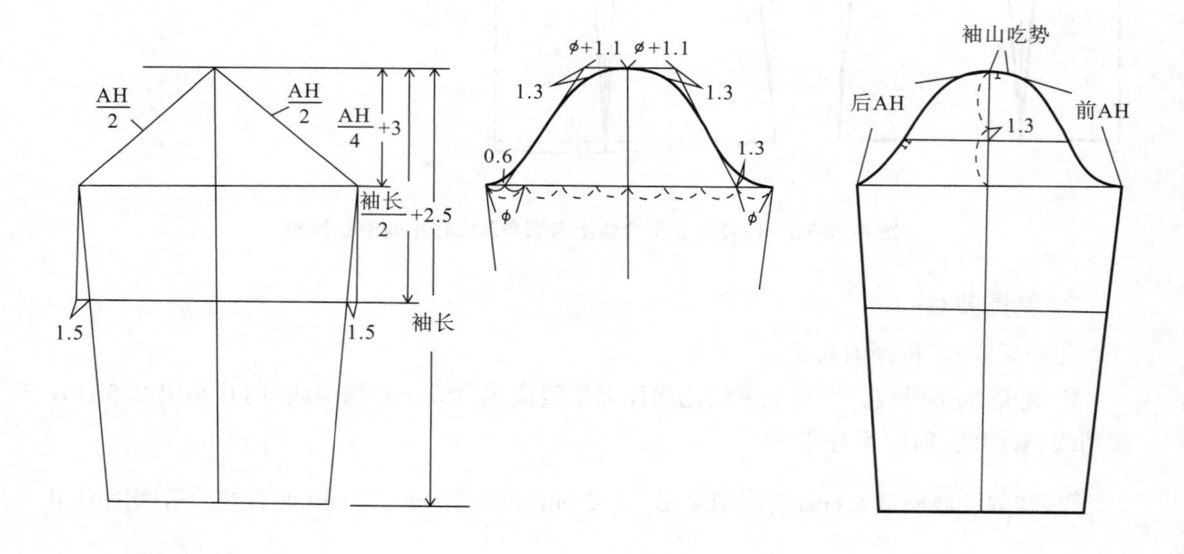

图 4-6-4　袖子基本样板绘制

2. 制图要点

① 先测量前、后衣片的袖窿弧长。

② 袖山高和袖山弧线。袖山高采用 AH/3,袖山斜线采用 AH/2。注意袖山弧线画顺后,必须核对与衣片袖窿的吻合度,吃势控制在 1.5 cm 左右。

③ 袖山中点的确定。分别在前后袖窿弧线上量取前、后 AH 的量,中间多出的量即为

袖山的吃势，吃势的中点就是袖山的中点。

3. 调整袖山吃势量(图 4-6-5)

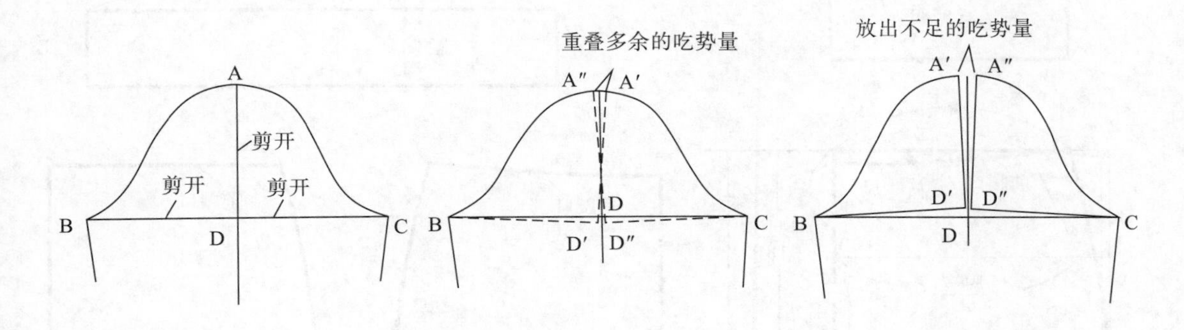

图 4-6-5 调整袖山吃势量

吃势量与服装的面料与款式有关，通常控制在 1～2 cm，若过大或过小，均需进行调整。调整要点：

① 吃势量偏大时，可从袖山顶点 A 沿袖中线剪至袖肥线 D 点，再从 D 点沿袖肥线分别剪至前后袖下 B 点和 C 点，注意不要剪断，然后在袖山顶点重叠多余的吃势量 A′A″。

② 吃势量偏小时，可从袖山顶点 A 沿袖中线剪至袖肥线 D 点，再从 D 点沿袖肥线分别剪至前后袖下 B 点和 C 点，注意不要剪断，然后在袖山顶点展开不足的吃势量 A′A″。

第七节 针织下装基本样板设计

一、针织腰裙基本样板

① 针织腰裙基本样板为贴体型，臀围放松量为 2 cm，由于针织面料具有弹性，故不设腰省，腰头采用松紧带收紧，适合中等弹性的面料，裙长可根据设计自定。

② 制图参考尺寸(不含缩率)见表 4-6-2。

表 4-6-2 针织腰裙制图参考尺寸 单位：cm

号型	裙长(不含腰宽)	腰长	净腰围(W)	净臀围(H)	净腹围
160/68A	60	18	68(净)＋ 2(放松量)＝70	88	82

③ 结构制图见图 4-7-1。

④ 前、后裙身及裙腰完成图(图 4-7-2)。

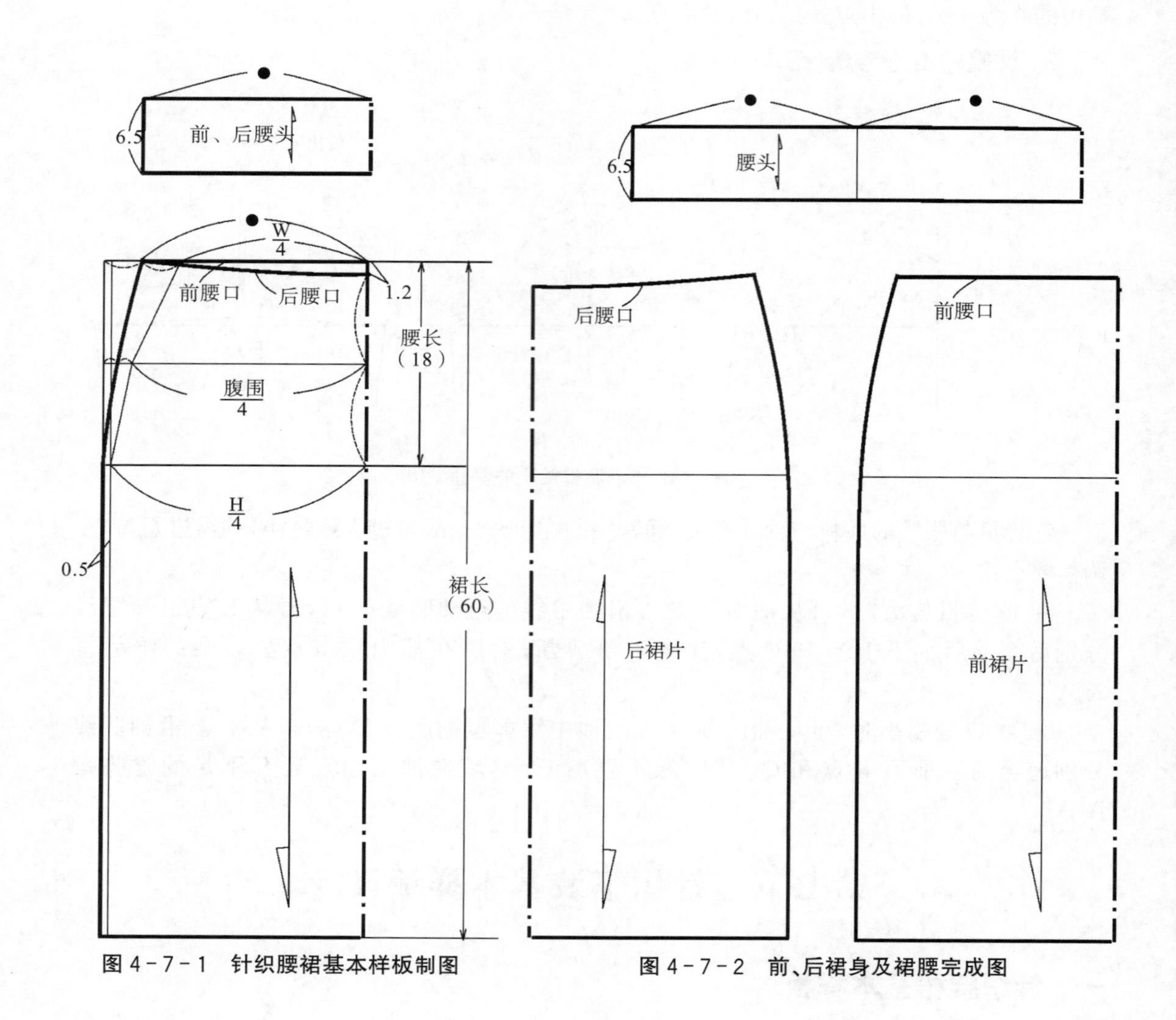

图 4-7-1　针织腰裙基本样板制图

图 4-7-2　前、后裙身及裙腰完成图

二、针织长裤基本样板

① 针织长裤基本样板为合体型，臀围不加放松量，由于针织面料具有弹性，故不设腰省，腰头采用松紧带收紧，适合高弹性和中等弹性的面料。

② 针织长裤制图参考尺寸(不含缩率)见表 4-6-3。

表 4-6-3　针织长裤制图参考尺寸　　单位：cm

号型	裤长(含腰宽 6.5 cm)	直裆(不含腰宽)	净臀围(H)	裤脚口围
160/68A	100	25	88	42

② 针织长裤基本样板制图见图 4－7－3。

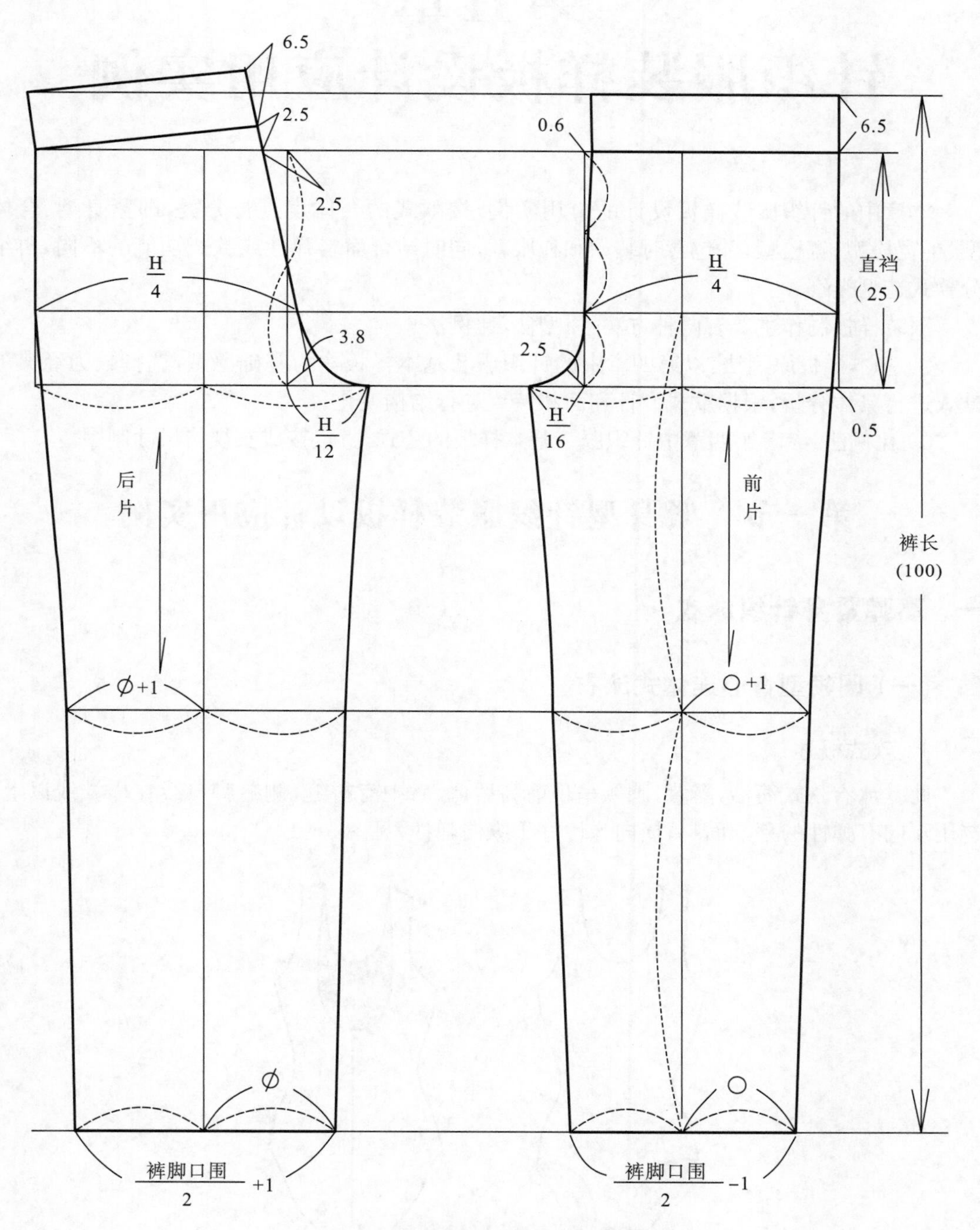

图 4－7－3　针织长裤基本样板制图

第五章
针织服装样板设计应用实例

本章中的针织服装样板设计的应用实例，按款式的合体度进行分类，即紧身型、合体型、半宽松型、宽松型，并包含时装款和礼服款，同时结合面料弹性或款式功能的不同，再细分款式造型类别。

服装样板制作主要有两种方法：原型法、比例法。

① 基本样板原型法：以第四章中的针织服装基本样板作为基础原型，选择较为经典的款式进行具体分析，根据款式设计和面料特点进行结构变化。

② 比例法：参考第四章中针织服装基本样板的公式，直接按成衣规格尺寸制图。

第一节　紧身型针织服装样板设计应用实例

一、高弹紧身针织泳衣

（一）圆领型背心连体式泳衣

1. 款式概述

此款泳衣款式简洁，露背，圆领呈现前高后低，后中有拼缝，侧缝脚口线在横裆线以上。选用双向有弹性的莱卡面料，横向弹性好于纵向弹性，见图 5－1－1。

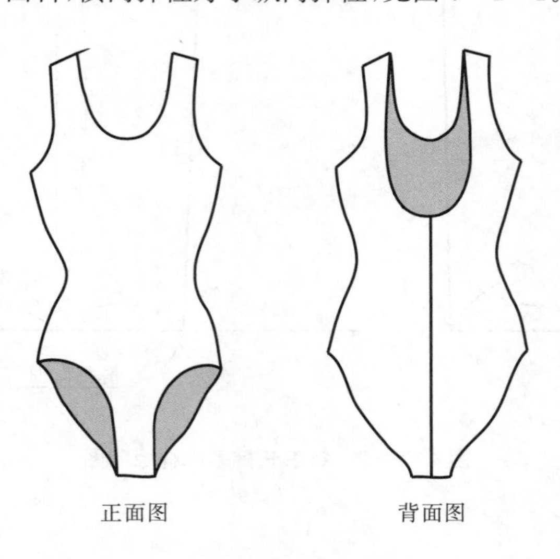

图 5－1－1　圆领型背心连体式泳衣款式图

2. 结构设计

圆领型背心连体式泳衣结构制图参考尺寸见表 5-1-1。

表 5-1-1　圆领型背心连体式泳衣参考尺寸　　单位：cm

号型	胸围(B)	腰围(W)	臀围(H)	肩带宽	直裆长
160/84A	84(净)－12＝72	68(净)－10＝58	90(净)－12＝78	4	26

本款成衣的胸围放松量为－12 cm，腰围放松量为－10 cm，臀围放松量为－12 cm。本款以紧身型基本样板为原型进行结构设计。

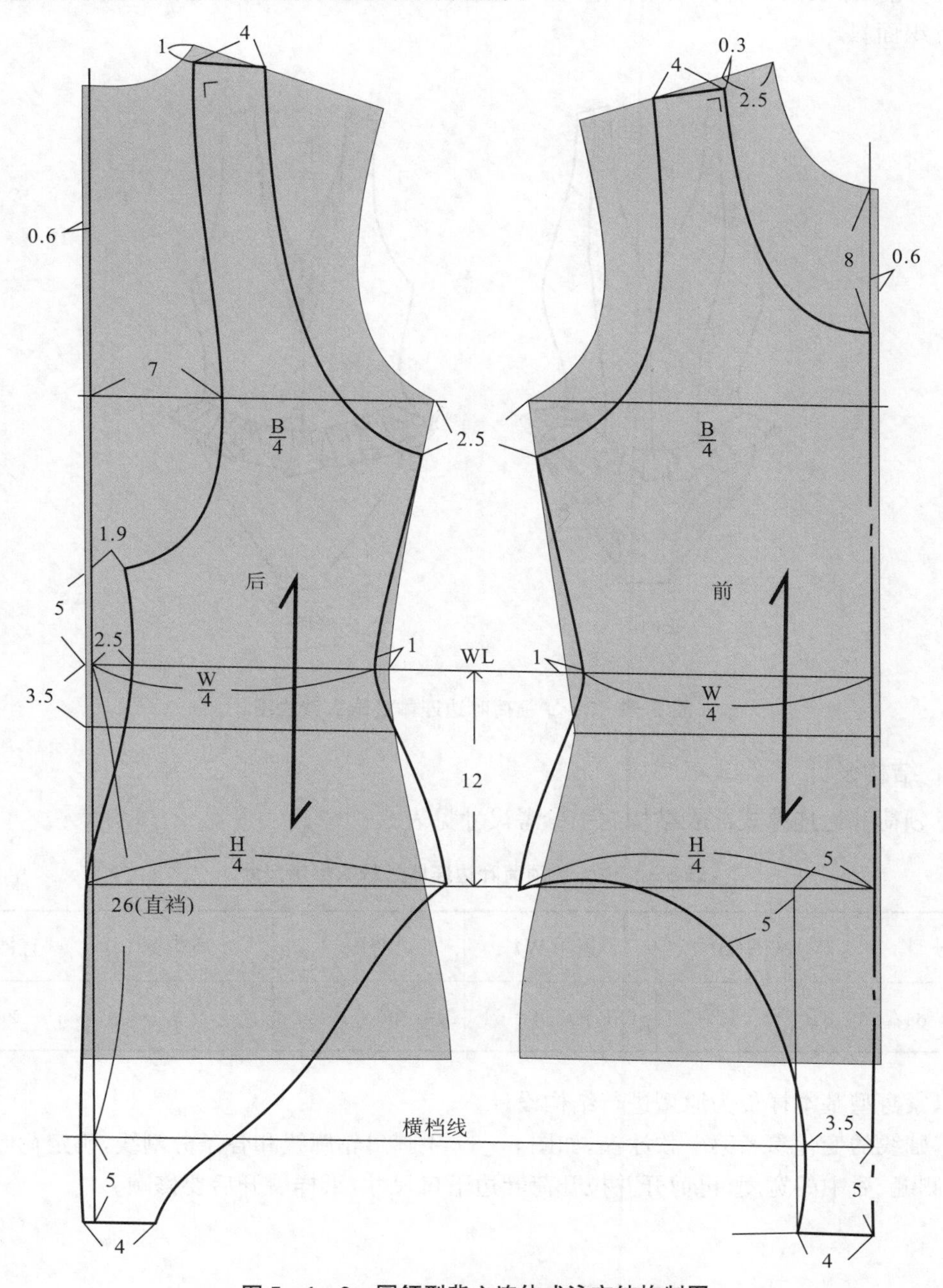

图 5-1-2　圆领型背心连体式泳衣结构制图

如图 5－1－2 所示，拷贝紧身型基本样板，前中线和后中线分别往里收 0.6 cm 画延长直线，腰线提高 3.5 cm，从腰线向下量取直裆深 26 cm，画出横裆线，再向下分别量取前裆深和后裆深 5 cm。其他结构线、造型线。

（二）V 领荷叶边连体式泳衣

1. 款式概述

该款造型特点为分割线加荷叶边，胸部可以加胸垫或不加，脚口线围绕大腿裁剪（图 5－1－3）。此款泳衣前片有公主线分割，上下也有弧线分割线，加荷叶边装饰，款式动感，选用莱卡针织面料。

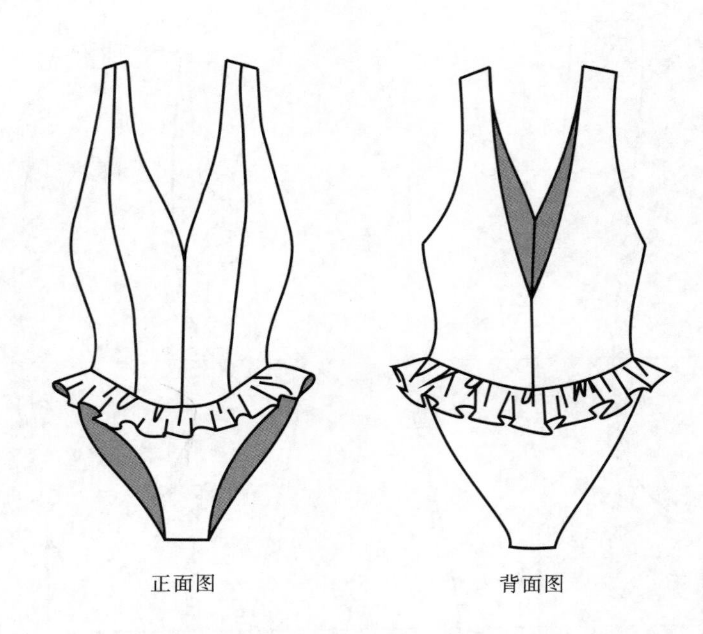

图 5－1－3　V 领荷叶边连体式泳衣款式图

2. 结构设计

V 领荷叶边连体式泳衣结构制图参考尺寸见表 5－1－2。

表 5－1－2　V 领荷叶边连体式泳衣参考尺寸　　单位：cm

号型	胸围(B)	腰围(W)	胯围	肩带宽	直裆长
160/84A	84(净)－12＝72	68(净)－4＝64	74(净)－2＝72	3	26

以紧身型基本样板为原型进行结构设计。

基础线的变化参考第一款泳衣，如图 5－1－4 画出轮廓线和各条分割线，确定荷叶边的前中、侧缝、后中的宽度，再剪开并拉开荷叶边下口尺寸，纸样展开后要修顺。

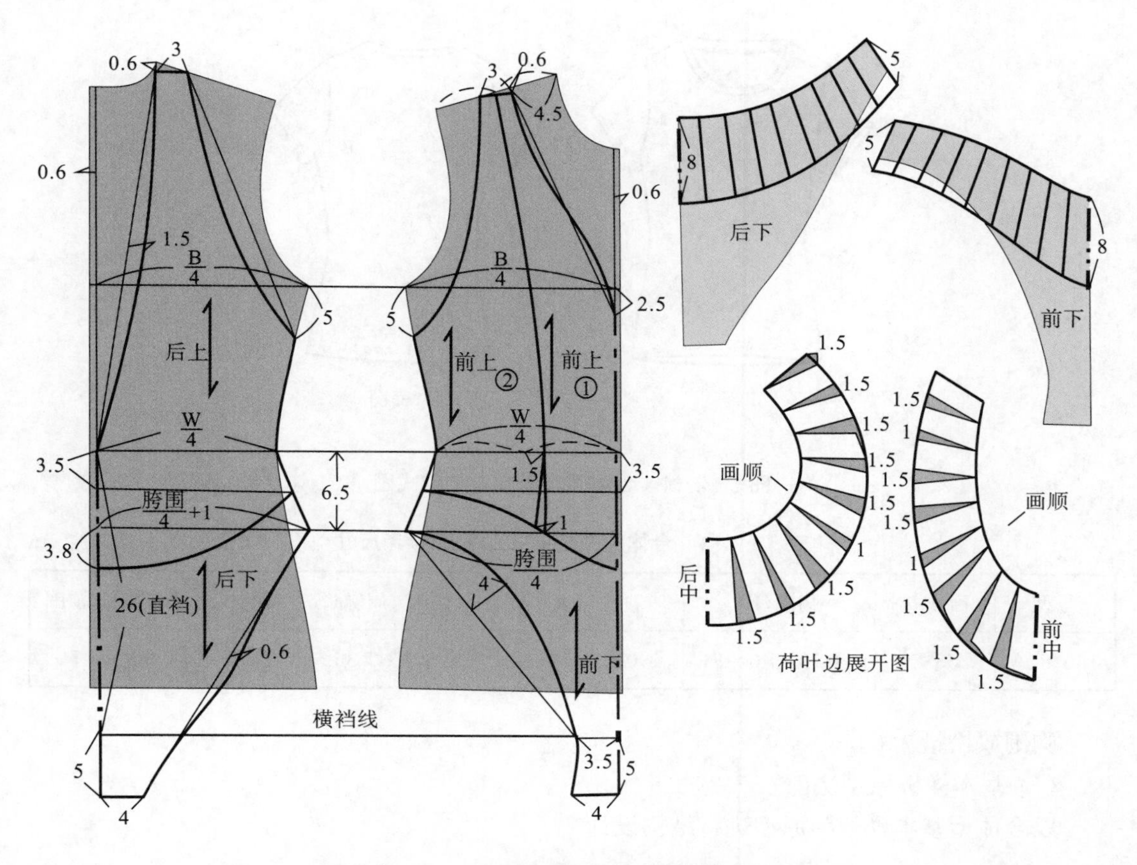

图 5-1-4　V领荷叶边连体式泳衣结构制图

第二节　合体型针织服装样板设计应用实例

合体型针织服装主要针对胸围放松量为－2～2 cm 的款式进行纸样设计和成衣制作。胸围放松量在这个区间的款式较多，宜选用中弹针织面料，可以根据款式选择有胸省或无胸省的合体型基本样板制图。

一、合体无省道的针织服装

1. 款式概述

此款为合体圆领短袖 T 恤(图 5-2-1)，既可以外穿也可作为内搭，不限年龄，简单实用。面料选用精梳全棉平纹针织布，可素色，也可印花、拼色等，适穿季节较长。领圈用本布滚边条滚边，袖口、下摆折边绷缝，领围尺寸略小于头围尺寸。在实际应用时，可以根据个人喜好调整领圈大小，尺寸改小时要注意面料弹性和缝迹弹性，以免套头困难、领圈变形。衣长可根据需要进行变化。本款衣长在臀围线以上。

2. 结构设计

合体圆领短袖 T 恤制图参考尺寸见表 5-2-1。

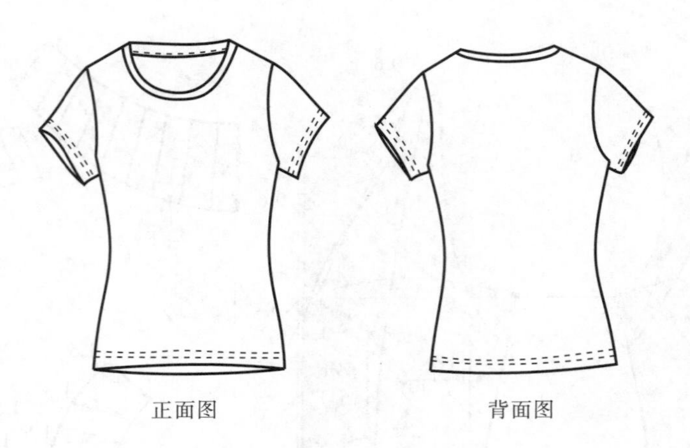

图 5-2-1　合体圆领短袖 T 恤款式图

表 5-2-1　合体圆领短袖 T 恤制图参考尺寸　　单位：cm

号型	后衣长	胸围(B)	腰围(W)	下摆围	肩宽(S)	袖长	袖口围	领围
160/84A	53.5	84(净)+0=84	68(净)+8=76	86	36	15.5	27.5	50

胸围放松量为 0。

(1) 基本样板原型法(图 5-2-2)

以合体型基本样板为原型进行结构设计。

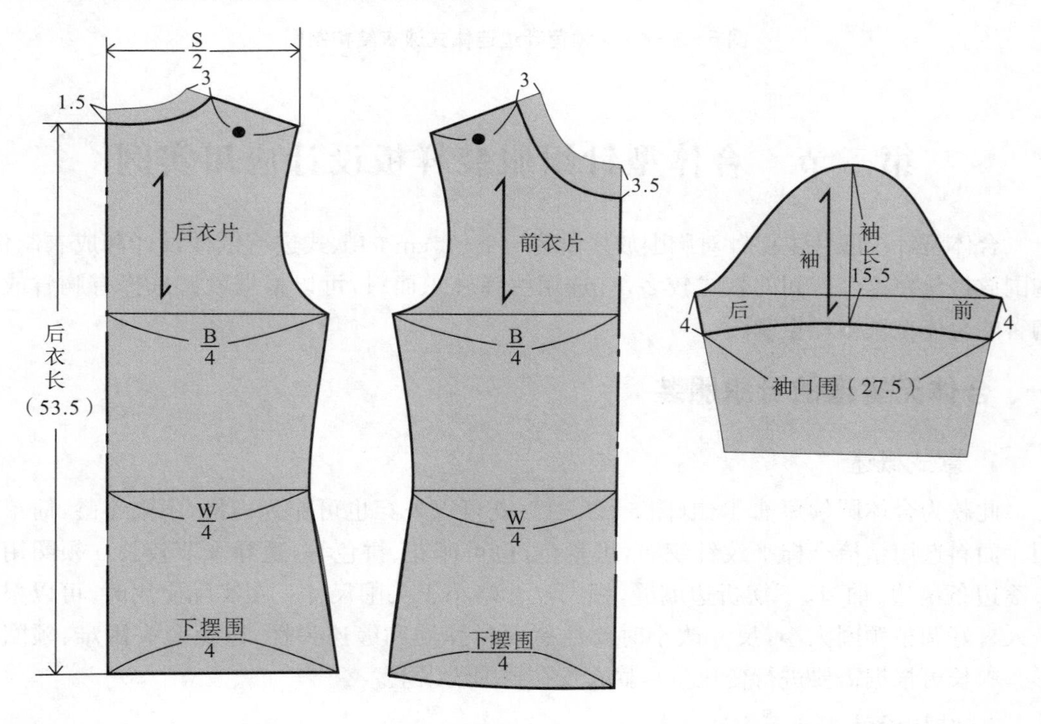

图 5-2-2　合体 T 恤结构图——基本样板原型法

结构设计要点：

① 拷贝合体型基本样板的前、后衣片。

② 领圈设计。前后横开领各加大 3 cm，后直开领加大 1.5 cm，前直开领加大 3.5 cm，画顺前后领圈圆领弧形。

③ 衣长设计。从衣片后中起确定好衣长，分别画顺前后片下摆。

④ 胸围。按$\frac{B}{4}$进行调整。

⑤ 腰围。按$\frac{W}{4}$进行调整。

⑥ 下摆设计。按照$\frac{下摆围}{4}$进行调整，连顺侧缝线。

⑦ 袖子设计。拷贝袖子基本板的上部，从袖顶点起量取袖长，取袖子侧缝长度为 4 cm，袖口围 50 cm，用弧线连顺袖口弧线。标出袖山对位记号。

(2) 比例法(图 5-2-3)

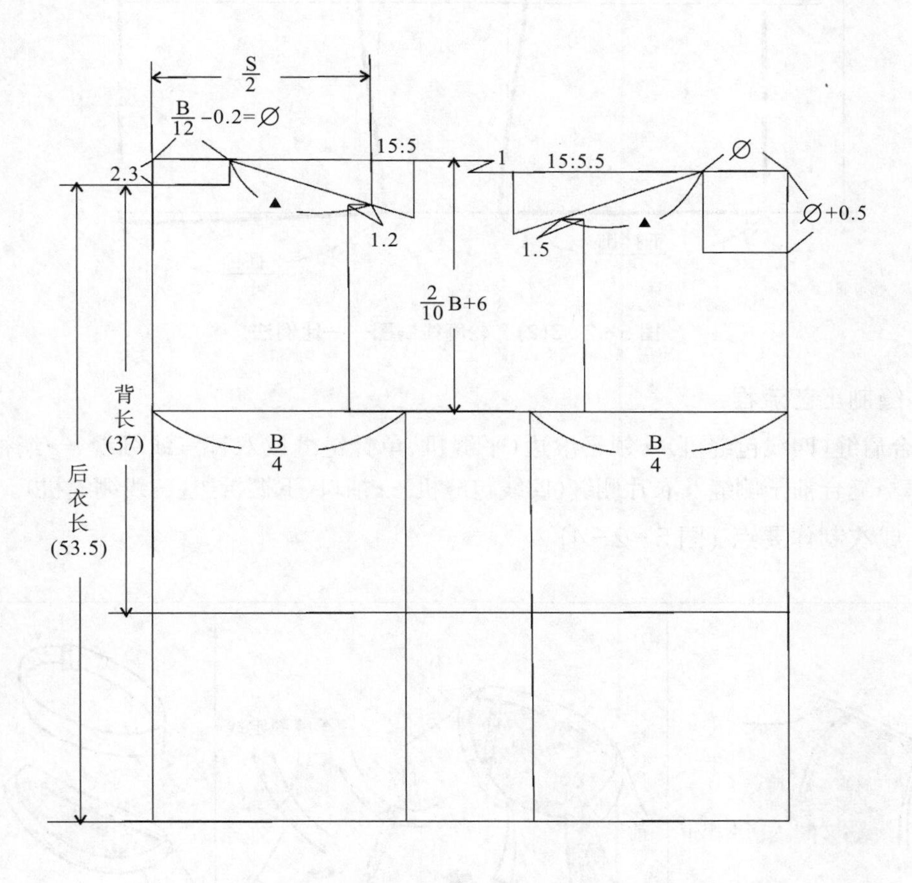

图 5-2-3(1) 基础线制图——比例法

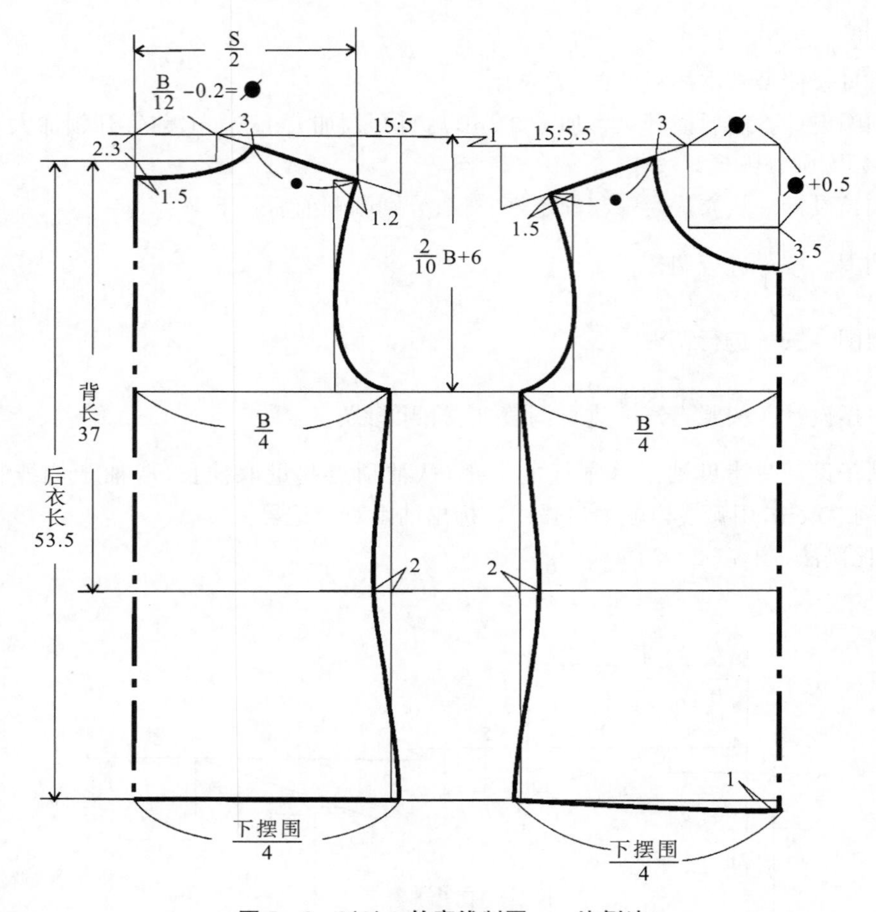

图 5-2-3(2)　轮廓线制图——比例法

3. 缝制工艺流程

缝合肩缝(四线包缝机)→领子滚边(平缝机、单针链缝或双针三线绷缝)→绱袖(四线包缝机)→缝合袖子侧缝及衣片侧缝(四线包缝机)→袖口、下摆折边(三线绷缝机)。

4. 成衣制作要点(图 5-2-4)

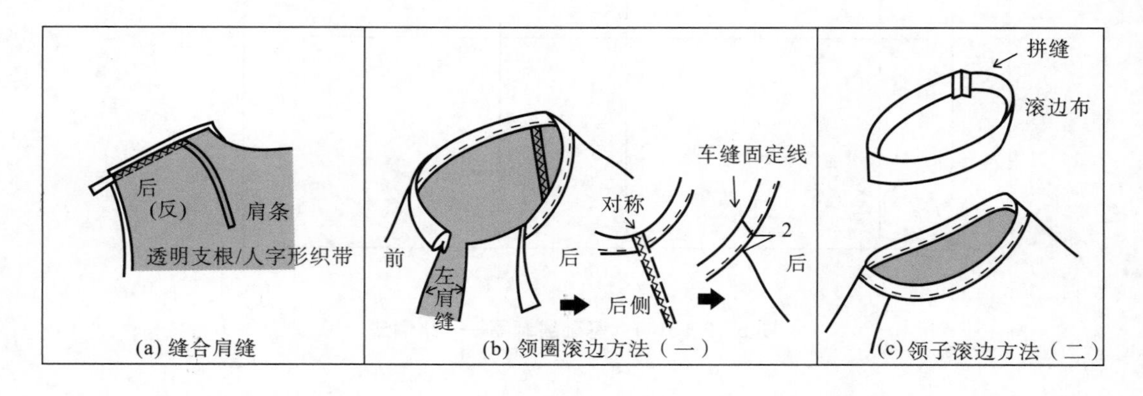

图 5-2-4　合体型 T 恤制作要点

① 缝合肩缝。要用四线包缝机，同时要加缝透明弹力带或人字纹织带(肩条)。

② 领圈滚边。通常有两种方法：

方法一，见图 5-2-4(b)：先留出左肩线不拼合，用单针链缝或双针三线绷缝滚领，再缝合左肩缝，要注意对齐领边，然后在正面领圈滚边部分压固定明线。

方法二，见图 5-2-4(c)：先按滚边长度用平缝机将滚边布缝合成圈状，再把圈状滚边布放在衣片的左肩线后 2 cm 左右，用单针链缝或双针三线绷缝滚领，滚边宽度为 0.6～0.8 cm；也可以用平缝机按照机织面料的滚边做法，先将滚边布正面与衣片反面相对缝合，要平顺无拉伸起皱现象，再把滚边布翻到正面压 0.1 cm 明线。

二、公主线分割的合体型针织服装

1. 款式概述

此款连衣裙前片有公主线分割，后中有隐形拉链开口，衣身廓型合体，袖型为插肩袖，见图 5-2-5。面料可选用较有骨架的中等厚度和中弹的针织面料，这款服装选择空气层面料。领圈用本布贴边方式来收口，袖口、下摆折边绷缝，因为空气层面料缝份不易烫服贴，所以前片分割线加曲折机的线迹来固定。

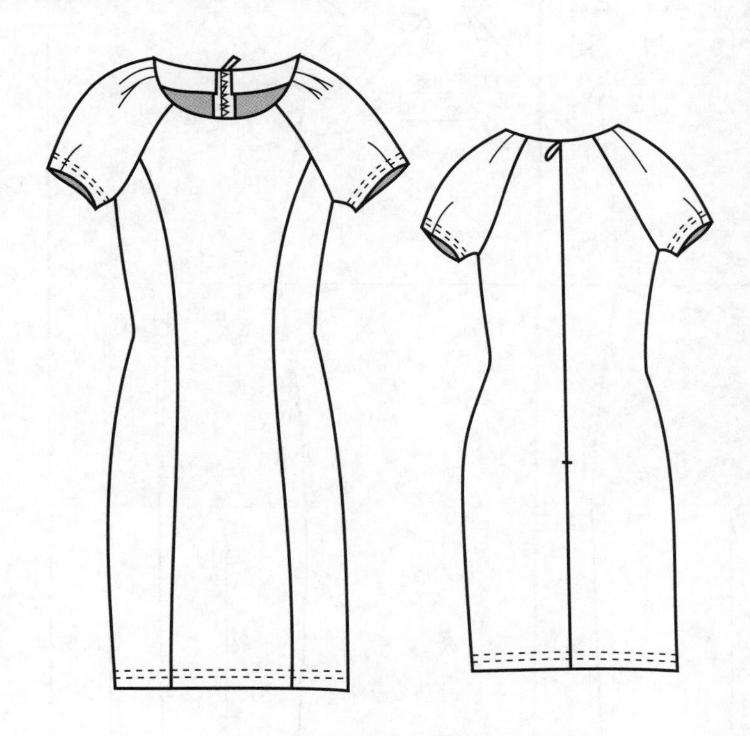

图 5-2-5　合体型圆领插肩袖连衣裙款式图

2. 结构设计

合体型圆领插肩袖连衣裙制图参考尺寸见表 5-2-2。胸围的放松量为 4 cm，衣长在膝盖以上。

表 5-2-2　合体型圆领插肩袖连衣裙制图参考尺寸　　单位：cm

号型	后衣长	胸围(B)	腰围(W)	臀围(H)	下摆围	肩袖长	袖口围	领围
160/84A	80	84(净)+4=88	68(净)+4=72	86	82	26	28	50

(1) 基本样板原型法(图 5-2-6)

以有胸省的合体型基本样板为原型进行结构设计。

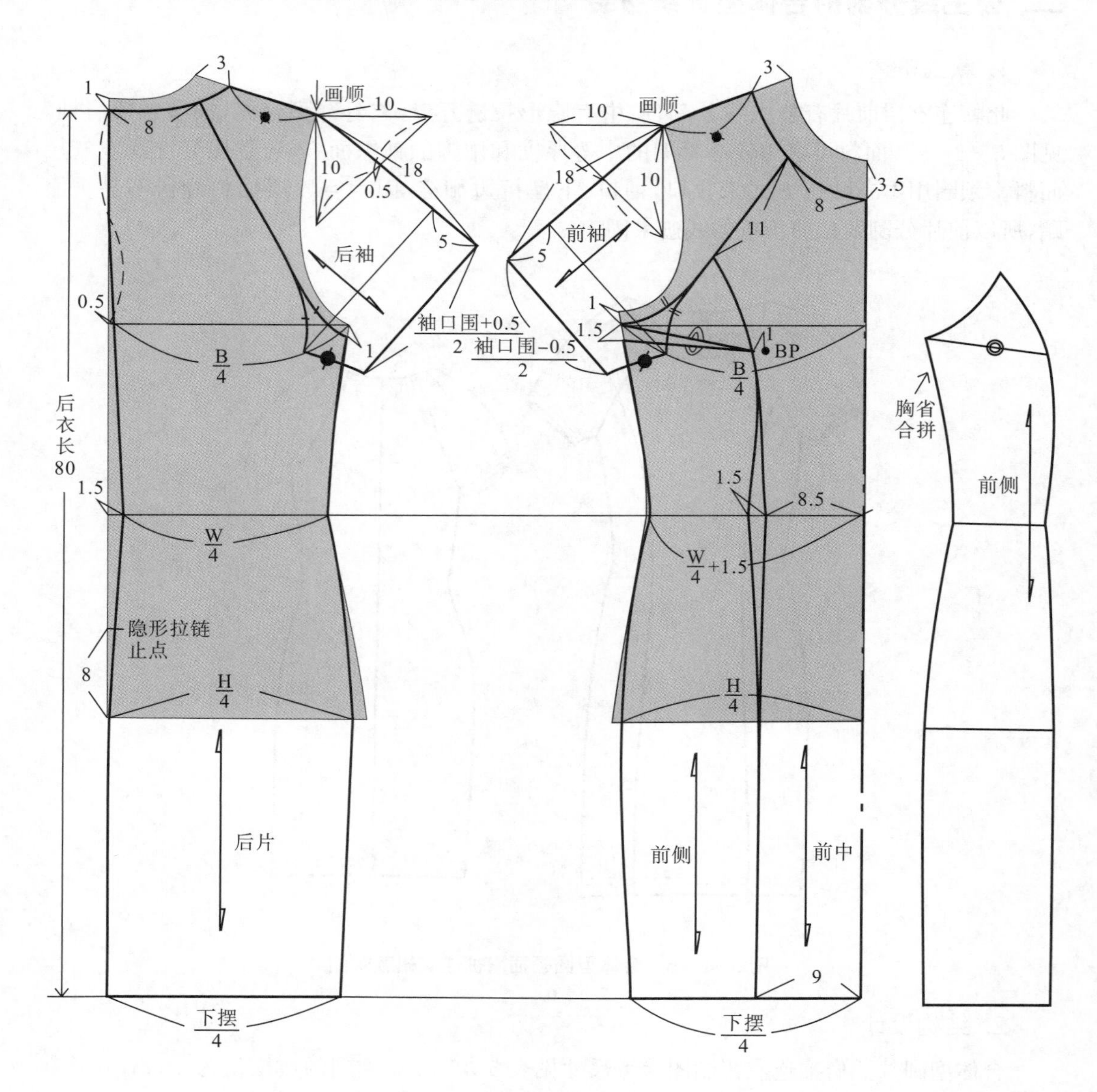

图 5-2-6(1)　合体型圆领插肩袖连衣裙结构制图

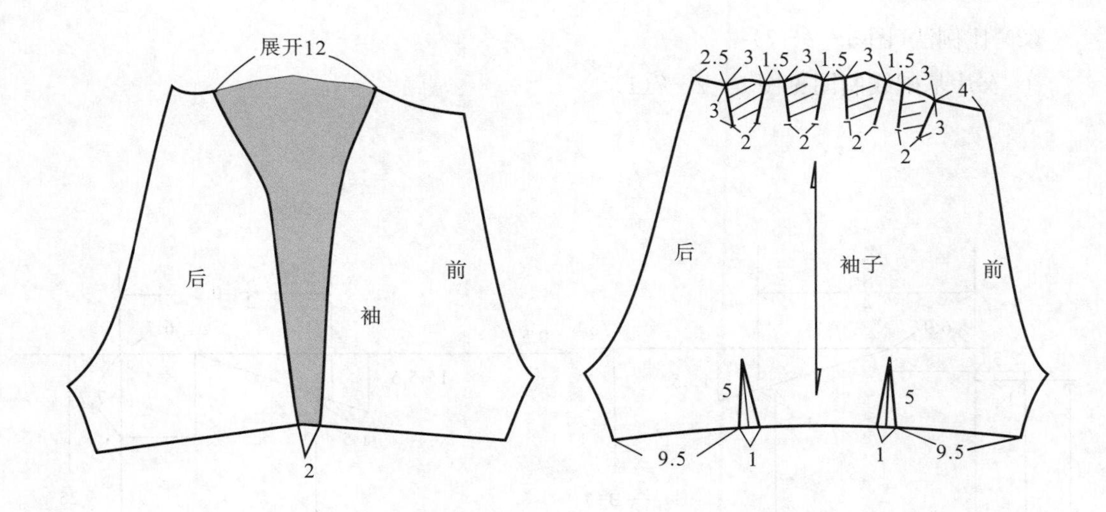

图5-2-6(2) 合体型圆领插肩袖连衣裙袖子展开结构制图

结构设计要点：

① 领圈。拷贝好前后衣片基本样板，前后横开领各加大 3 cm，后直开领加深 1 cm，前直开领加深 3.5 cm，画顺前后领圈圆领弧形。

② 衣长。从衣片后中点起确定好衣长，分别画出前后片下摆线。

③ 前片。按图 5-2-6 所示位置距 BP 点 1 cm 画出刀背形分割线，在胸围线上，按$\frac{B}{4}$确定前胸围大小；在腰围线上，按$\frac{W}{4}+1.5$ cm(省)确定前腰围大小；在臀围线上，按$\frac{H}{4}$确定前臀围大小；在下摆线上，确定下摆大$=\frac{H}{4}-1.5$ cm，或按$\frac{下摆}{4}$确定。前侧片要画出胸省转移的位置，然后转移省道修顺轮廓线。

④ 后片。后中缝在胸围线和腰围线上各收 0.5 cm 和 1.5 cm。在胸围线上，按$\frac{B}{4}$确定后胸围大小；在腰围线上，按$\frac{W}{4}$确定后腰围大小；在臀围线上，按$\frac{H}{4}$确定后臀围大小；在下摆线上，确定下摆围$=\frac{下摆}{4}$。

⑤ 袖子。从肩点起画出袖子斜线，从肩点起量取袖长 18 cm，前后袖在领口展开 12 cm，袖口处展开 2 cm，然后如图示画出领口的四个和袖口的两个褶位和省位。

⑥ 领围尺寸确认。制图完成后要确认领围尺寸是否与表 5-2-2 中的领围尺寸相符，若有差异应调整。

(2) 比例法(图 5－2－7)

① 衣片基础线制图见图 5－2－7(1)。

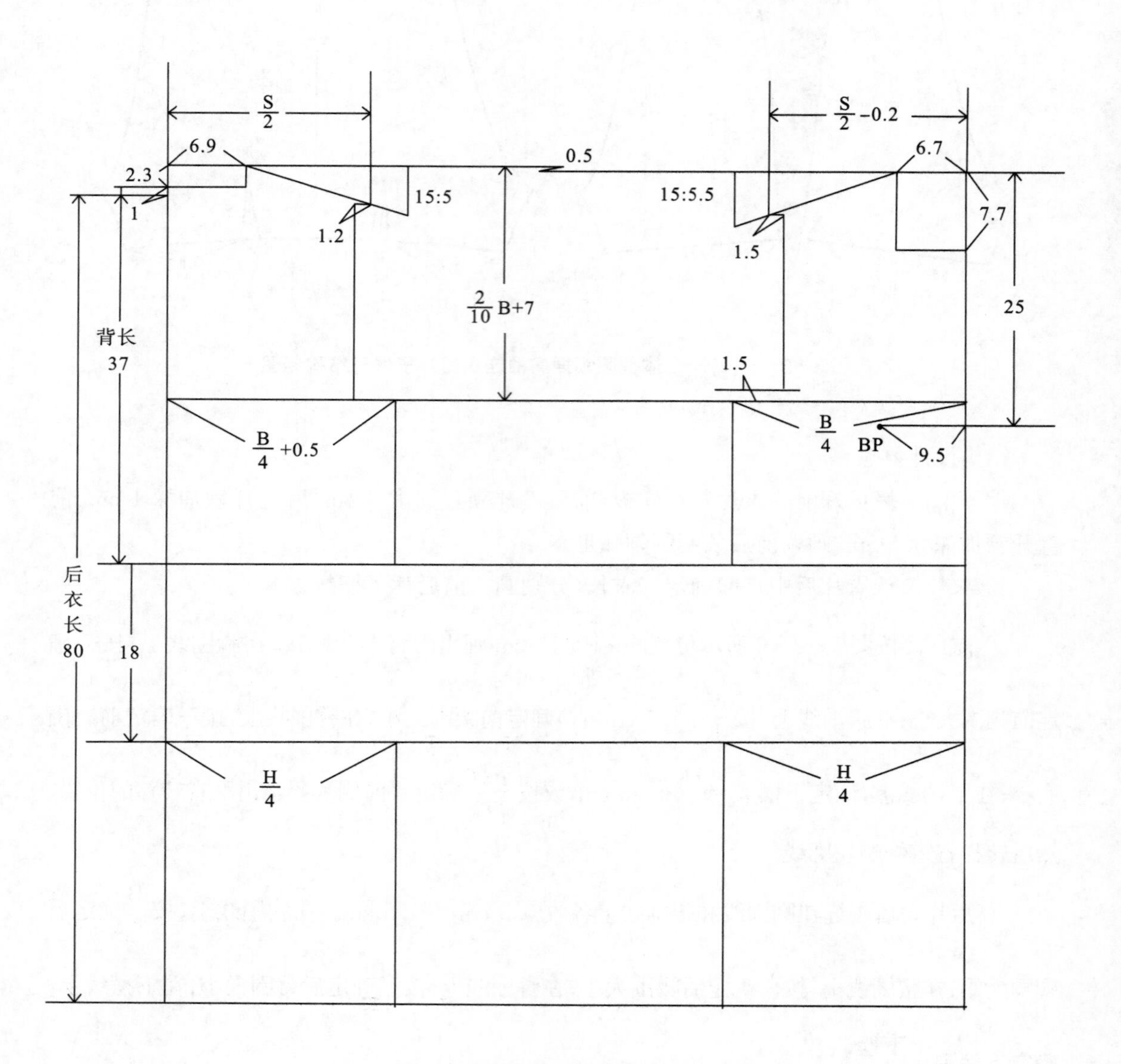

图 5－2－7(1) 衣片基础线制图——比例法

② 衣片轮廓线制图见图 5－2－7(2)。

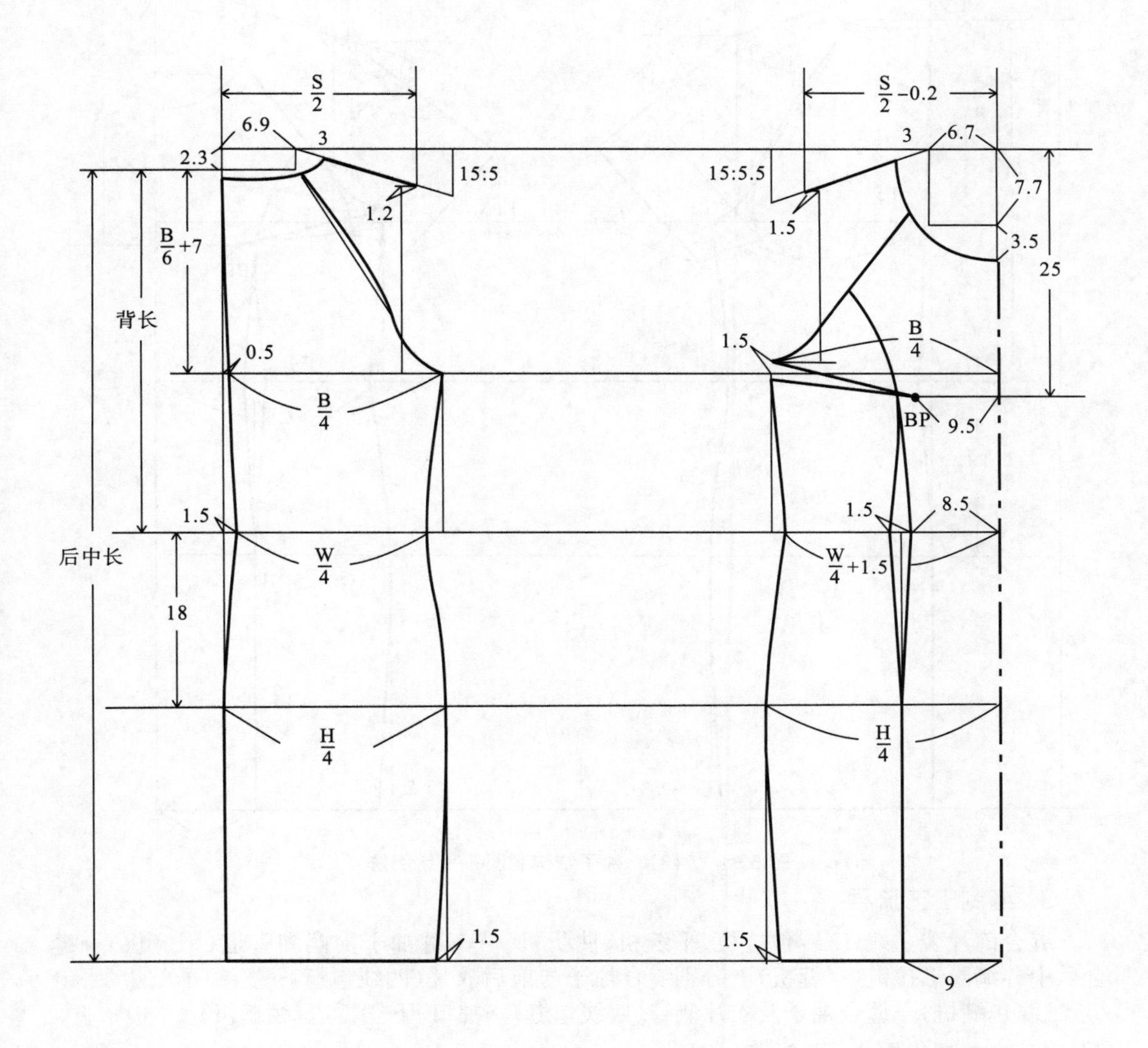

图 5－2－7(2)　衣片轮廓线制图——比例法

③ 袖子结构制图见图 5-2-7(3)，袖子展开结构图见图 5-2-6(2)。

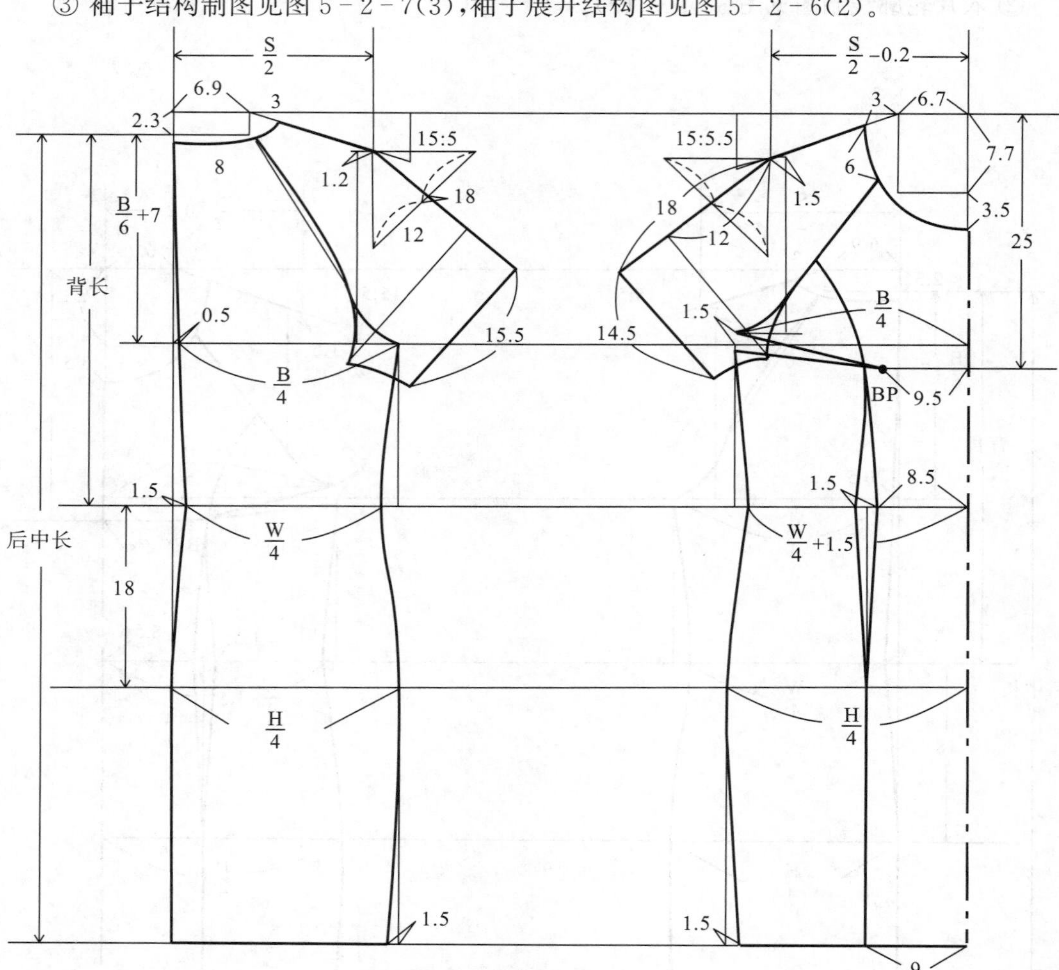

图 5-2-7(3) 袖子结构制图——比例法

3. 缝制工艺流程

缝合前片公主线（三线包缝机、平缝机、曲折机）→车缝袖子褶裥和省道（平缝机）→缝合后中并绱隐形拉链（平缝机）→分别缝合袖子与前后衣片（四线包缝）→绱领子贴边（平缝机、三线包缝机）→缝合袖子及衣片侧缝（四线包缝）→袖口、下摆折边（绷缝机）。

4. 成衣制作要点(图 5-2-8)

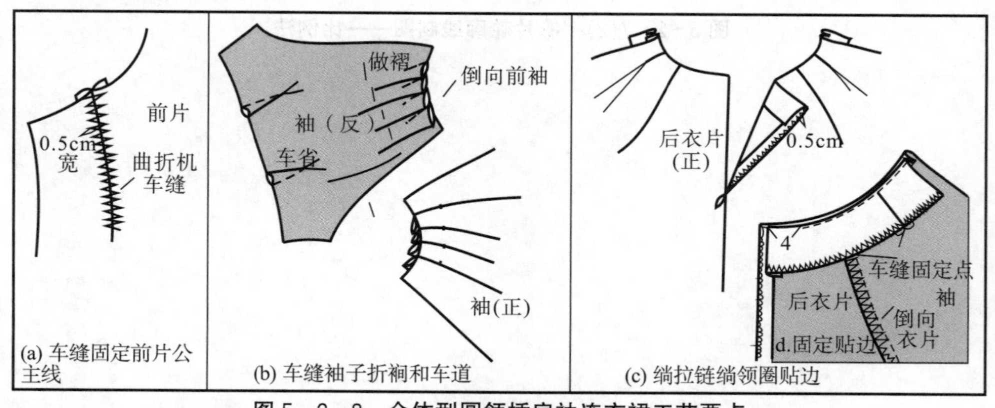

图 5-2-8 合体型圆领插肩袖连衣裙工艺要点

① 缝合前片公主线。先用三线包缝机包缝缝份，再用平缝机缝合分割线，然后如图 5－2－8(a)正面朝上车 0.5 cm 宽的曲折机线迹固定缝份。

② 车缝袖子褶裥和省道。用平缝机如图 5－2－8(b)所示袖口处按点位车缝两个省道，省尖打结，两省道对称倒向肩线方向。袖子领圈处也按点位车缝四个褶裥，全部倒向前袖方向。

③ 绱隐形拉链。如图 5－2－8(c)换用隐形拉链压脚，在平缝机上缝制隐形拉链。

④ 绱领圈贴边。如图 5－2－8(c)前后领圈的贴边用平缝机缝合肩缝后，下口采用三线包缝，再用平缝机缝合贴边与后衣片的后中缝，注意后中要留出 0.5 cm 左右拉链的运行位置，然后用平缝机缝合贴边与衣片的领圈，修剪缝份后在距后中 4 cm 左右在贴边上用平缝机车 0.1 cm 暗线。最后整烫领圈，在各条拼缝位置车缝或手缝固定贴边，使贴边不易外翻。

三、合体型基本样板设计拓展

合体型基本样板分为无胸省和有胸省两种。本节运用无胸省合体型基本样板进行机织领 T 恤、基本款吊带背心、双层打结背心等三款上衣的结构设计应用；用有胸省合体型基本样板来做一款荡领背心的结构设计应用。

(一) 机织领 T 恤

1. 款式概述

此款 T 恤为机织领、前门襟开口、肩部育克拼接、小泡泡袖的经典款针织上衣。款式图见图 5－2－9，适合年龄和适穿场合广泛，选择珠地组织的针织面料。

图 5－2－9　机织领 T 恤款式图

2. 结构设计

此款 T 恤的制图参考尺寸见表 5－2－3，胸围松量为－2 cm，下摆到臀围线，袖长正好到袖肥线，门襟开口到胸围线以下。

表 5－2－3　机织领 T 恤制图参考尺寸　　单位：cm

号型	后衣长	背长	胸围 (B)	腰围 (W)	臀围 (H)	肩宽 (S)	袖长	袖口围	领围 (N)
160/84A	55	37	84(净)－2＝82	76	84	34	13.5	28	39

(1) 基本样板原型法(图 5-2-10)

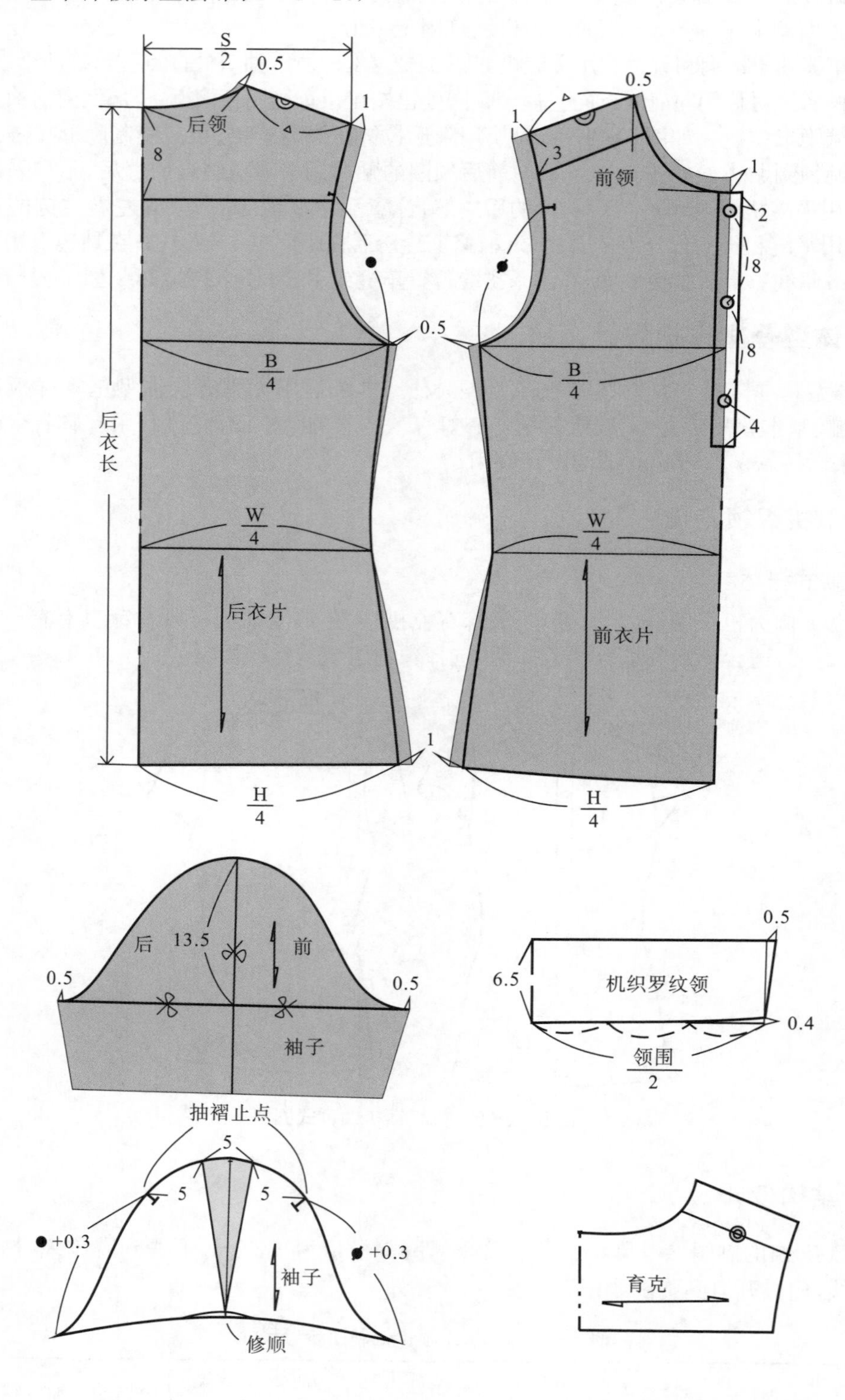

图 5-2-10　机织领 T 恤结构图——基本样板原型法

结构设计要点：

以合体型衣身和袖子的基本样板为原型进行结构设计。

① 确定胸围、腰围、下摆围的大小，画顺侧缝。

② 因为是泡泡袖，肩宽可缩进 1 cm 左右（按$\frac{S}{2}$确定后肩线），袖子按图 5-2-10 剪开拉开再画顺，标出袖山顶点和抽碎褶位置。

③ 领子直接用配色机织领，因为有较好弹性，故领子尺寸一般用净领围尺寸，一般小于衣片领圈的尺寸，其差量视具体情况定，这里的差量约为 2 cm。

④ 肩部育克纸样要将前后两个部分连接好修顺领圈和袖圈的轮廓线。

（2）比例法（图 5-2-11）

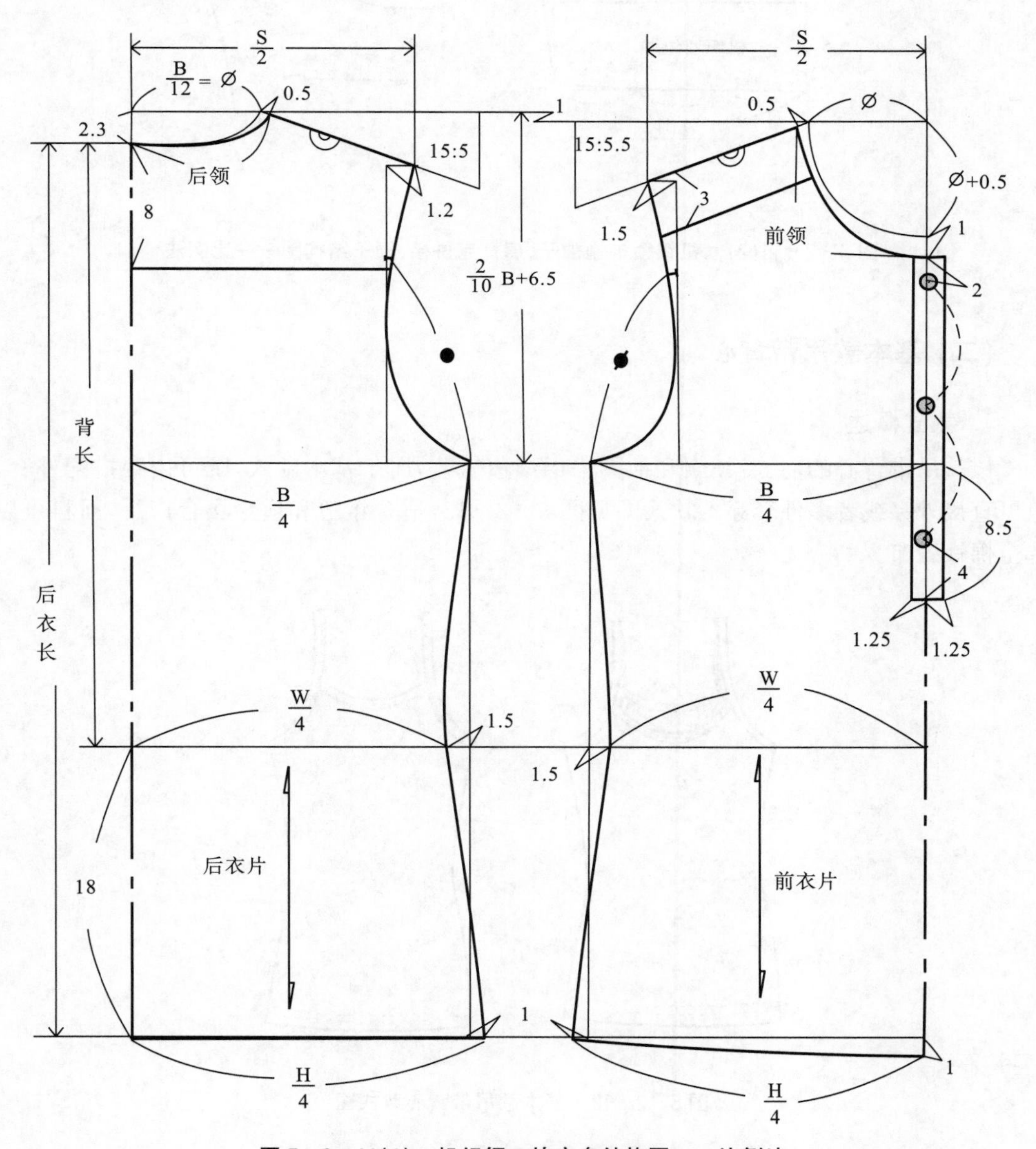

图 5-2-11(1)　机织领 T 恤衣身结构图——比例法

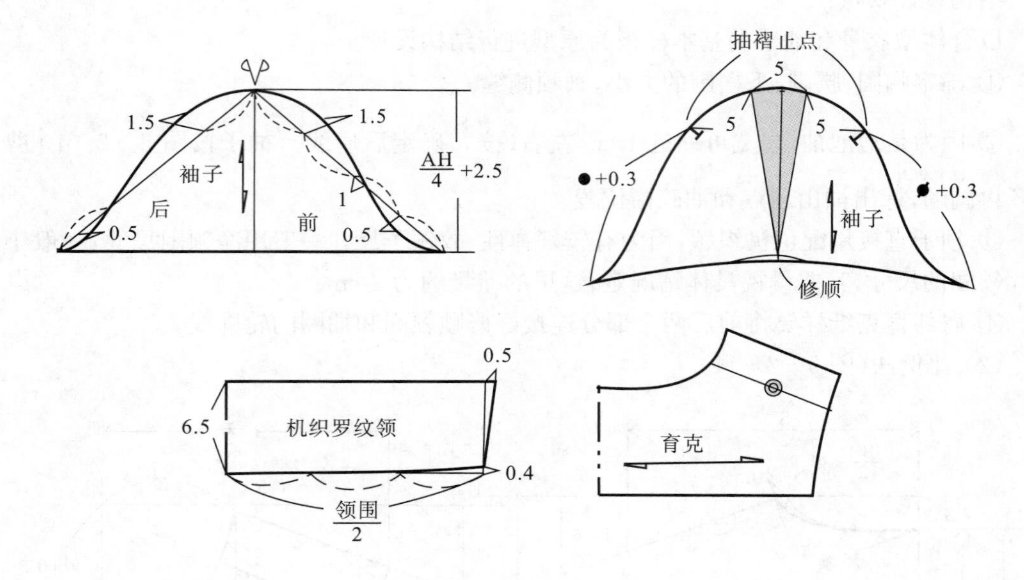

图 5-2-11(2) 机织领 T 恤袖子、肩育克拼接、领子结构图——比例法

(二) 基本款吊带背心

1. 款式概述

该款吊带背心的前、后领圈和袖圈采用滚边工艺，属于基本款式，既可内穿搭配外套，也可直接外穿或者多件套穿。款式图见图 5-2-12，适合年龄和适穿场合广泛，面料可以选全棉针织布。

图 5-2-12 基本款吊带背心款式图

2. 结构设计

此款吊带背心的制图参考尺寸见表 5-2-4。胸围的放松量为－4 cm，衣长至臀围线。

表 5-2-4　基本款吊带背心制图参考尺寸　　单位：cm

号型	后衣长	背长	胸围(B)	腰围(W)	下摆围	肩宽(S,制图时参考)	袖窿弧长(含吊带)
160/84A	42.5	37	84(净)－4＝80	74	84	34	48

(1) 基本样板原型法(图 5-2-13)

以合体型衣身基本样板为原型进行结构设计。

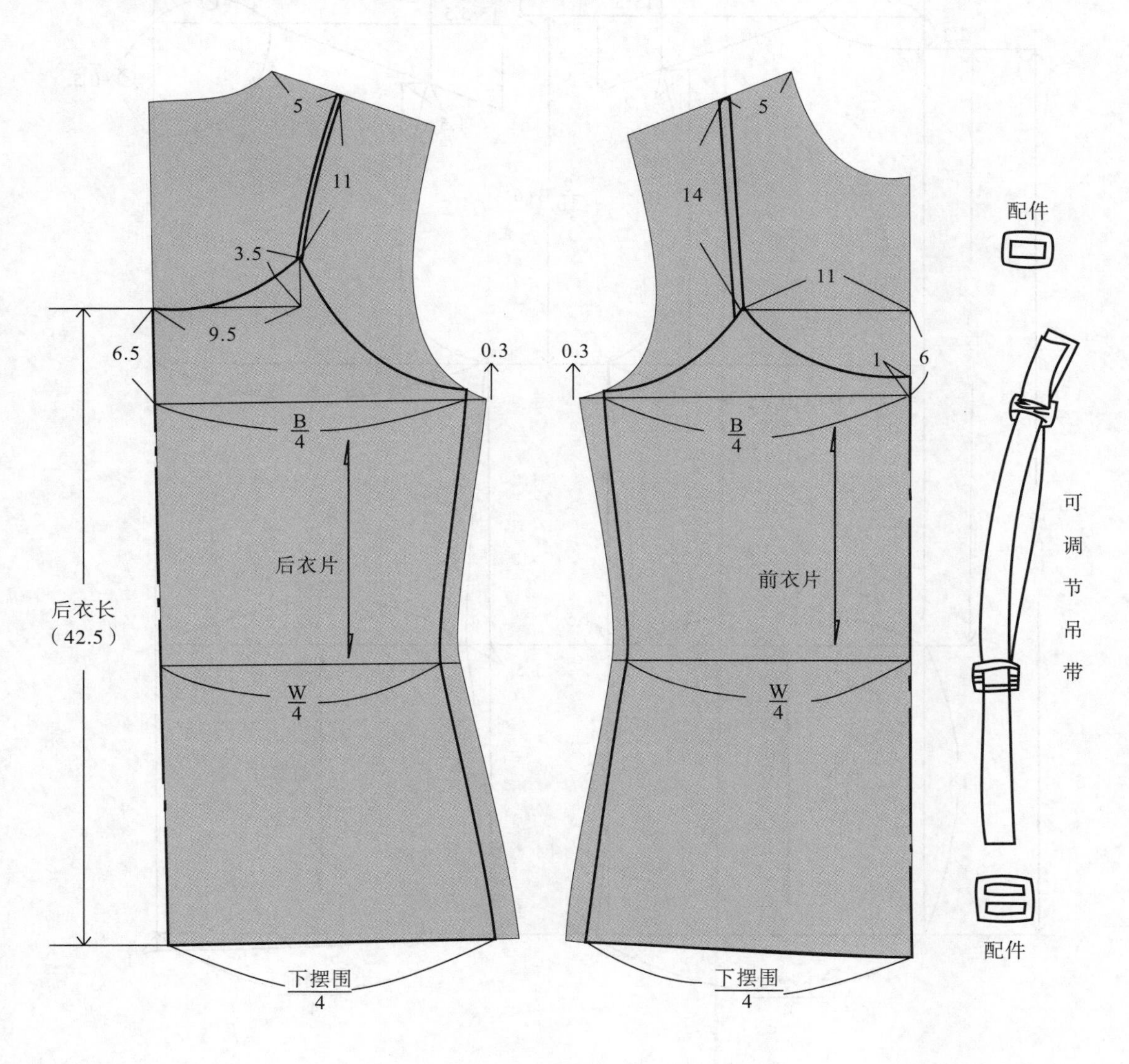

图 5-2-13　基本款吊带背心结构图

结构设计要点：

① 确定胸围、腰围、下摆围的大小，画顺侧缝。

② 确定前后领圈的位置，分别画顺领圈和袖窿的弧线；

③ 计算吊带的长度。吊带一般会设计成可调节长度的结构，如图 5－2－13 所示，需要配件为口字扣和日字扣各两个，吊带长度要放出调节量。吊带也可设计成长度不可调节，因为有弹性，吊带长度要减去这个差量，本款减去 2 cm 左右。

（2）比例法（图 5－2－14）

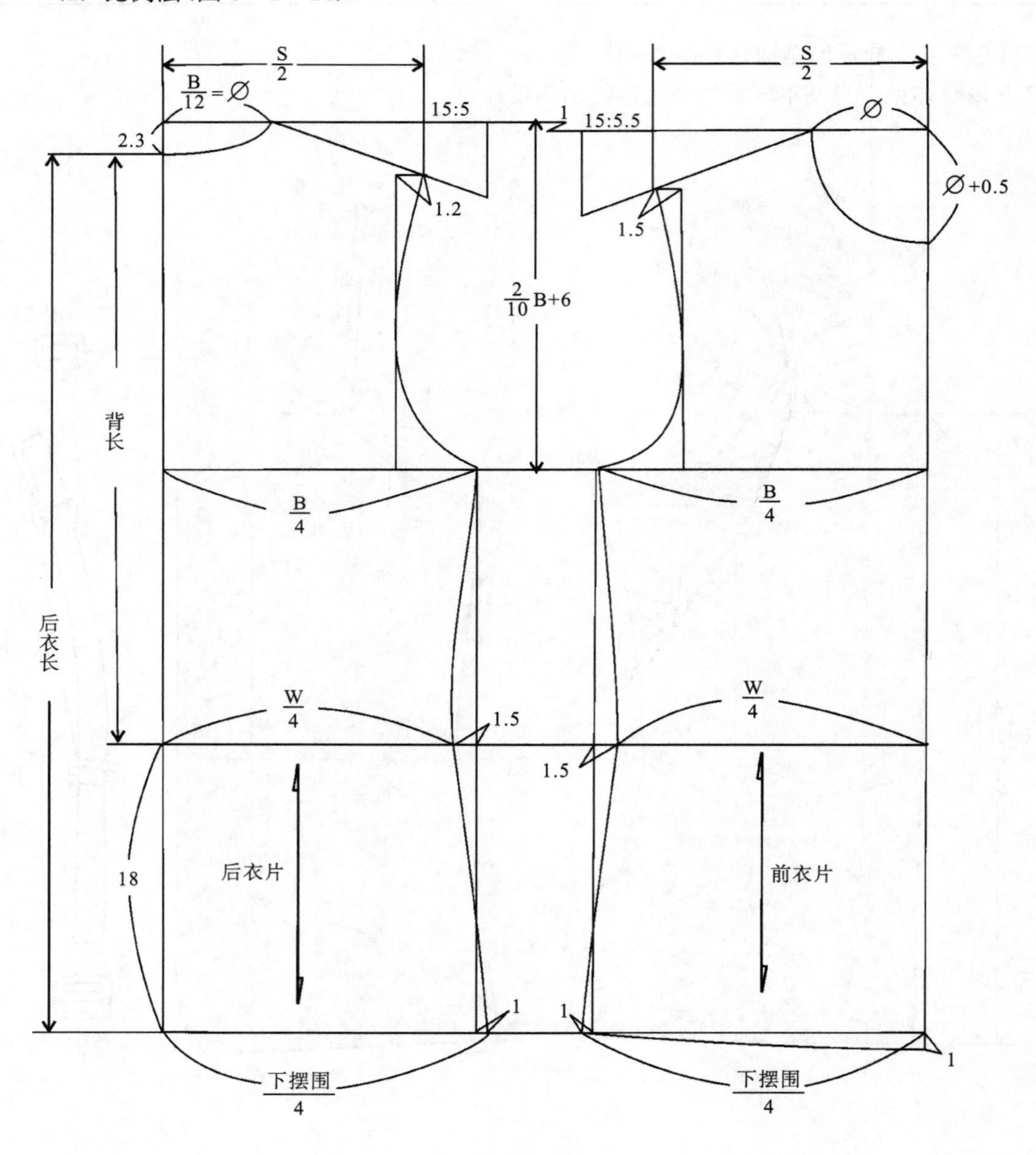

图 5－2－14(1)　基础线制图——比例法

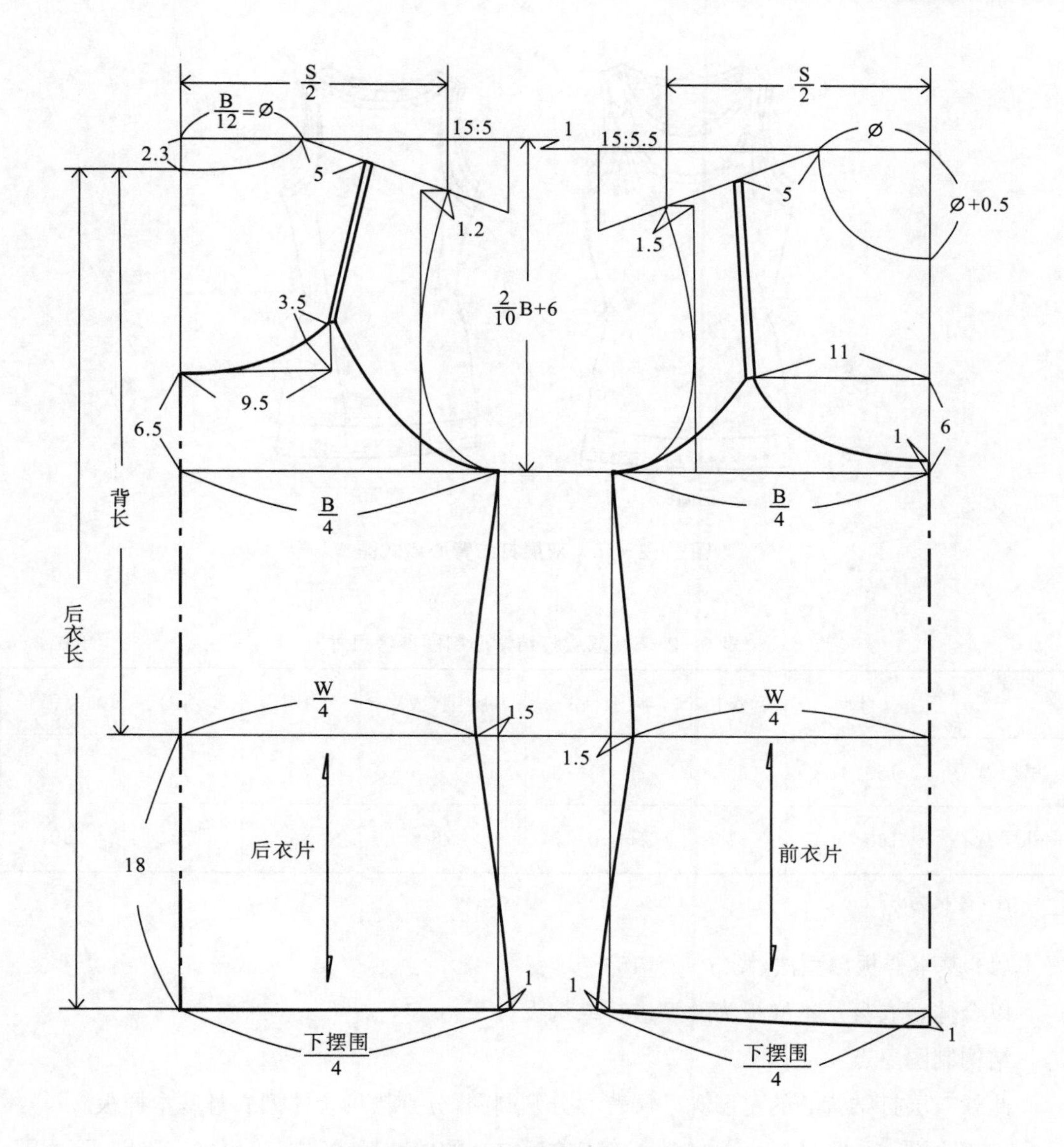

图 5-2-14(2)　完成图——比例法

(三) 双层打结背心

1. 款式概述

这款双层打结背心在肩缝处连接,里层是一件超短小背心,外层的前片肩带打结装饰,领圈和袖圈以滚边方式收口。这是一款假两件式的针织背心,适合外穿,可选全棉针织面料。款式图见图 5-2-15。

2. 结构设计

本款由里层短背心和外层长背心组合而成,里层短背心胸围放松量为−4 cm,衣长在胸围线以下、腰围线以上;外层长背心放松量为 0,衣长在臀围线附近。制图参考尺寸见表 5-2-5。

图 5-2-15　双层打结背心款式图

表 5-2-5　双层打结背心制图参考尺寸　　单位：cm

	号型	后衣长	胸围(B)	腰围(W)	下摆围	领围	袖窿弧长
里层背心	160/84A	28	84 净－4＝80	/	75	58	41.5
外层背心	160/84A	51	84 净＋0＝84	76	86	70	49

注：背长为 37 cm。

(1) 基本样板原型法(图 5-2-16)

以合体型衣身基本样板为原型进行结构设计。

结构制图要点：

此款双层打结背心的里层和外层背心分别制图，分别拷贝合体型衣身基本样板。

① 里层背心：见图 5-2-16(a)，确定前后衣片的领圈弧线、衣长，再确定胸围、下摆围，画出下摆线、侧缝线；然后确定小肩宽 5 cm，画顺袖窿弧线。

② 外层背心：见图 5-2-16(b)，确定前后衣片的领圈弧线(前领圈在肩线处垂直向上拉长 5 cm 补足打结的量)、衣长，再确定胸围、下摆围，画出下摆线(里外层下摆相差 3.5 cm)；然后确定小肩宽 3 cm，画顺袖窿弧线。

(2) 比例法(图 5-2-17)

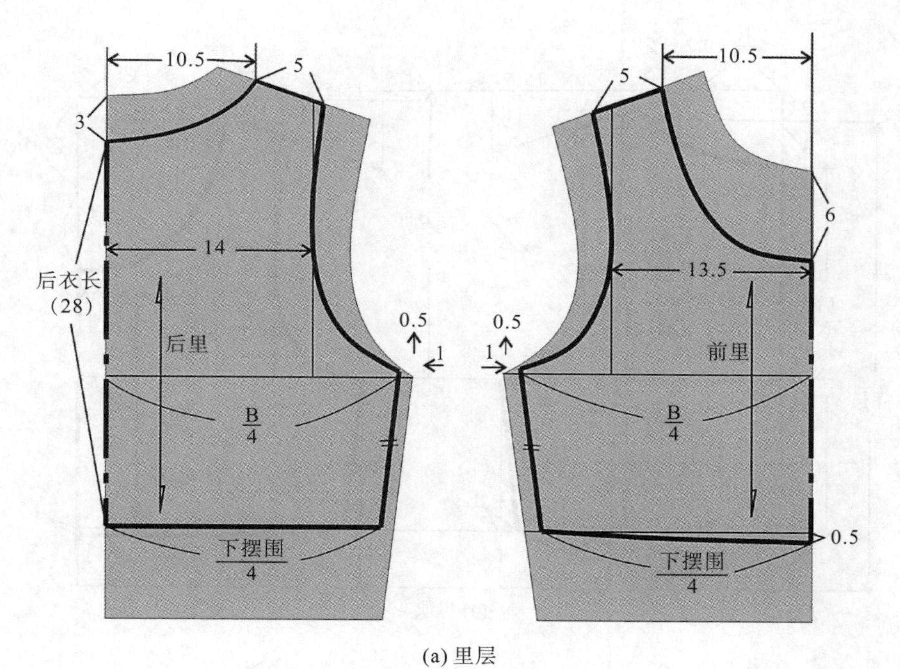

(a) 里层

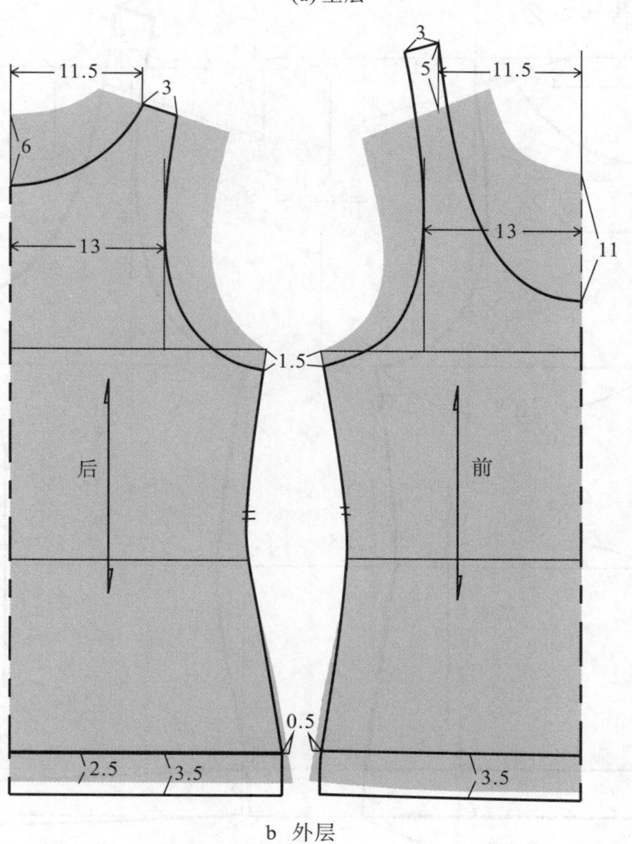

b 外层

图 5－2－16　双层打结背心结构图——基本样板原型法

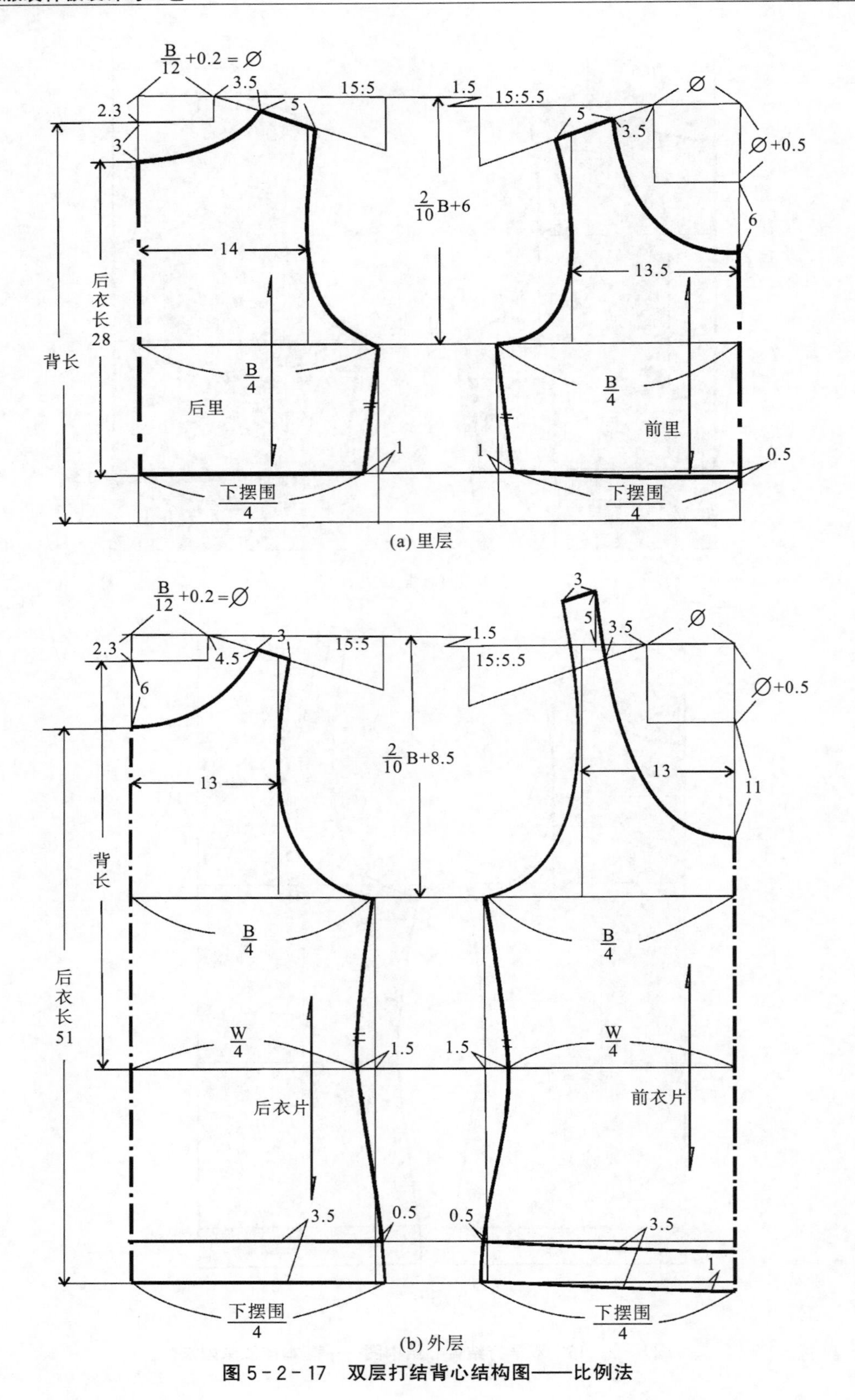

图 5-2-17 双层打结背心结构图——比例法

(四) 荡领背心

1. 款式概述

此款荡领背心款式优雅，较显示女性的柔美，前后身都有刀背形分割线，领子接缝在后中，并有四个褶裥，既适合打底穿着，也适合外穿。款式图见图 5-2-18，款式较适合中青年女性，面料可以选垂感较好的薄型针织面料，如莫代尔织物、精梳棉针织布等。

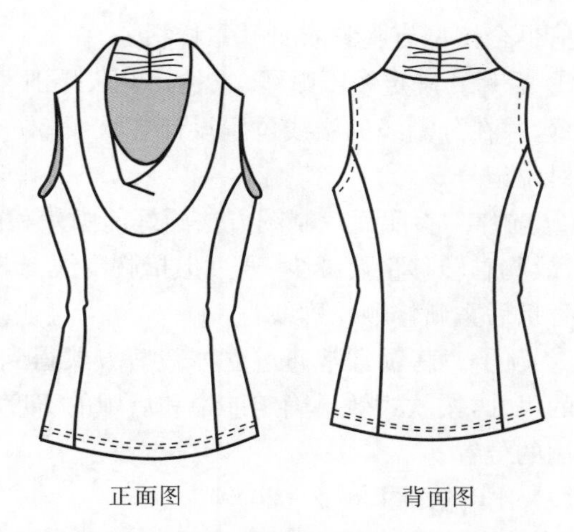

图 5-2-18 荡领背心款式图

2. 结构设计

本款胸围放松量为－4，衣长至臀围线，制图参考尺寸见表 5-2-6。

表 5-2-6 荡领背心制图参考尺寸

单位：cm

号型	后衣长	背长	胸围(B)	腰围(W)	下摆围	肩宽(S)	袖窿弧长
160/84A	54	37 cm	84－4＝80	68	88	32	40.5

(1) 基本样板原型法(图 5-2-19)

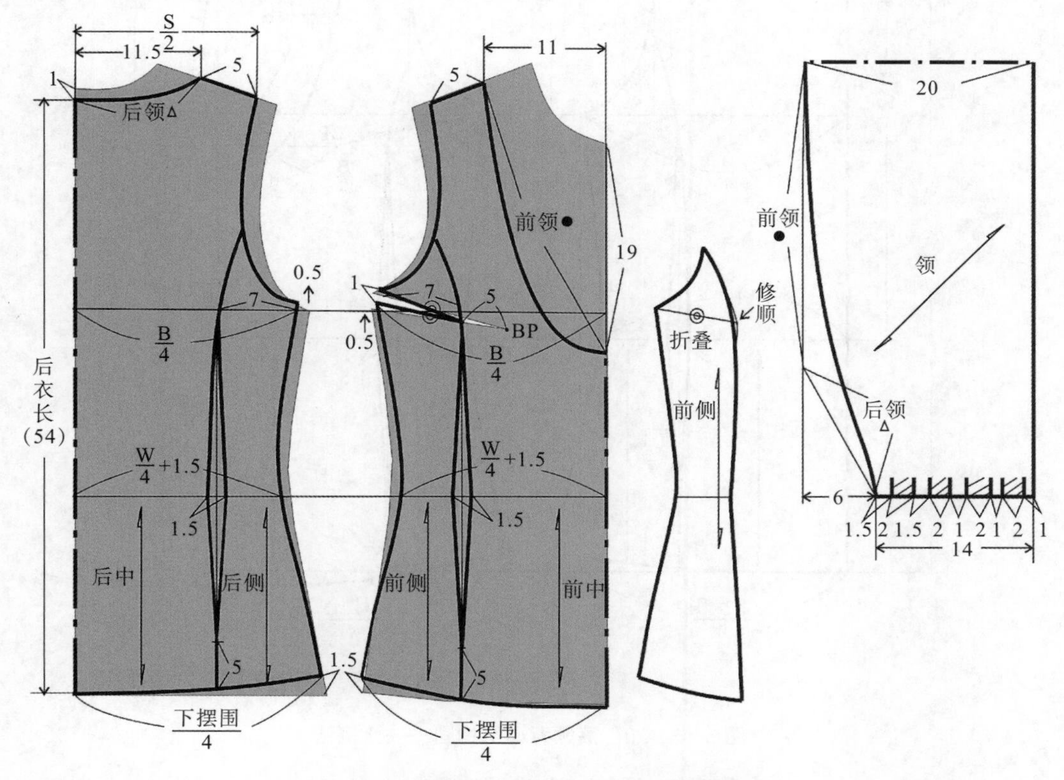

图 5-2-19 荡领背心结构图——基本样板原型法

结构制图要点：

拷贝合体型有胸省衣身基本样板。

① 后片。确定领圈弧线、衣长、胸围、腰围、下摆围、肩宽、袖窿弧线，再按款式设计分割线位置，并在分割线的腰线位置设计省大 1.5 cm。画顺后中片和后侧片的轮廓线，要标出腰部对位记号。

② 前片。参照后片制图方法画好前中片和前侧片的轮廓线，因公主线的位置离 BP 点较远，故胸省转移量要减少，通过上抬胸围线 0.5 cm 来实现，这里的转移量约 1 cm，前侧片折叠省量后重新修顺轮廓线。

③ 领子。荡领常常通过立体裁剪方式得到纸样，平面制图的方法也可以，需要前领和后领的尺寸，按款式效果确定前中和后中的宽度，如图 5-2-19 连接即可，然后标出后中四个褶裥的位置。

（2）比例法（图 5-2-20）

前侧片省道转移和领子结构见图 5-2-19。

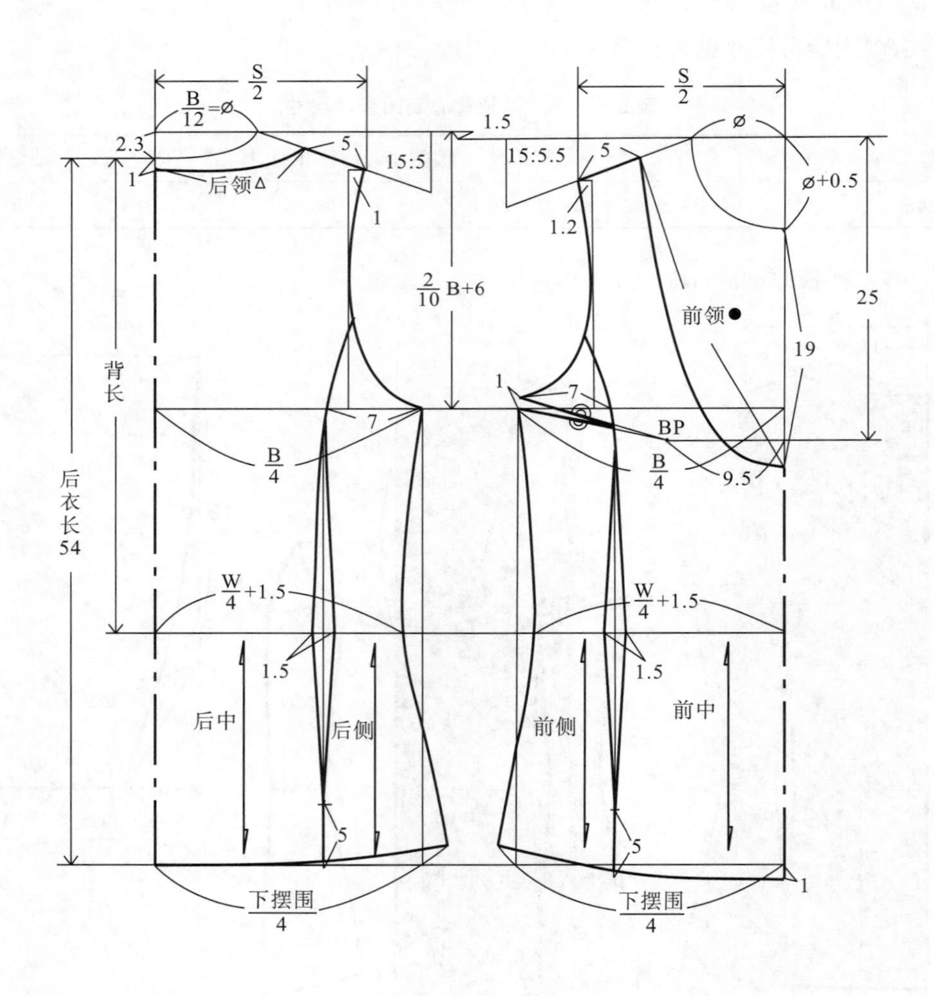

图 5-2-20　荡领背心结构图——比例法

第三节　半宽松型针织服装样板设计应用实例

半宽松型针织服装根据面料不同的弹性，胸围的放松量可选择 8～12 cm。款式介于合体款和宽松款之间，面料主要选用中弹和低弹针织面料。

一、半宽松型针织服装

1. 款式概述

此款卫衣为休闲运动风格(图 5－3－1)，前片有斜插贴袋，前中拉链开口，连帽有抽绳以调节帽口大小，袖口和下摆拼接罗纹。适合外穿，也可内穿搭配休闲西装或羽绒衣，不限年龄，非常实用。面料可选用多种厚度的全棉线圈针织布或者加绒针织面料。

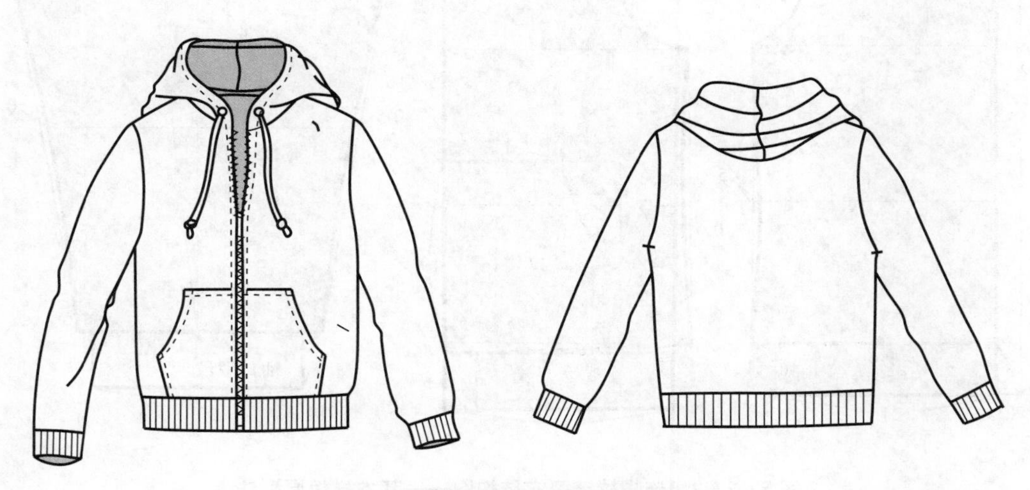

图 5－3－1　连帽拉链卫衣款式图

2. 结构设计

此款胸围的放松量为 8 cm，衣长至臀围线。制图参考尺寸见表 5－3－1。

表 5－3－1　连帽拉链卫衣制图参考尺寸　　单位：cm

号型	后衣长	背长	胸围(B)	肩宽(S)	袖长	袖口围	帽宽
160/84A	55	37	84(净)＋10＝94	39	58	20	23

(1) 基本样板原型法(图 5－3－2)

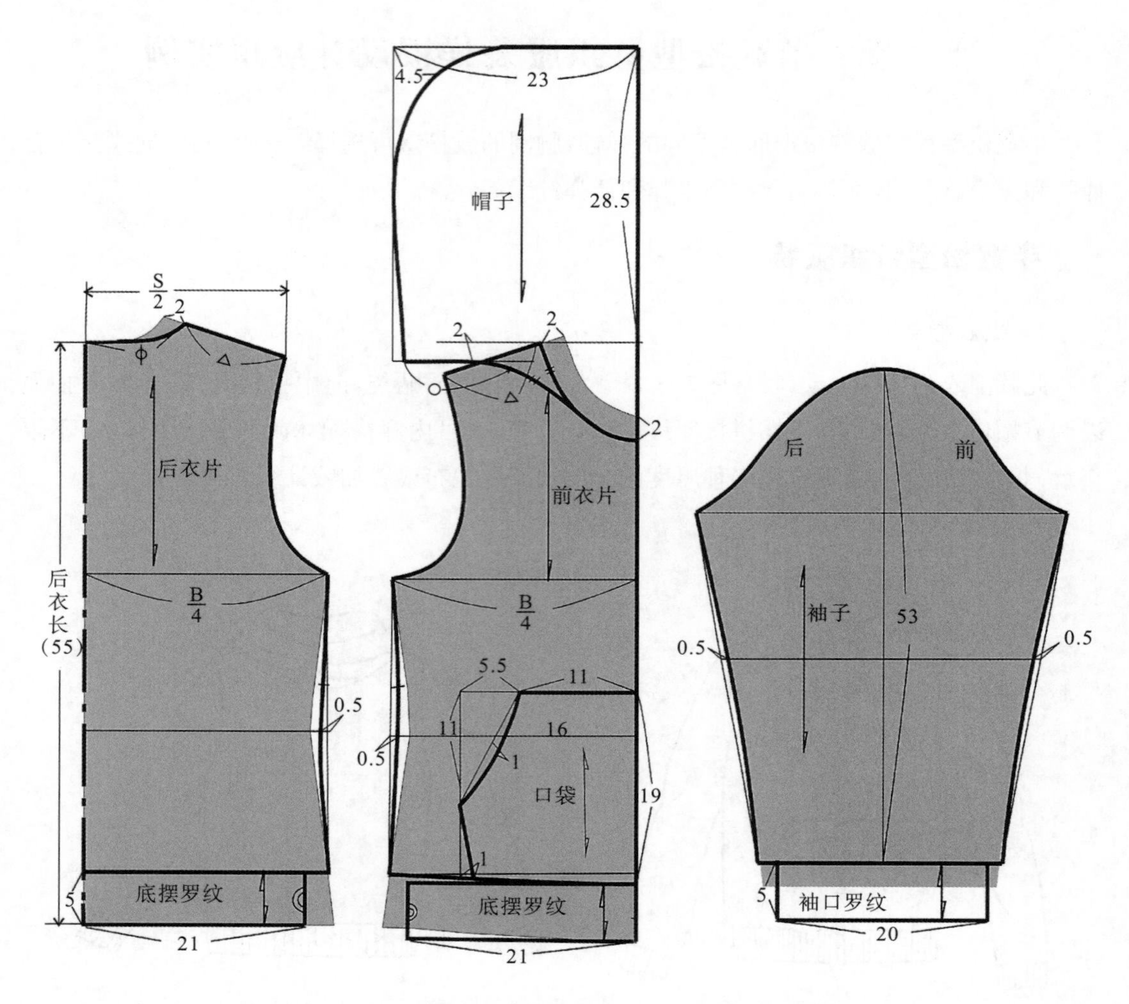

图 5－3－2　连帽拉链卫衣结构图——基本样板原型法

结构制图要点：

采用半宽松型基本样板为原型进行结构设计。

① 前后衣片。拷贝半宽松型衣身基本样板，确定领围、衣长、下摆罗纹宽度。下摆罗纹长度要小于衣片下摆围，其差量要根据款式设计和罗纹的弹性程度确定，如图 5－3－2 画出贴袋位置。

② 帽子。量取衣片后领圈尺寸，画出帽子的结构线，再确定帽子的宽度和高度。尺寸的设定与头的高和厚度有关，也可以用头围尺寸设定公式来确定，在净尺寸上加放围度和长度的松量。

③ 袖子。拷贝半宽松型袖子基本样板，确定袖长、袖口罗纹宽度。袖口罗纹宽度等于袖口围尺寸，因是半宽松造型袖子的袖底缝线可以是直线，也可以在肘线上两边各收 0.5 cm 后画顺。

（2）比例法（图 5－3－3）

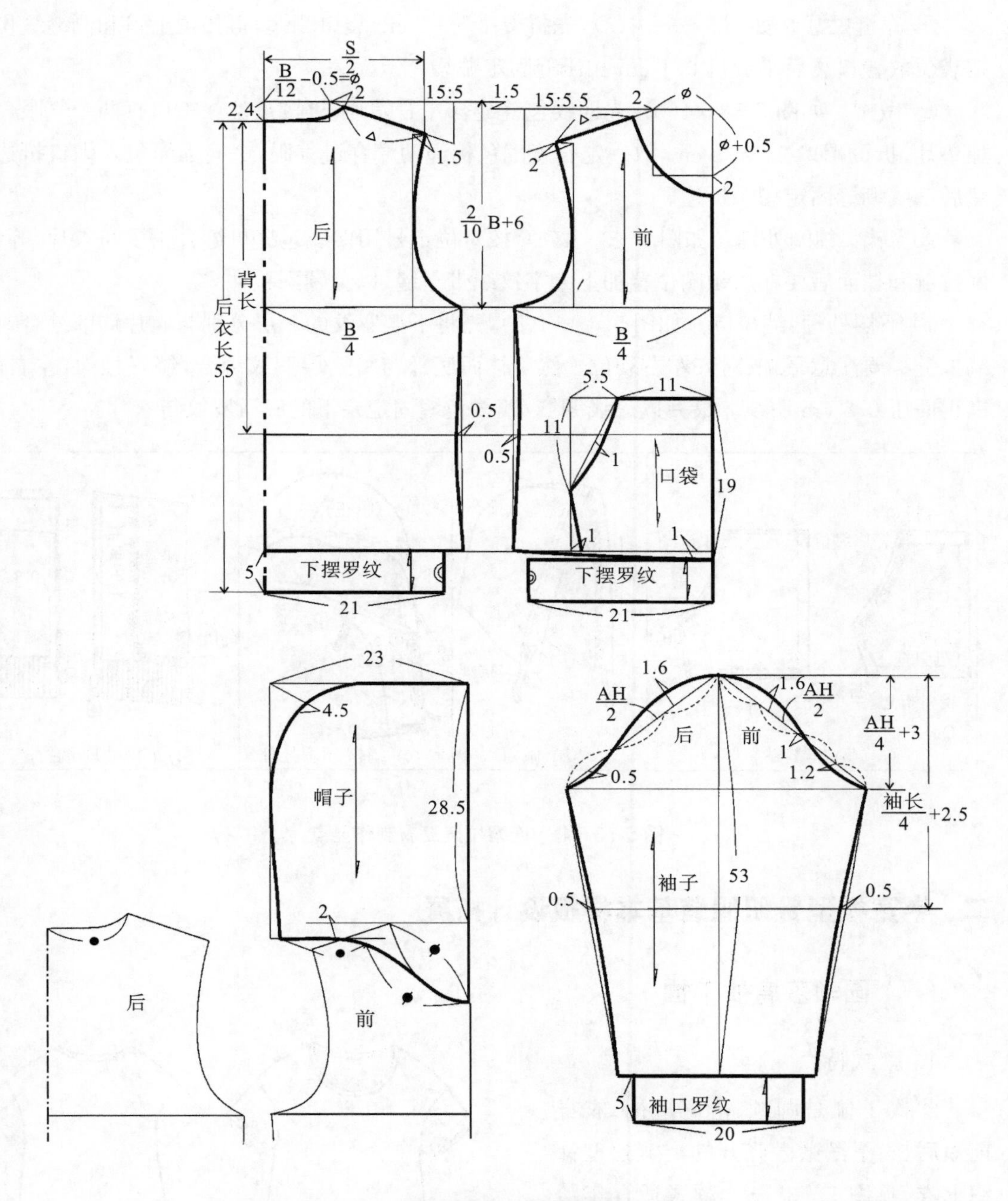

图 5－3－3　连帽拉链卫衣结构图——比例法

3．缝制工艺流程

缝制贴袋（平缝机、绷缝机）→缝合肩缝（四线包缝机）→做帽（四线包缝机、绷缝机）→绱帽（四线包缝机）→绱袖（四线包缝机）→缝合衣片侧缝与袖底缝（四线包缝机）→绱下摆罗纹（平缝机、四线包缝机、绷缝机）→绱前中拉链（三线包缝、平缝机）。

4. 成衣制作要点 (图 5-3-4)

① 车缝贴袋。如图 5-3-4(a),先折烫 1.5～2 cm 袋口绷缝,再扣烫上口和侧缝缝份,按袋位放置口袋后平缝机 0.1 cm 扣压缝固定贴袋。

② 做帽。如图 5-3-4(b),先四线包缝缝合左右帽片,再按点位在帽口打两个气眼,要加垫片,折烫帽口 2.5～3 cm,取一定长度配色棉绳两端穿过气眼,中间棉绳包入帽口折边,然后三线绷缝固定帽子折边。

③ 绱帽、领圈处理。如图 5-3-4(c),按对位记号用四线包缝机缝合帽子与衣片,等绱好拉链和挂面后要在后领圈位置加上人字纹织带车缝,以免领圈拉伸。

④ 下摆处理、绱拉链。如图 5-3-4(d),先将下摆罗纹的一层分别与衣片局部缝合,再绱拉链。要注意平顺、对齐左右袋位。然后挂面底部与另一层罗纹缝合,绱好挂面,左右门襟正面压 0.8 cm 明线。最后以三线绷缝/四线包缝固定余下的底摆罗纹与衣片。

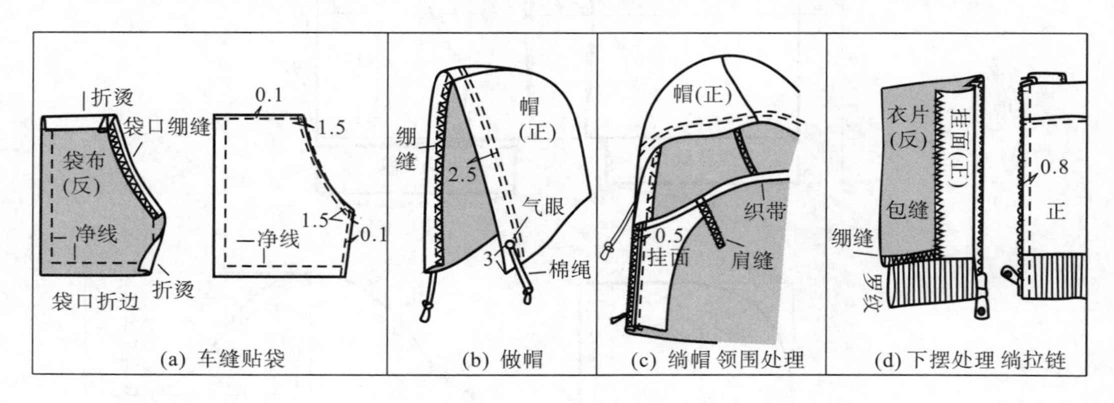

图 5-3-4 连帽拉链卫衣制作要点

二、半宽松型针织服装基本样板设计拓展

(一) 圆领落肩袖 T 恤

1. 款式特点

此款 T 恤是圆领、落肩短袖、衣身前短后长、下摆微微张开的半宽松型针织上衣,见图 5-3-5。款式适合年龄和适穿场合广泛,面料可以选全棉中弹或低弹的针织面料。

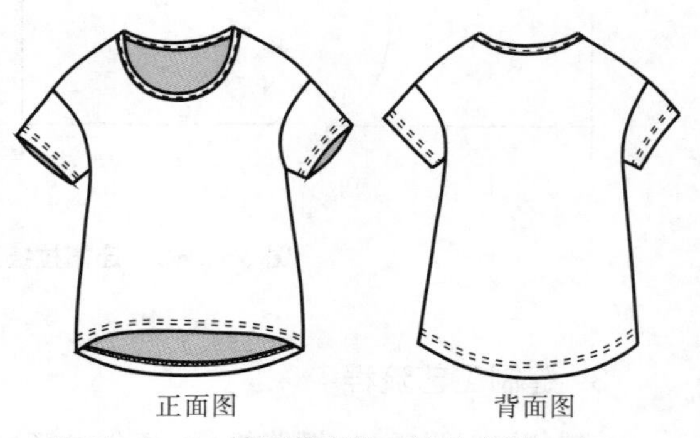

图 5-3-5 圆领落肩袖 T 恤款式图

2. 结构设计

胸围的放松量为 8 cm,衣长在臀围线附近。制图参考尺寸见表 5-3-2。

表 5-3-2　圆领落肩袖 T 恤制图参考尺寸　　单位：cm

号型	后衣长	背长	胸围(B)	肩宽	袖长	袖口围	领围
160/84A	56	37	84(净)+8=92	48	12	36	52

(1) 基本样板原型法(图 5-3-6)

以半宽松型基本样板为原型进行结构设计。

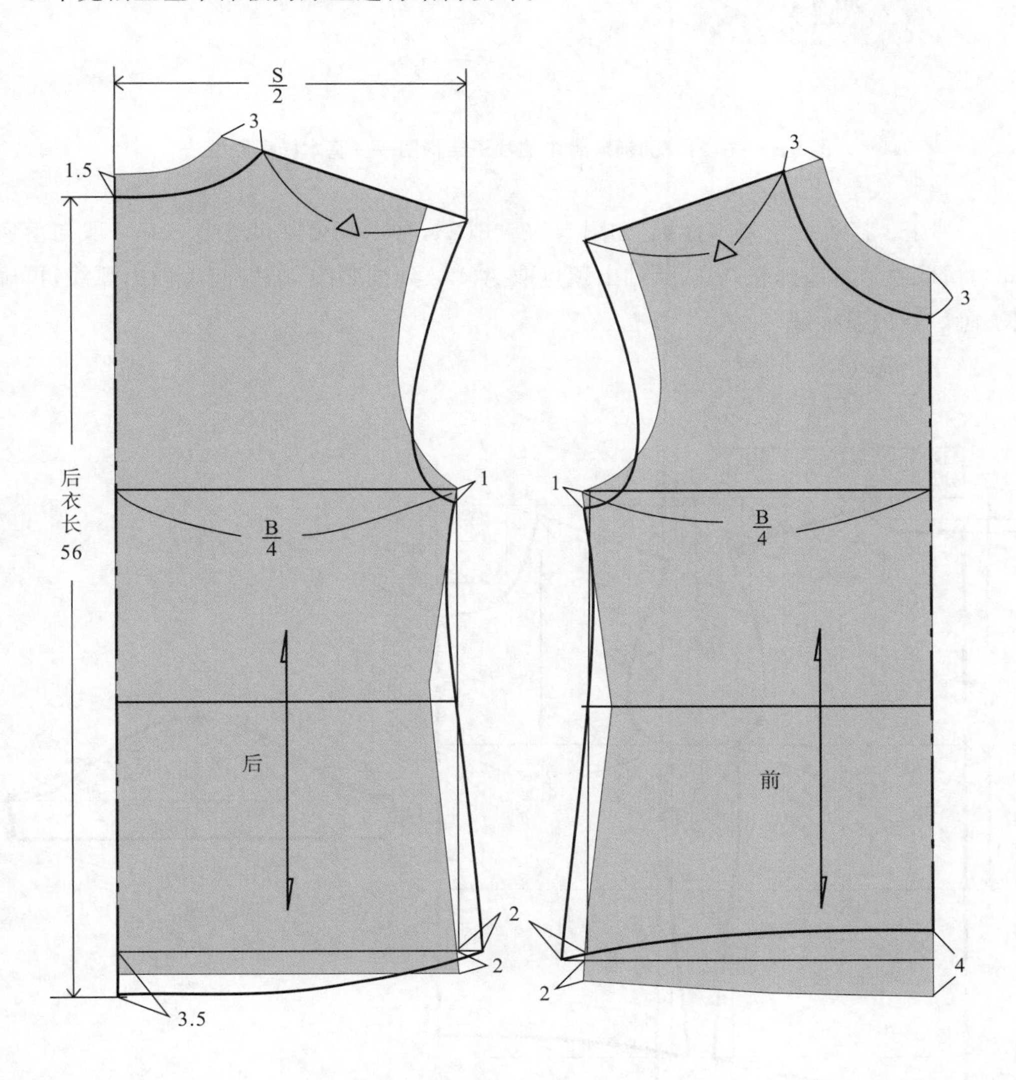

图 5-3-6(1)　圆领落肩 T 恤衣身结构图——基本样板原型法

结构制图要点：

① 前后衣片。拷贝半宽松型衣身基本样板。如图 5-3-6(1)，确定领圈和肩宽、胸围、腰围、下摆围的大小，分别画顺前后领圈弧线、侧缝、袖圈、下摆弧线。

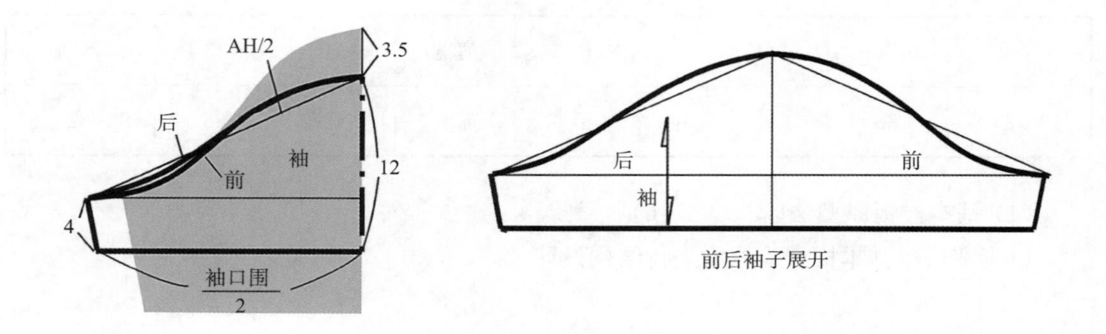

图 5-3-6(2) 圆领落肩 T 恤袖子结构图——基本样板原型法

② 袖子。拷贝袖子基本样板，如图 5-3-6(2)，袖山高要降低 3.5 cm（一般与落肩量相同），量取衣片袖窿弧长 AH，从袖山顶点取 AH/2 到袖肥线，画好前后袖山弧线，再确定袖长，画好袖口及袖缝。

（2）比例法（图 5-3-7）

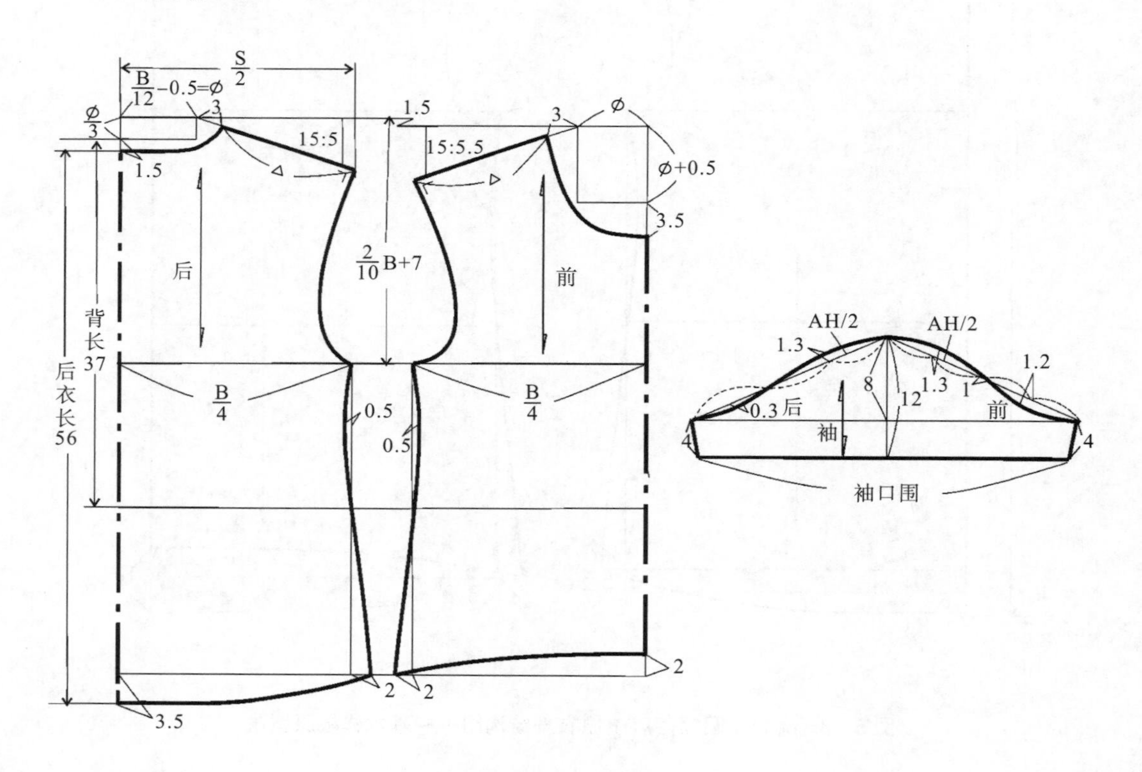

图 5-3-7 圆领落肩 T 恤结构图——比例法

(二) 连袖长款上衣

1. 款式特点

本款针织上衣整体廓型为A型、圆领、连袖，前片分割线上有插袋，后领有滚边式开口设计，呈现半宽松休闲风格，见图5-3-8。款式适合年龄段较宽，可选低弹全棉针织面料，适合外穿。

图5-3-8　连袖长款上衣款式图

2. 结构设计

此款的胸围放松量为8 cm，裙长在膝盖以上。制图参考尺寸见表5-3-3。

表5-3-3　连袖长款上衣制图参考尺寸　　单位：cm

号型	后衣长	背长	胸围(B)	下摆围	肩宽(S)	肩袖长	袖口围	领圈长
160/84A	70	37	84(净)+8=92	115	38	25.5	30	48

(1) 基本样板原型法(图5-3-9)

以半宽松型基本样板为原型进行结构设计。

结构制图要点(拷贝半宽松型基本样板)：

① 后衣片。确定领围大小、衣长，延长肩线，调整肩袖线斜度、胸围、腰围、下摆围的大小，分别画顺后领圈弧线、肩袖线、侧缝、袖口、下摆弧线等轮廓线；在后中线上标出开口止点，按图5-3-8，过开口止点向袖口画出分割弧线。

② 前衣片。参照后衣片制图方法画出前衣片的轮廓线，核对肩袖缝、侧缝的长度要前后一致，然后按图5-3-8画出横向和纵向分割线，在纵向分割线上标出插袋的位置。

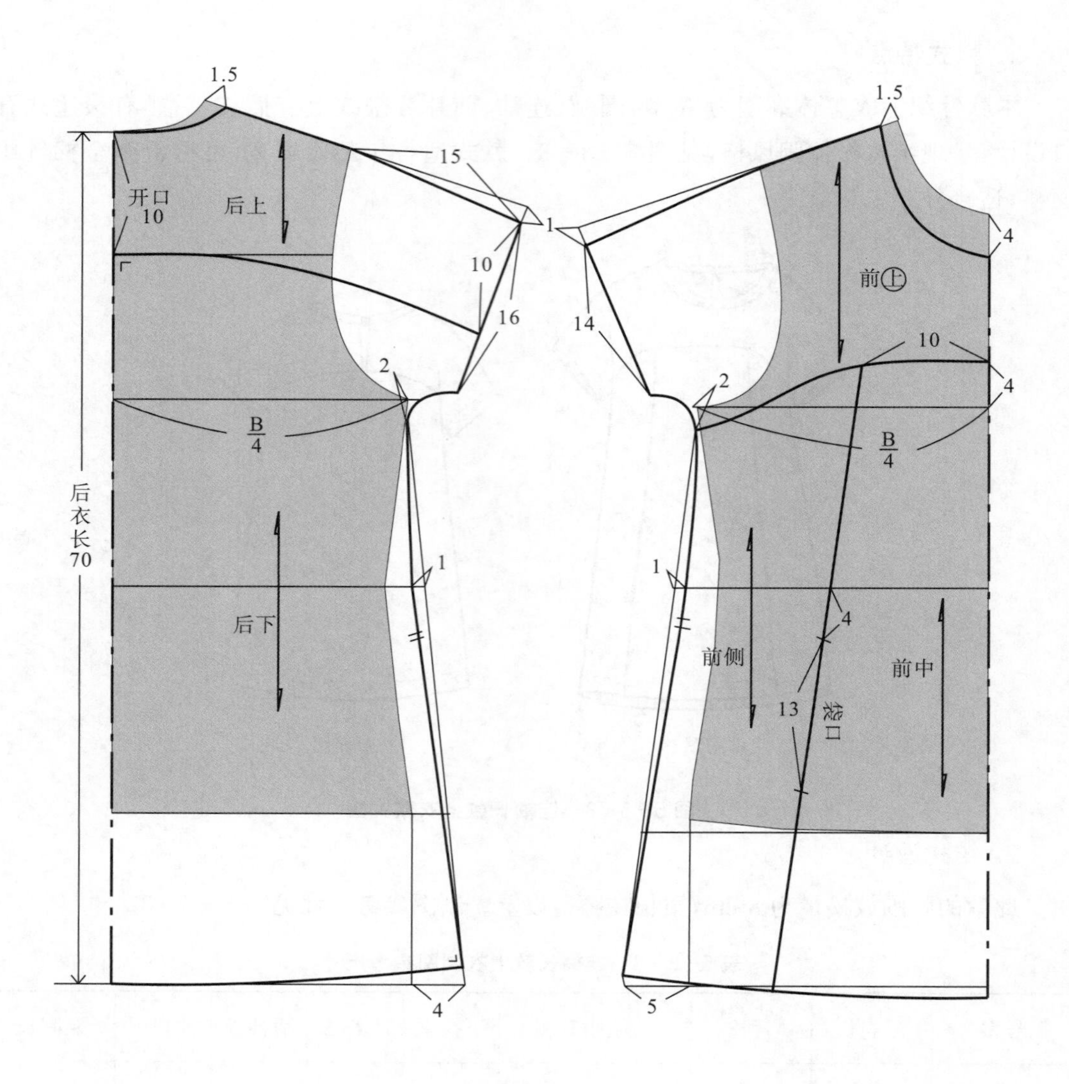

图 5-3-9　连袖长款上衣结构图——基本样板原型法

（2）比例法(图 5-3-10)

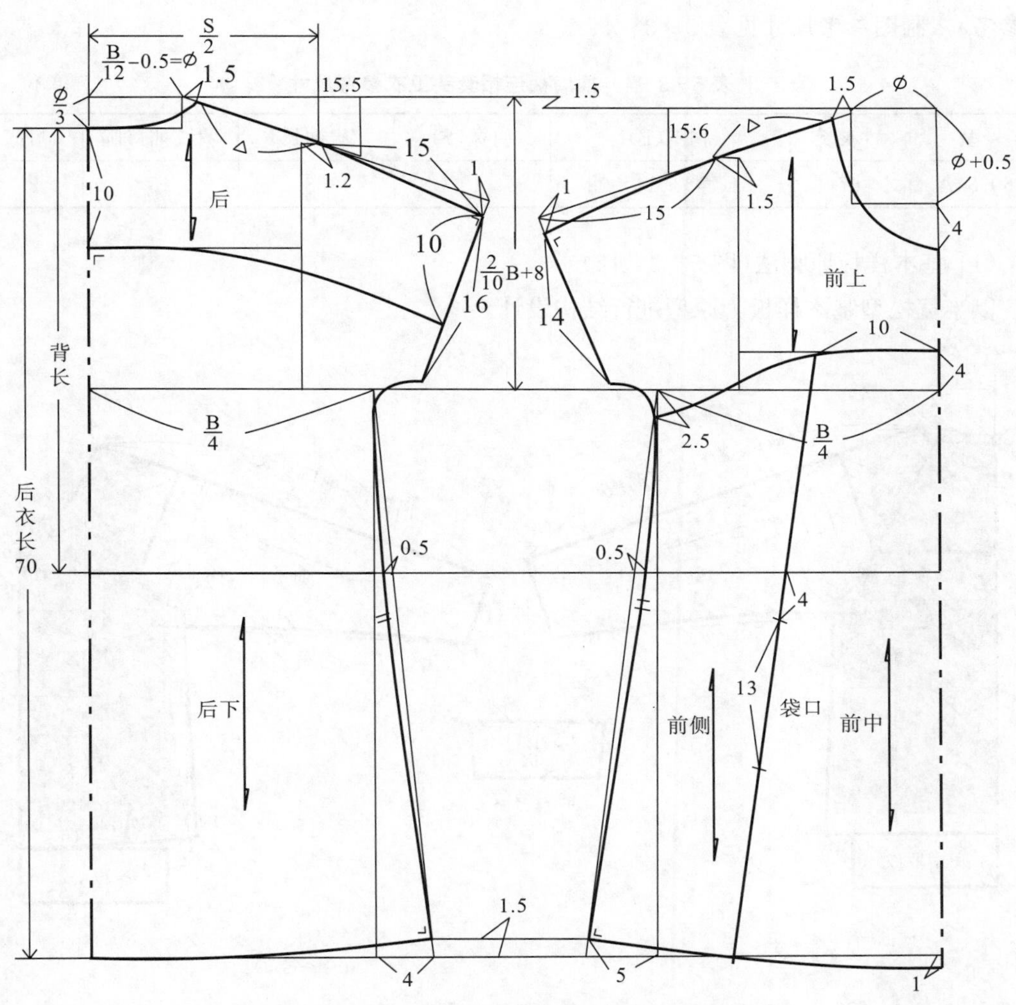

图 5－3－10　连袖长款上衣结构图——比例法

(三) 插肩袖连帽套头卫衣

1. 款式特点

此款卫衣的款式特点是连帽、插肩袖、前片有袋鼠式贴袋，属套头设计的半宽松中长款针织上衣，款式见图 5－3－11。款式为休闲运动风格，适合年轻人穿着，面料可以选中厚料、中弹全棉针织卫衣料，适合外穿。

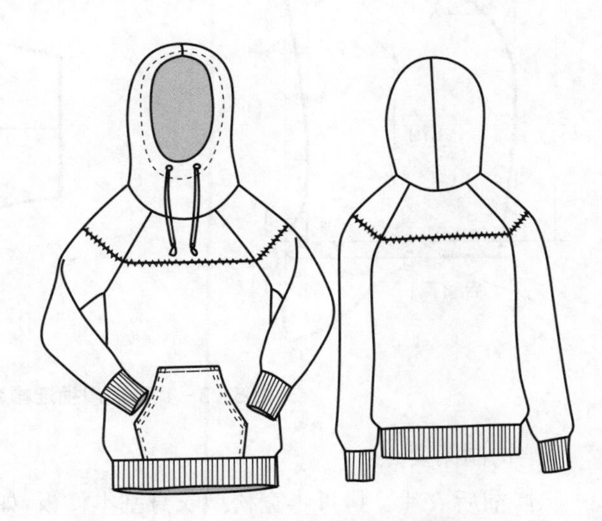

图 5－3－11　插肩袖连帽套头卫衣款式图

2. 结构设计

此款的胸围松量为 14 cm，下摆到臀围线以下，肩宽为 38 cm(制图时参考)。制图参考尺寸见表 5-3-4。

表 5-3-4　插肩袖连帽套头卫衣参考尺寸　　单位：cm

号型	后衣长	胸围(B)	肩宽(S)	肩袖长	罗纹袖口围	帽宽
160/84A	67	84(净)+14=98	40	68	18	25

(1) 基本样板原型法(图 5-3-12)

以半宽松型基本样板为原型进行结构设计。

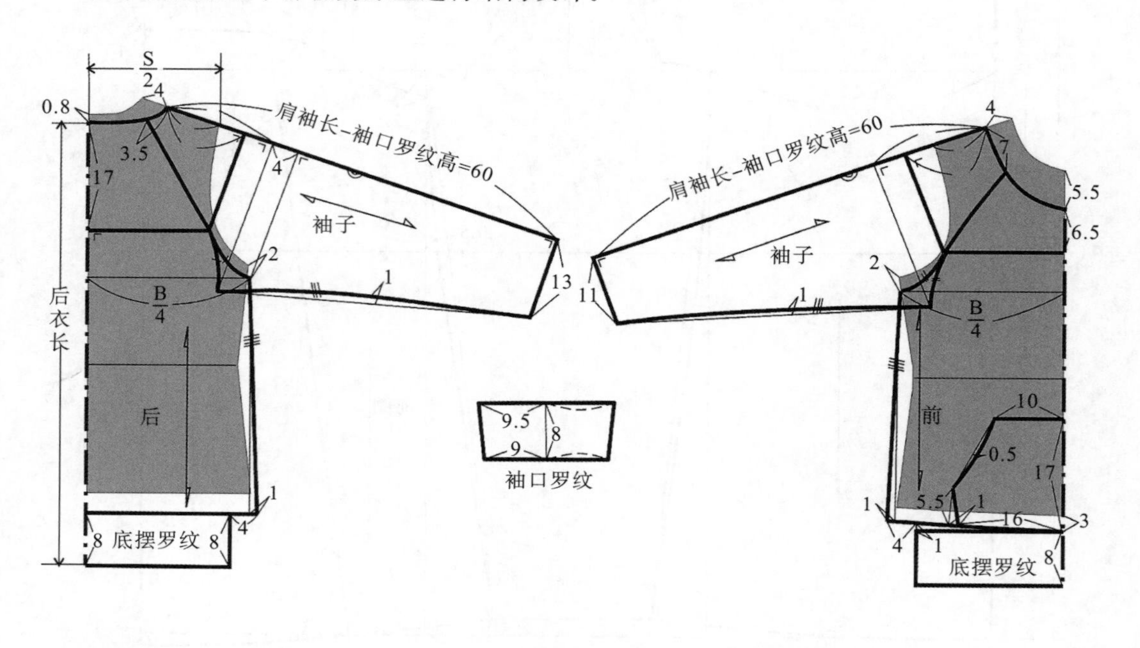

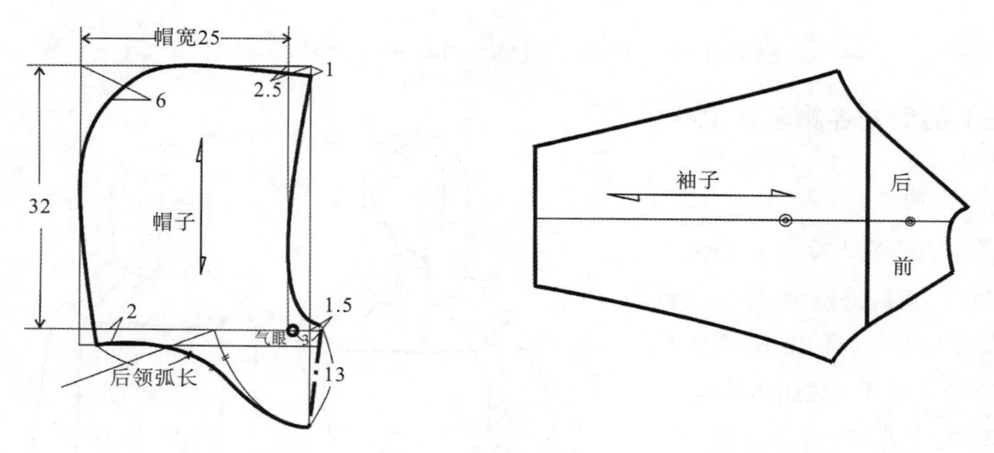

图 5-3-12　插肩袖连帽套头卫衣结构图

结构制图要点：

① 前后衣片。拷贝半宽松型衣身基本样板，如图 5-3-12，先确定领围、衣长、胸围、袖窿、下摆罗纹宽度和长度，画出衣片轮廓线，再按款式(图 5-3-11)画出前后衣身和袖子的

分割线，在前衣片上画出贴袋。

② 袖子。分别延长前后肩线，确定袖长、袖口宽及罗纹袖口围尺寸，画顺前后袖子分割弧线、袖缝线，要核对衣片袖圈与袖子弧线长度一致，前后袖缝、肩缝长度一致。然后拷贝拼合前后袖片，修顺领线。

③ 帽子。量取衣片后领圈尺寸（后领弧长），画出帽子的结构线，再确定帽子的宽度和高度，按款式图（图 5－3－11）画出轮廓线。

（2）比例法（图 5－3－13）

帽子结构设计和前后袖子合并图见图 5－3－12。

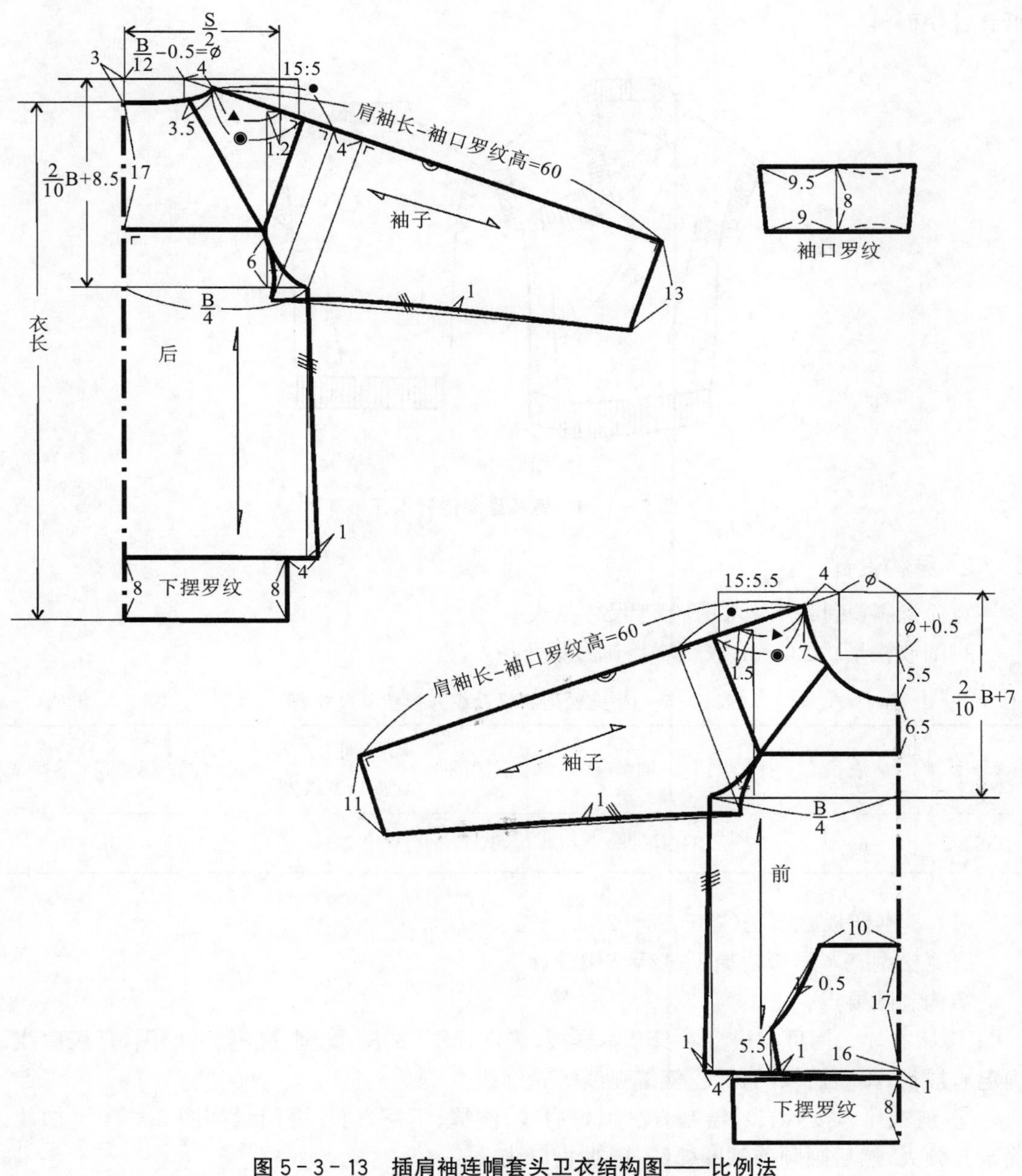

图 5－3－13　插肩袖连帽套头卫衣结构图——比例法

第四节　宽松型针织服装样板设计应用实例

宽松型针织服装宜选择中弹和低弹针织面料。服装的胸围放松量在 16 cm 以上。

一、宽松型斜襟针织开衫

1. 款式概述

此款为斜襟针织开衫，款式见图 5－4－1，领口、袖口和下摆绱罗纹布，前领加织带装饰。外形宽松随意，适合外穿，穿法多样，不限年龄和体型。面料可选用不同厚度的中弹或低弹针织面料。

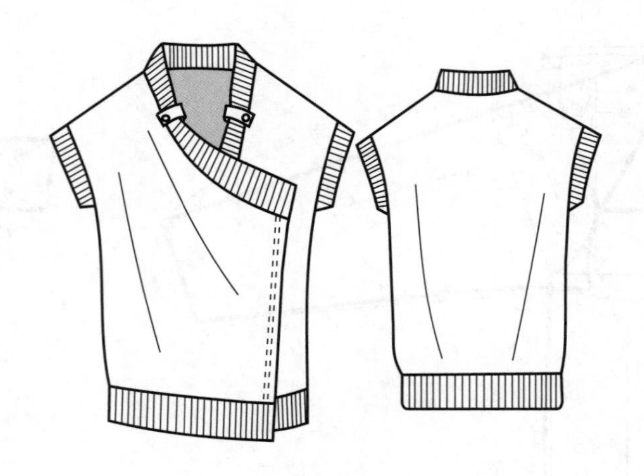

图 5－4－1　宽松型斜襟针织开衫

2. 结构设计

宽松型斜襟针织开衫制图参考尺寸见表 5－4－1。

胸围放松量为 26 cm，衣长在臀围线以下。

表 5－4－1　宽松型斜襟针织开衫参考尺寸表　　单位：cm

号型	后衣长	背长	胸围(B)	下摆围	肩袖长（含袖口罗纹宽）	袖口围	后领高	下摆宽
160/84A	69	37	84(净)＋26＝110	100	27.5	38	6.5	7

(1) 基本样板原型法(图 5－4－2)

以宽松型基本样板为原型进行结构设计。

结构制图要点：

① 后衣片。拷贝宽松型衣身基本样板，确定领围、衣长、胸围、腰围、下摆围，延长肩线，确定肩袖长，画顺后领圈弧线、侧缝弧线等轮廓线。

② 前衣片。按后衣片绘制方法画好肩线、侧缝、下摆，前片叠门量如图 5－4－2 加放，确定开领大，然后画顺前领圈弧线、门襟止口线。

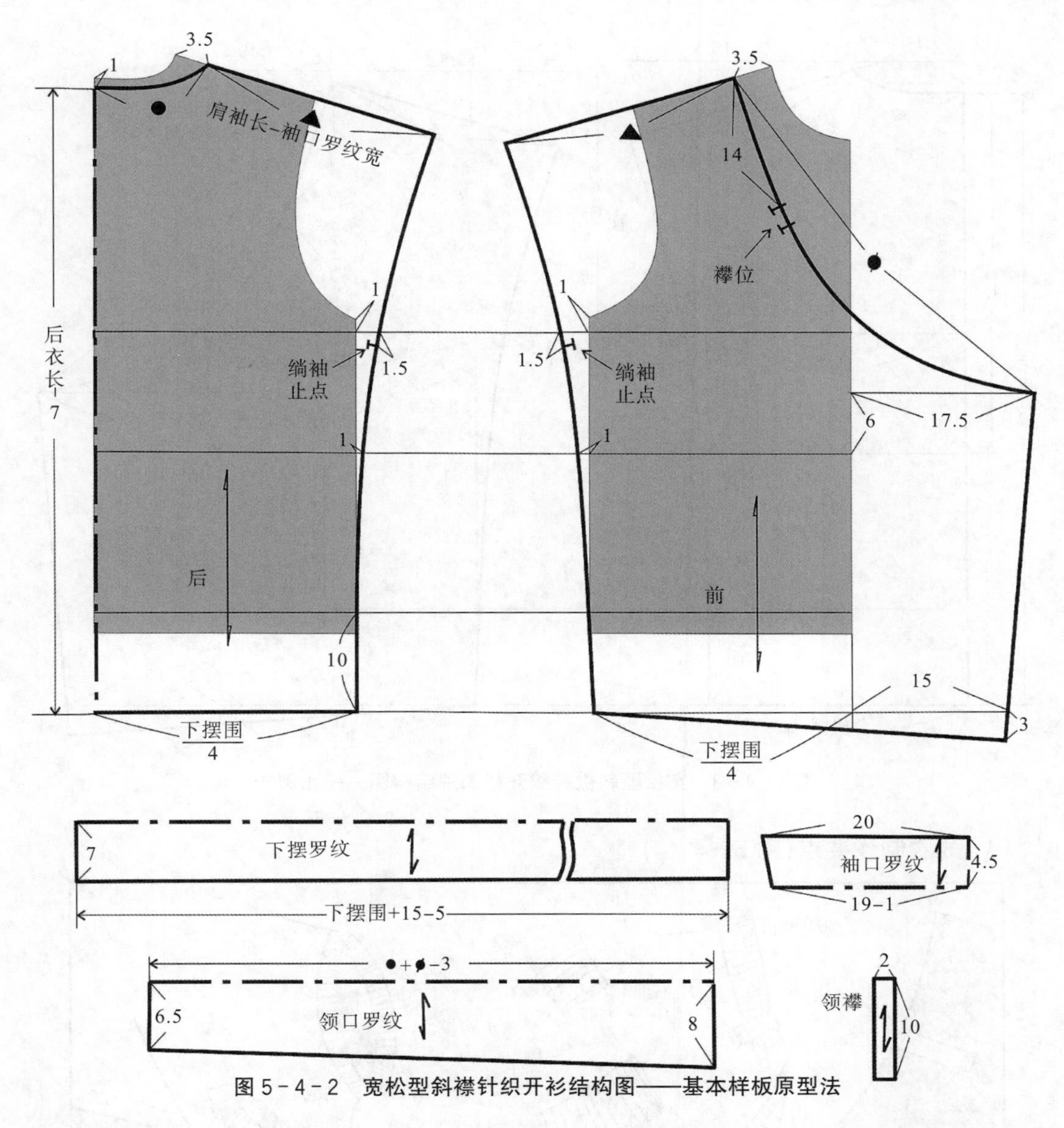

图 5-4-2　宽松型斜襟针织开衫结构图——基本样板原型法

③ 辅料结构。主要是领子、袖口、下摆的罗纹和领襻的结构。先确定各部位罗纹的宽度，再确定罗纹的长度。罗纹长度要根据罗纹的弹性程度和款式设计的要求确定，一般要小于衣片的各个部位。这里领子罗纹长度净尺寸是 110 cm，底摆围 115 cm，袖口围 38 cm 左右，领襻净尺寸是 10 cm×2 cm。

(2) 比例法

① 前、后衣片结构图见图 5-4-3。

② 下摆罗纹、领口和袖口罗纹、领襻结构图见图 5-4-2。

3. 缝制工艺流程

制作领襻、固定领襻(平缝机、平头锁眼机)→缝合肩缝、侧缝(四线包缝机)→拼接领子罗纹、绱领子罗纹(平缝机、四线包缝机、绷缝机)→拼接袖子罗纹、绱袖子罗纹(平缝机、四线包缝机)→绱下摆罗纹(平缝机、四线包缝机)。

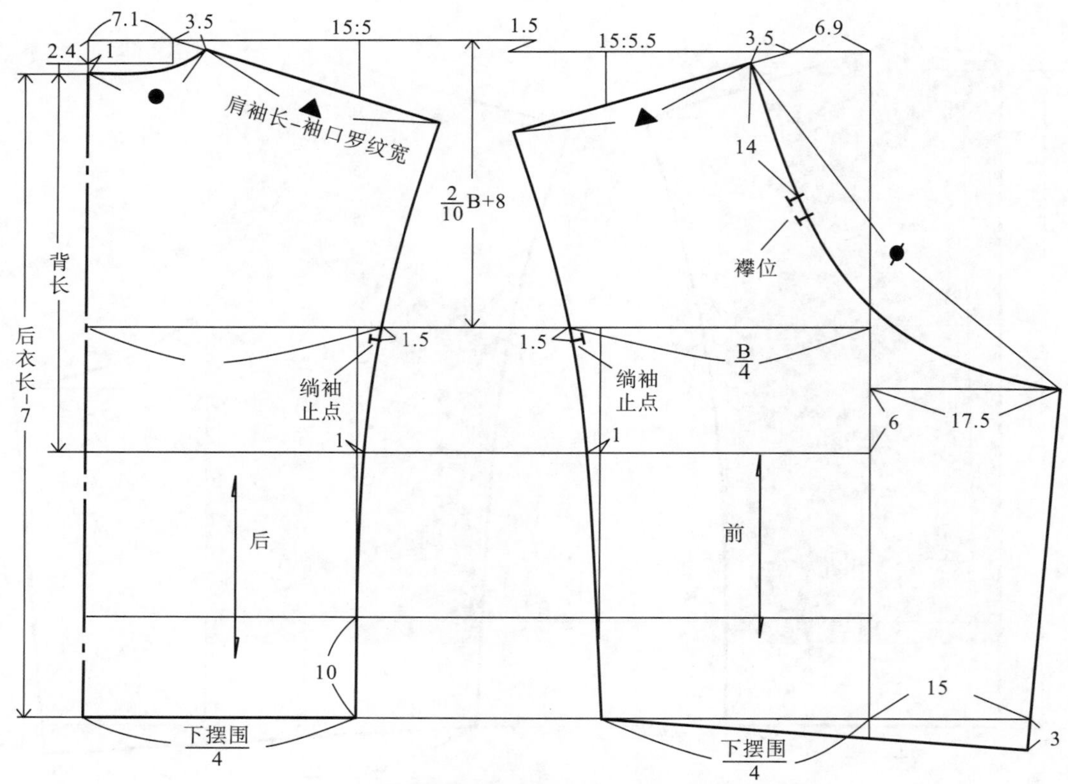

图 5-4-3 宽松型斜襟针织开衫衣片结构图——比例法

4. 成衣制作要点(图 5-4-4)

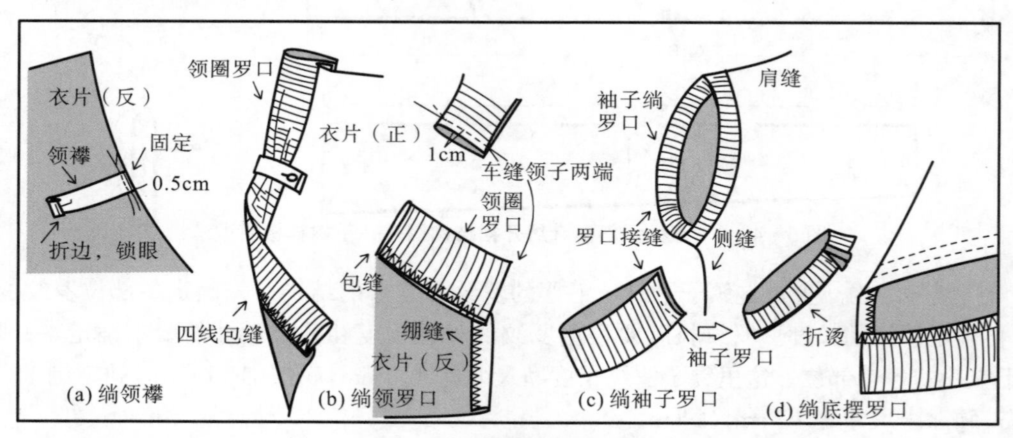

图 5-4-4 宽松型斜襟斜织开衫制作要点

① 绱领襻。如图 5-4-4(a)，按点位在衣片反面固定领襻，平缝 0.5 cm，襻的另一端要折光车缝，并锁眼，成衣完成后在衣片的相应位置钉扣。

② 绱领口罗纹。如图 5-4-4(b)，领口罗纹两端先正面相对车、翻、烫，再左右对称按对位记号绱领口罗纹，运用四线包缝线迹。

③ 绱袖子罗纹。如图 5-4-4(c)，将袖口罗纹拼好接口，再对折，缝合衣片肩缝和侧缝后绱袖子罗纹，注意接口放在腋下后侧。

④ 绱下摆罗纹。如图 5－4－4(d)，下摆罗纹两端先正面相对车、翻、烫，再左右对称按对位记号绱下摆罗纹，运用四线包缝线迹。

二、宽松型 T 恤

1. 款式概述

此款宽松型 T 恤上衣直身中性、圆领型绱罗纹口、短袖，属于日常运动型，款式见图 5－4－5，适合年龄段较宽，可以选中弹或低弹全棉针织面料。

图 5－4－5　宽松型 T 恤款式图

2. 结构设计

宽松型 T 恤制图参考尺寸见表 5－4－2。

胸围的放松量为 16 cm，衣长至臀围线。

表 5－4－2　宽松型 T 恤制图参考尺寸　　单位：cm

号型	后衣长	胸围(B)	肩宽(S)	下摆围	袖长	袖口围	领圈长(N)
160/84A	55	84(净)＋16＝100	40	100	17	36.5	52

(1) 基本样板原型法(图 5－4－6)

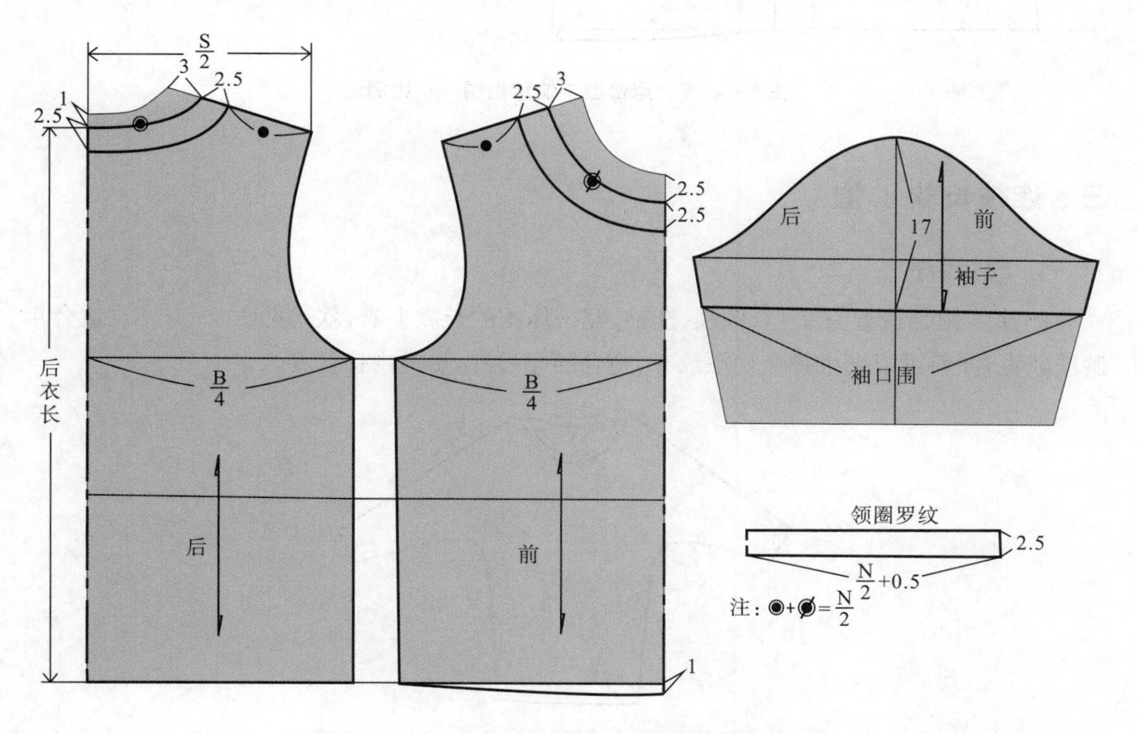

图 5－4－6　宽松型 T 恤结构图——基本样板原型法

结构制图要点(拷贝宽松型基本样板):

① 前后衣片。如图 5-4-6,确定领圈长,其他尺寸按照基本样板确定,分别画顺前后领圈弧线,根据制图参考尺寸(表 5-4-2)核对各部位尺寸。

② 袖子。拷贝宽松型袖子基本样板,从袖山顶点量取袖长尺寸,再确定袖缝长度和袖口围尺寸,然后核对袖山吃势。

(2) 比例法(图 5-4-7)

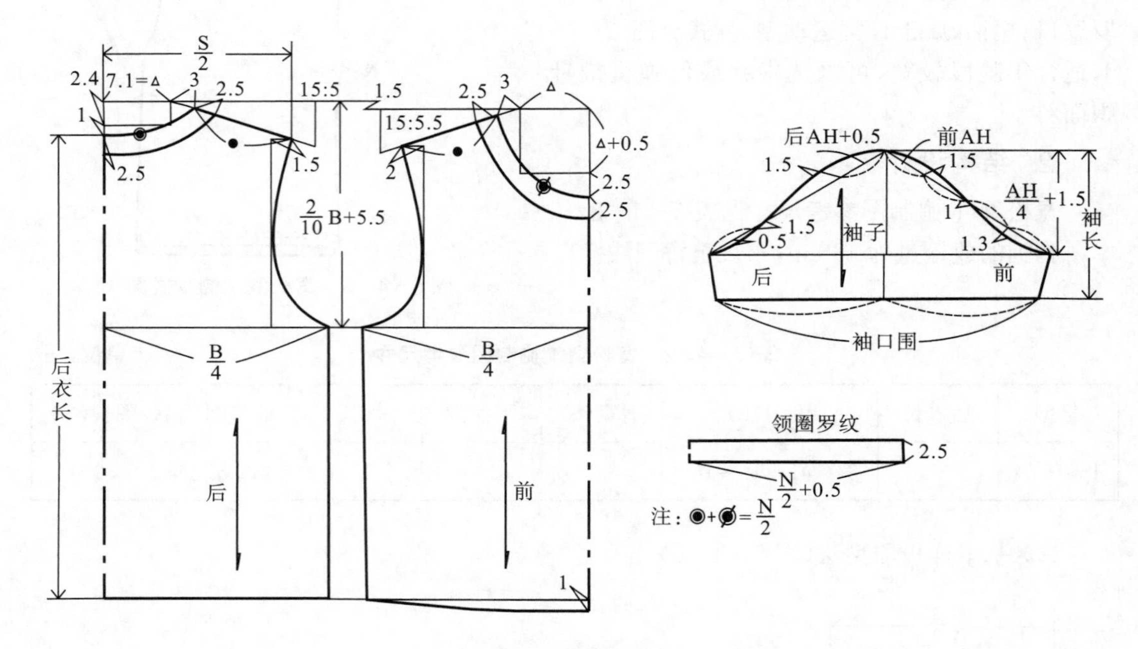

图 5-4-7 宽松型 T 恤结构图——比例法

三、连袖长款 T 恤

1. 款式概述

此款 T 恤是造型为 Y 型、圆领、连袖、宽松休闲的长款上衣,款式见图 5-4-8。适合年龄段较宽,面料可以选中弹全棉平纹布,适合随意外穿,也可内搭套穿。

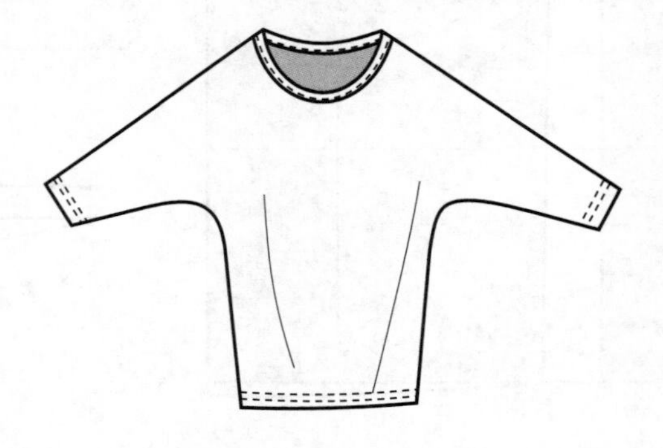

图 5-4-8 连袖长款 T 恤款式图

2. 结构设计

连袖长款T恤制图参考尺寸见表5-4-3。

胸围的放松量为16 cm,衣长在臀围线以下。

表5-4-3 连袖长款T恤制图参考尺寸 单位:cm

号型	后衣长	背长	胸围(B)	下摆围	肩袖长	袖口围	领圈长
160/84A	68	37	84(净)+16=100	86	52	22	60

(1) 基本样板原型法(图5-4-9)

以宽松型基本样板为原型进行结构设计。

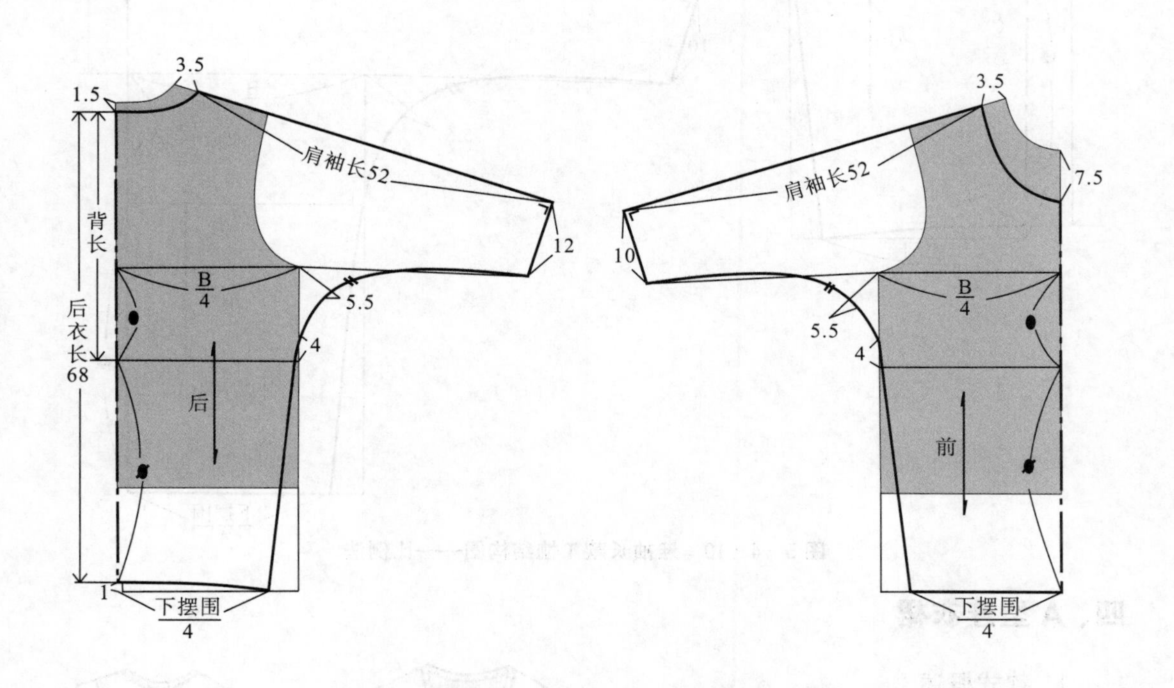

图5-4-9 连袖长款T恤结构图——基本样板原型法

结构制图要点(拷贝宽松型基本样板):

① 后衣片。如图5-4-9,确定领圈大小、衣长、胸围、腰围、下摆围的大小,延长肩线到所需袖长,分别画顺后领圈弧线、侧缝、袖口、下摆等轮廓线。

② 前衣片。参照后衣片制图方法画出前衣片的轮廓线,核对肩缝、侧缝的长度要前后一致。

(2) 比例法(图5-4-10)

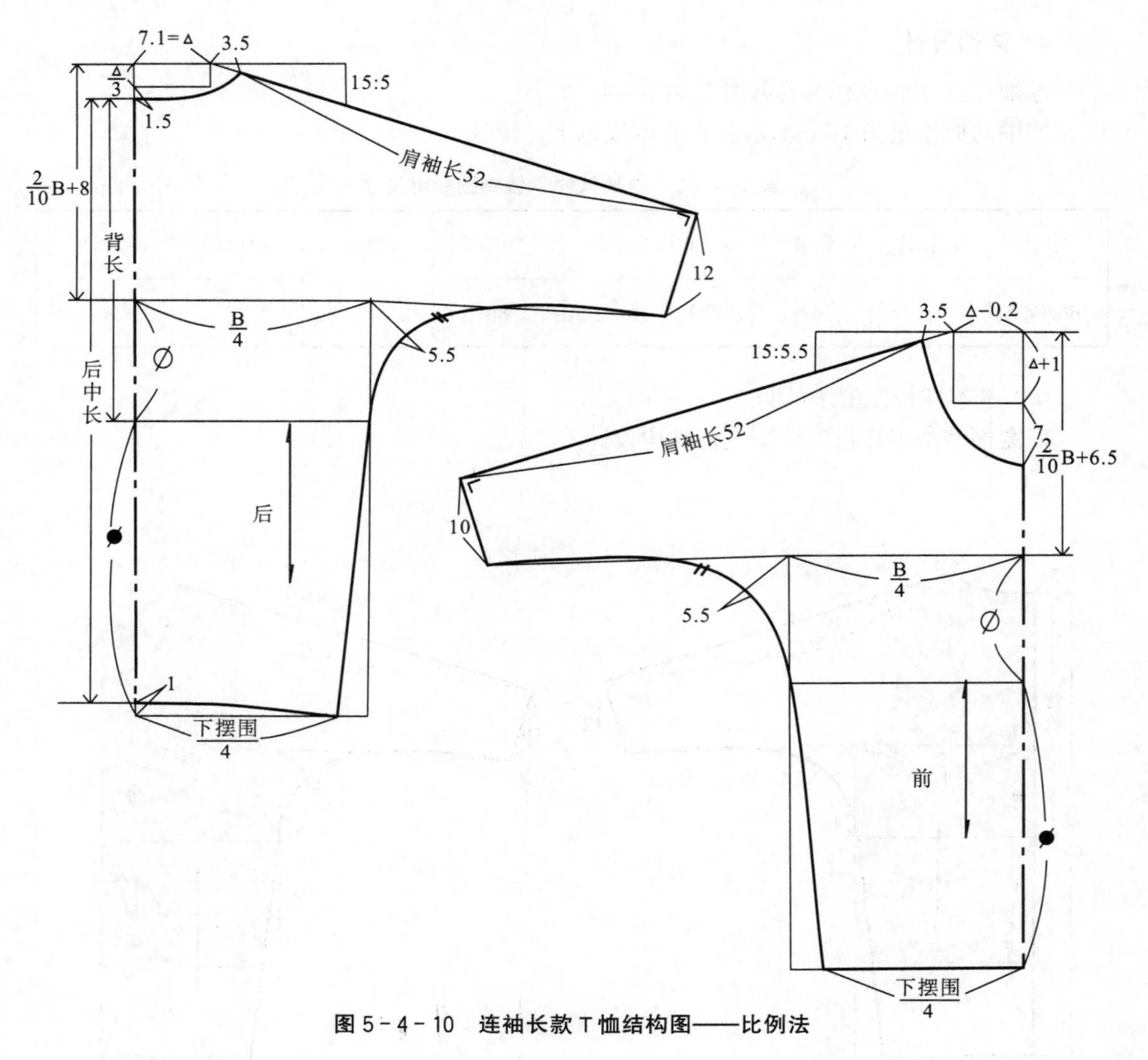

图 5-4-10 连袖长款 T 恤结构图——比例法

四、A 型连衣裙

1. 款式概述

此款连衣裙的外形呈现 A 型，圆领、超短袖，整体宽松简洁舒适，款式见图 5-4-11，适合年龄段较宽，面料可以选中弹或低弹全棉平纹布，适合夏季贴身一件式穿用，也可以搭配打底裤穿着。

图 5-4-11 A 型连衣裙款式图

2. 结构设计

A 型连衣裙制图参考尺寸见表 5-4-4。

胸围的放松量为 10 cm，裙长在膝盖以上。

表 5-4-4　A 型连衣裙制图参考尺寸　　单位：cm

号型	后衣长	胸围(B)	下摆围	肩宽(S)	袖长	袖口围	领圈长
160/84A	80	84(净)+10=94	108	39	6	42	56

(1) 基本样板原型法(图 5-4-12)

以宽松型基本样板为原型进行结构设计。

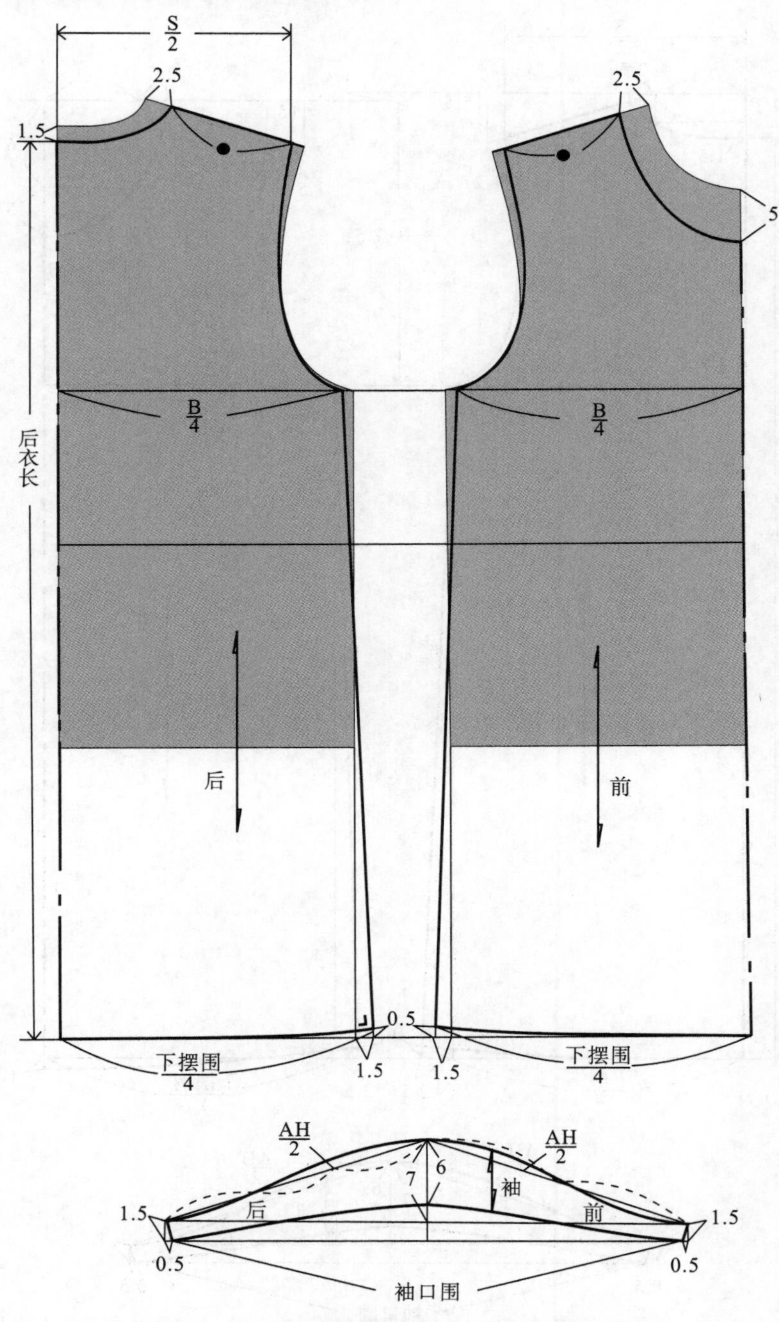

图 5-4-12　A 型连衣裙结构图——基本样板原型法

结构制图要点(拷贝宽松型基本样板):

① 前后衣片。如图 5-4-12,确定领圈大小、衣长、肩线、胸围、下摆围的大小,分别画顺前后领圈弧线、肩线、侧缝、袖窿弧线、下摆弧线等轮廓线;核对前后片肩缝、侧缝的长度要一致。

② 袖子。先量取衣片的袖窿弧长(AH)尺寸,参考款式特点确定袖山高为 7 cm,从袖山顶点量取 AH/2 与袖肥线作交点,画出袖子前后弧线,再确定袖长和袖缝长度,然后画顺袖口弧线。

(2) 比例法(图 5-4-13)

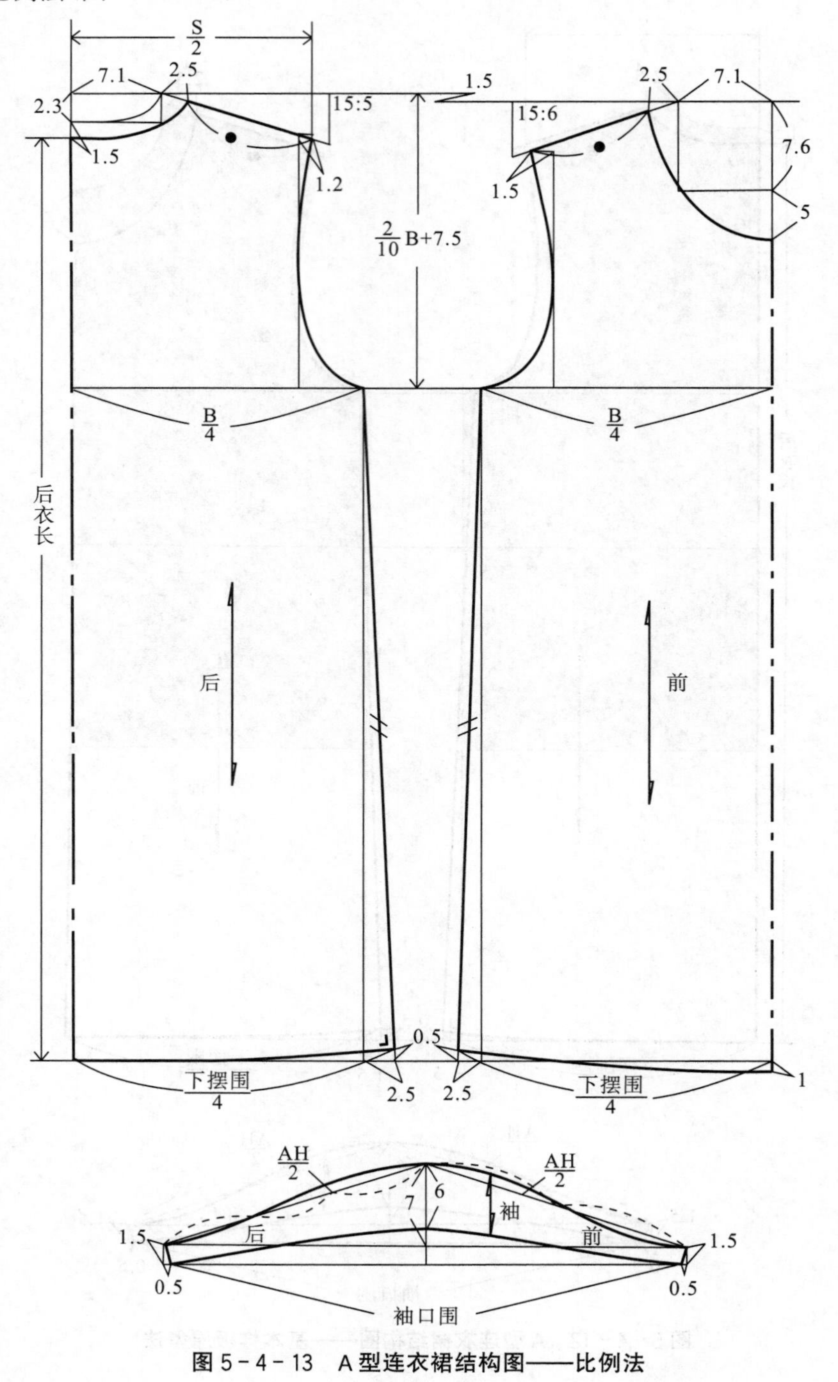

图 5-4-13　A 型连衣裙结构图——比例法

第五节　针织时装和礼服样板设计应用实例

针织面料由于具有良好的弹性和垂感，被广泛用于制作女式时装和各类小礼服裙等款式。

一、针织时装样板设计

(一) 挂脖抹胸上衣

1. 款式概述

此款挂脖抹胸上衣为上中下结构，下摆束口，呈现上下紧、中间松，衣身呈现汽球状或南瓜廓型，用雪纺带子挂脖装饰，款式见图 5－5－1。后背和下摆采用多条牛筋底线进行缝制后，形成紧束的效果，下摆边沿密拷，前胸较有设计感，外层有碎褶前中叠合开口，门襟做成通道，有雪纺带子穿过通道一直系到后脖子打结装饰，也起到承重作用以免裙子移位；内层有夹层可塞入胸垫塑型。因为是抹胸款，所以胸线上口的合体性较重要，尺寸设定相对紧身。

面料可选用较薄有垂感的中弹针织面料，如莫代尔混纺面料。

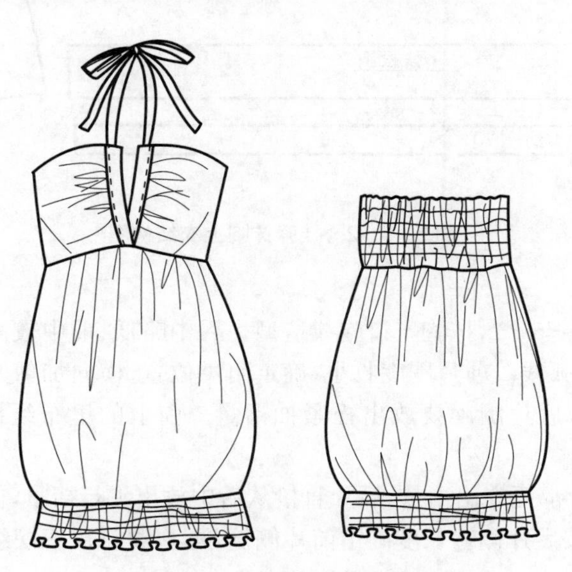

图 5－5－1　挂脖抹胸上衣款式图

2. 结构设计

挂脖抹胸上衣制图参考尺寸见表 5－5－1。

表 5－5－1　挂脖抹胸上衣制图参考尺寸　　单位：cm

号型	后衣长	胸上围	胸下围	下摆紧围	下摆松围	带长	带宽
160/84A	48	72	66	76	122	86	3.5

以合体型基本样板为原型进行结构设计(图 5－5－2)。

纸样制作要点(拷贝前后衣片基本样板)：

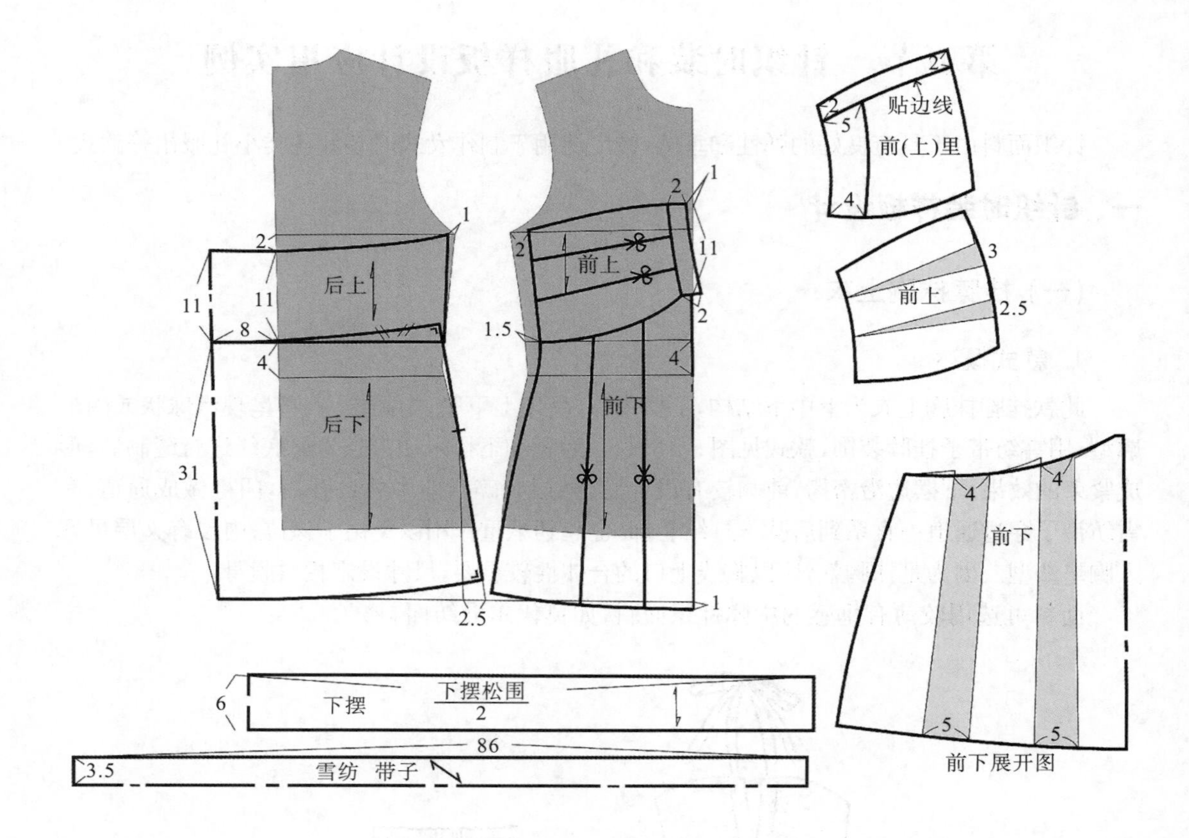

图5-5-2 挂脖抹胸上衣结构图

① 上部。如图5-5-2，抹胸上口胸线造型为后中略低、前中较高的弧线，抹胸下口为后片水平前中提高的弧线。前片围度收小，确定门襟位置，横向加剪开线，拷贝前上展开碎褶量，再画顺轮廓线，后片围度要放出松紧抽褶量。前上的里布纸样按图5-5-2进行分割。

② 中部。前后片都要放出褶量，后片直接从后中放出平行褶量，侧缝确定斜度和起翘；前片作纵向剪开线，按后片侧缝长度确定前片侧缝，再画顺前片下摆线，拷贝前片下扇形展开褶量，然后画顺轮廓线。

③ 下摆。为长方形，长度要放出牛筋抽褶量。

④ 雪纺系带。长方形斜裁，长度要放出打结和飘带的长度。

3. 缝制工艺流程

后上部车牛筋抽褶（密三线包缝机、橡筋车）→前上部的面布抽碎褶（平缝机）→缝制前上部内层（平缝机、绷缝机）→缝合前上部和后上部侧缝（四线包缝机）→抹胸上口贴边收口（平缝机）→做雪纺系带（平缝机）→绱抹胸门襟并固定带子（平缝机）→缝合前下部和后下部侧缝并在上口抽碎褶（平缝机、四线包缝机）→拼合上片抹胸与中片（四线包缝机）→下摆缝合接口后密拷（密三线包缝机）→下摆车牛筋抽褶（橡筋车）→绱下摆（四线包缝机）。

4. 成衣制作要点(图 5－5－3)

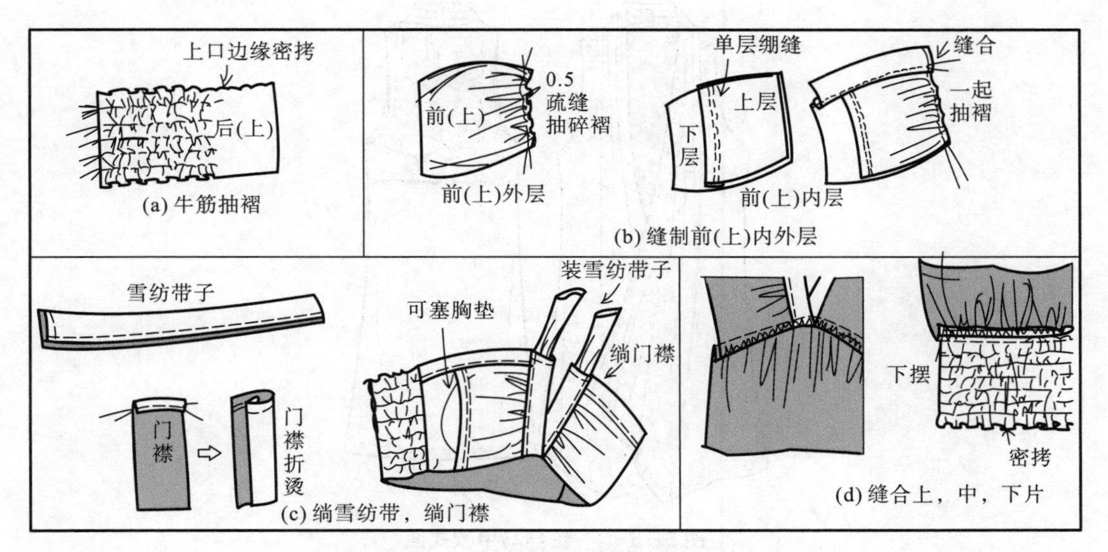

图 5－5－3　挂脖抹胸上衣制作要点

① 车牛筋抽褶。如图 5－5－3(a)，后(上)片上口先密拷，再用牛筋底线平行车线抽褶，要先试缝并调好底线松紧，再进行车缝。

② 缝制前(上)内、外层。如图 5－5－3(b)，前(上)层的前中疏缝抽褶到规定长度，下层按图示顺序缝合，做出插入胸垫的夹层，也抽好褶。

③ 绱雪纺带子、门襟。如图 5－5－3(c)，先做好两条雪纺带子，门襟上口折边固定，折烫好门襟备用；再将前(上)的内、外层缝合上口，然后前(上)夹住后(上)分两步固定，最后将雪纺带子毛边一端塞入门襟固定，分两个步骤绱左右门襟，并叠合左右门襟再平缝固定，注意右门襟在上。

④ 缝合上、中、下片。如图 5－5－3(d)，用四线包缝线迹分别缝合上片与中片，中片与下片，要对齐各个对位记号，以免错位或者褶裥不匀。

(二) 蕾丝马甲

1. 款式概述

此款蕾丝马甲是肩背部拼接蕾丝、长围脖式领型、中长款针织开衫。款式见图 5－5－4，款式风格优雅，适合中青年女性穿着，面料可以选中弹垂感较好的针织面料，配料可选棉质蕾丝，适合搭配打底 T 恤外穿。

2. 结构设计

蕾丝马甲制图参考尺寸见表 5－5－2。

胸围放松量为 0，衣长在臀围线以下。

表 5－5－2　蕾丝马甲制图参考尺寸　　单位：cm

号型	后衣长	背长	胸围(B)	肩宽	袖窿弧长
160/84A	70	37	84(净)＋0＝84	22	51

按比例法进行结构设计(图 5－5－5)。

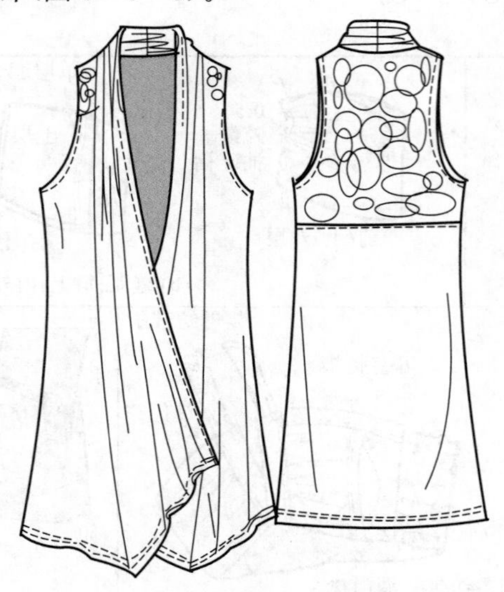

图 5－5－4　蕾丝马甲款式图

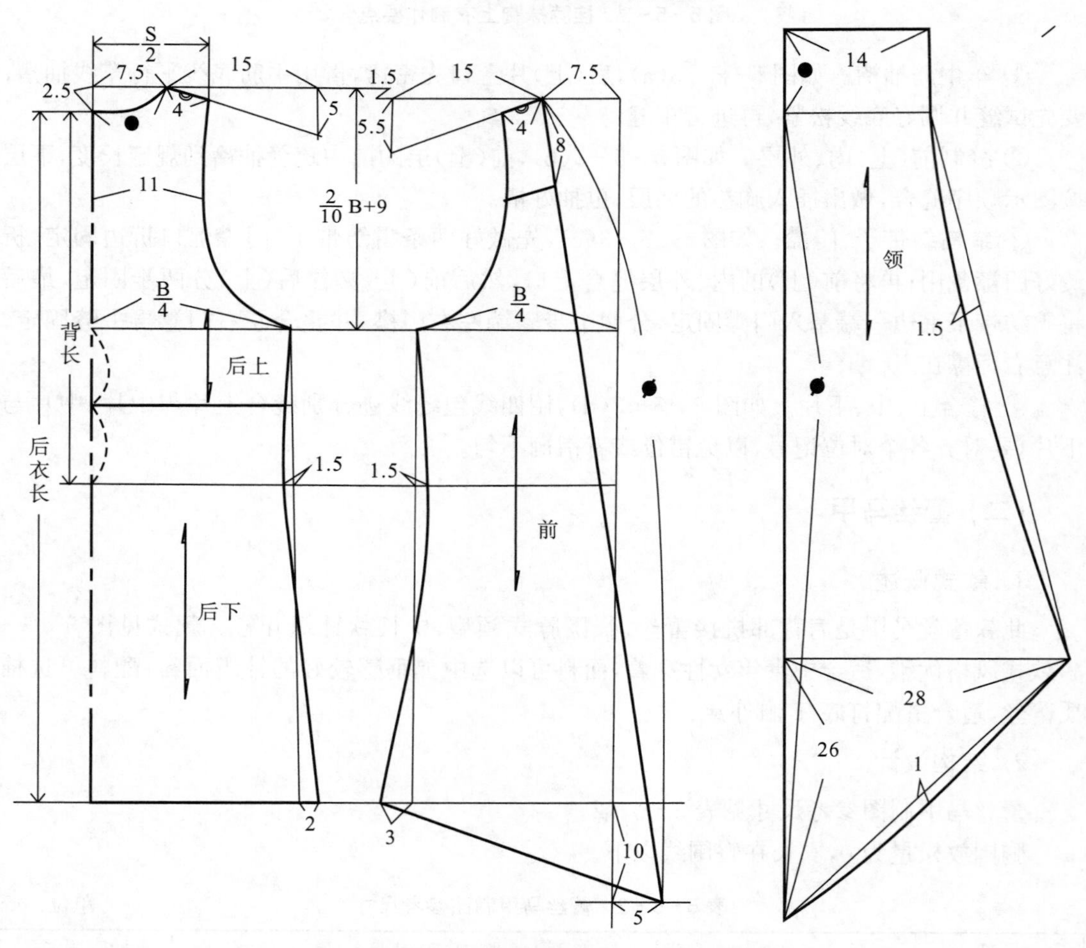

图 5－5－5　蕾丝马甲结构图——比例法

结构设计要点：

① 后衣片。如图 5－5－5，先确定后领圈、肩宽、胸围线、腰围线、衣长、下摆等，再画出衣片轮廓线，然后按款式图(图 5－5－4)画出后衣片的分割线。

② 前衣片。按后片的辅助线及轮廓线的画法绘制前衣片，要核对前后肩缝、侧缝的长度一致，再确定前肩育克的位置。

③ 领子。分别量取前后领圈的长度，确定后领的宽度，按款式设计画出领子造型线。

(三) 低弹连衣裙

1. 款式概述

此款为公主线分割、盖肩式无袖、侧缝绱隐形拉链、前中片配其他面料设计的合体款针织连衣裙，款式见图 5－5－6。款式风格较严谨正式，适合中青年女性穿着，面料可以选中厚料、低弹针织面料，如罗马布等，适合外穿，也可以搭配风衣、小西装等外套。

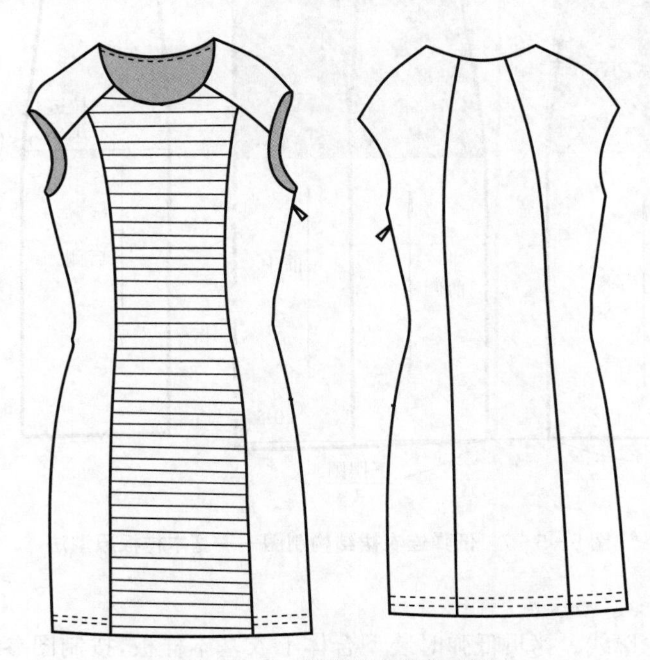

图 5－5－6　低弹连衣裙款式图

2. 结构设计

低弹连衣裙制图参考尺寸见表 5－5－3。

胸围放松量为 4 cm，裙长在膝盖以上。

表 5－5－3　低弹连衣裙制图参考尺寸　　单位：cm

号型	后衣长	胸围(B)	腰围(W)	臀围(H)	下摆围	肩宽(S)	袖窿弧长	领圈长
160/84A	80	84(净)＋6＝90	68(净)＋6＝74	88(净)＋4＝92	92	39	40	58

(1) 基本样板原型法(图 5－5－7)

以低弹时装型基本样板为原型进行结构设计。

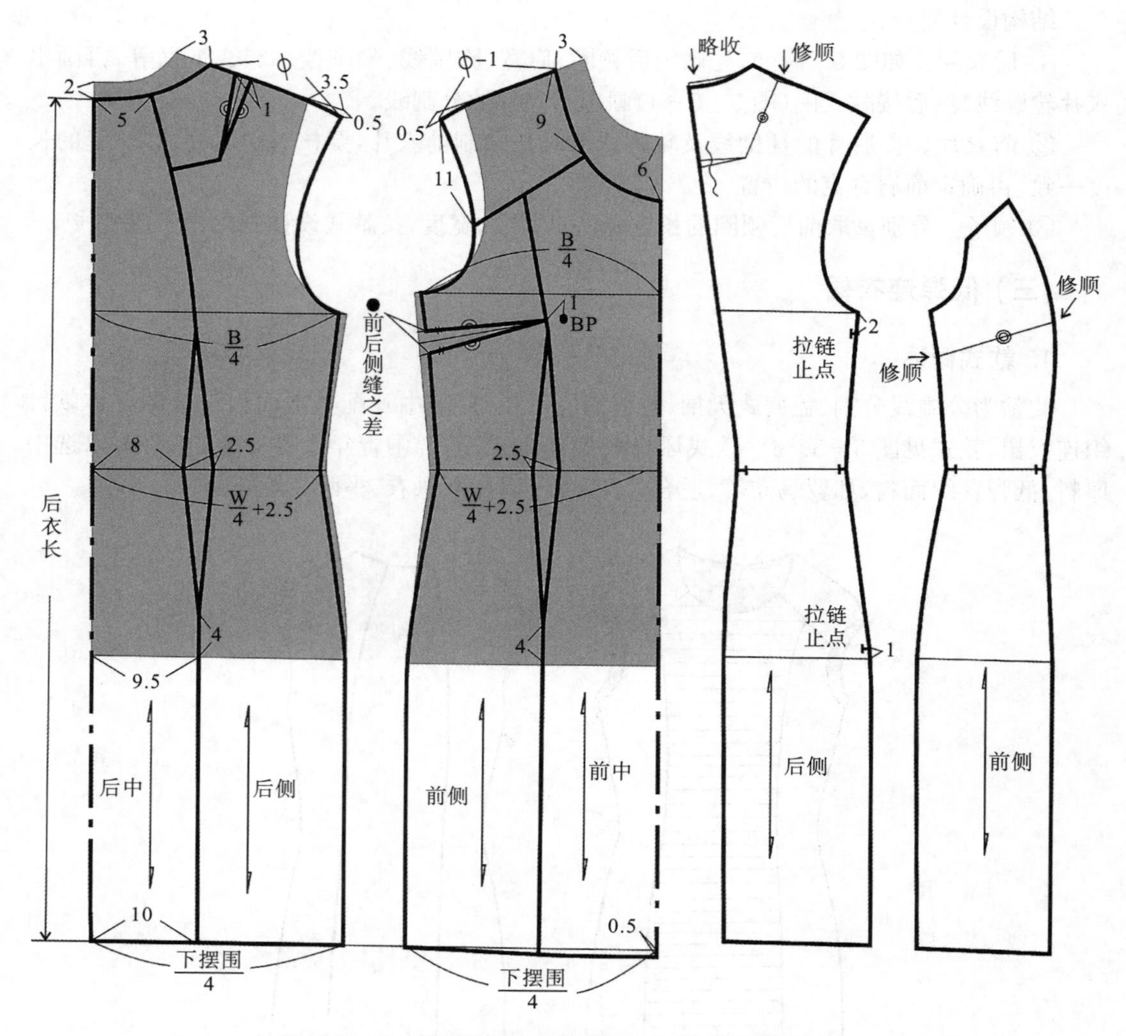

图 5-5-7　低弹连衣裙结构制图——基本样板原型法

结构设计要点：

① 前后衣片轮廓线。拷贝低弹时装型合体上衣基本样板，按制图参考尺寸(表 5-5-3)，确定衣长、胸围、腰围、臀围、下摆围、领围、肩袖长、袖窿(袖口围)等尺寸，并按款式造型绘制衣片外轮廓线。

② 后衣片内部分割线。按款式造型在后衣片内部作纵向分割线设计，分割线在腰部包含 2.5 cm 的腰省；分割线起后自领圈，为达到背部造型，将肩省合拼，在肩省的省尖作一横向短线至纵向分割线，肩省合拼后，横向短线剪开后会出现余量，该余量在后侧片作缩缝处理。

③前片分割线。按款式造型先在领圈和袖窿之间作斜向分割，再在斜向分割线上取一点，自该点开始作纵向分割，距 BP 点 1.5 cm，在腰部包含 2.5 cm 的腰省。

(2)比例法(图 5-5-8)

前、后衣身结构设计按比例法进行，后侧片和前侧片的省道闭合后的结构见图 5-5-7。

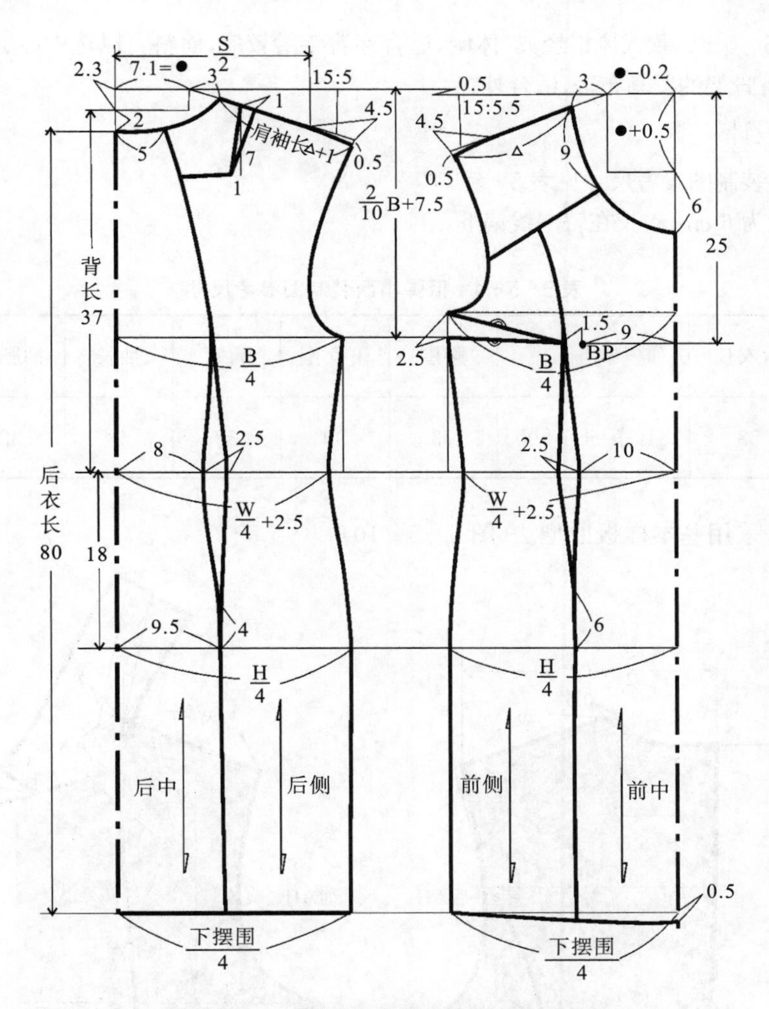

图 5-5-8　低弹连衣裙结构图——比例法

(四) 低弹小西装

1. 款式概述

此款低弹小西装为四开身、公主线分割、大贴袋、平驳领、两粒扣、两片袖的合体款针织小西

图 5-5-9　低弹小西装款式图

装，款式见图 5－5－9，款式风格经典、休闲，适合穿着年龄较广，面料可以选中厚、低弹棉质针织面料，比如较有骨架的罗马布等，适合外穿。

2. 结构设计

低弹小西装制图参考尺寸见表 5－5－4。

胸围松量为 6 cm，衣长在臀围线偏下。

表 5－5－4　低弹小西装制图参考尺寸　　单位：cm

号型	后衣长	胸围	腰围	下摆围	肩宽	袖长	袖肥大	袖口围
160/84A	58	84(净)＋6＝90	73	99	38	58	32	24

结构设计采用基本样板原型法(图 5－5－10)。

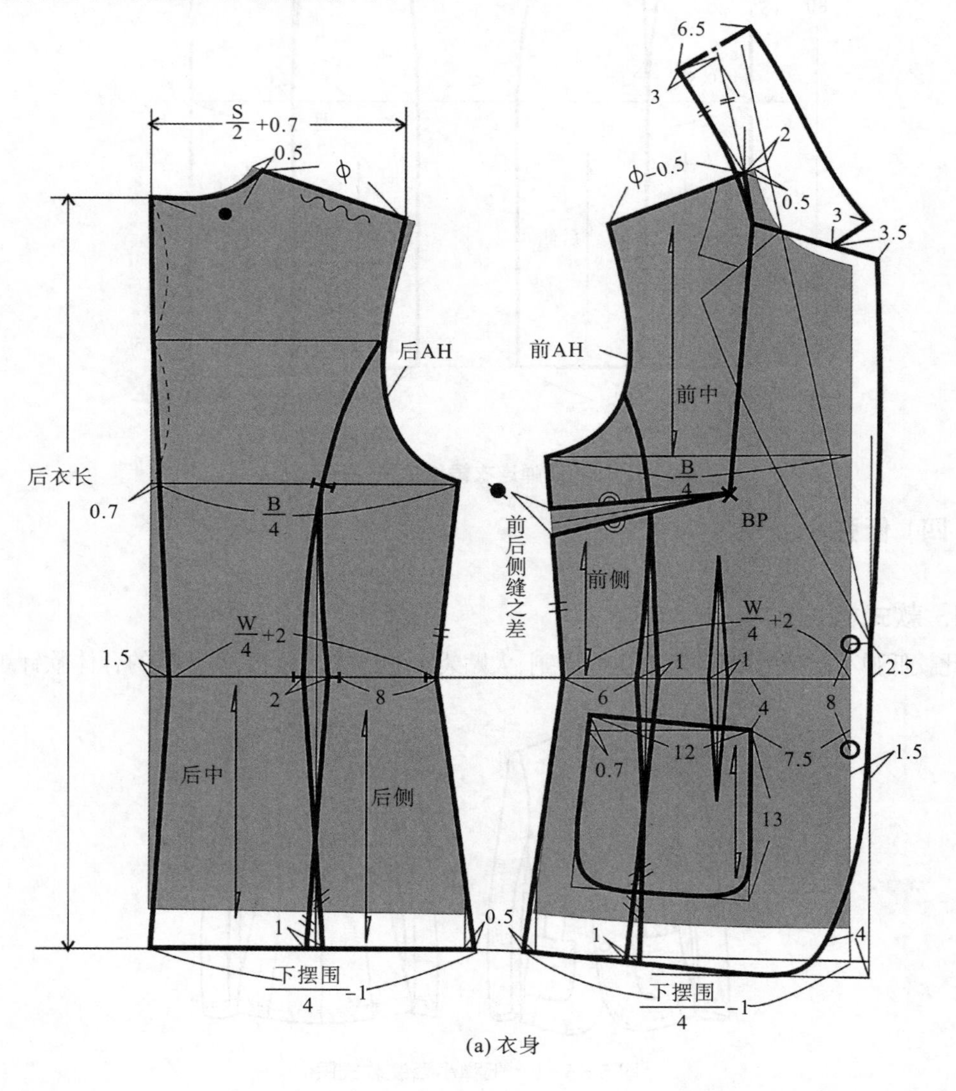

(a) 衣身

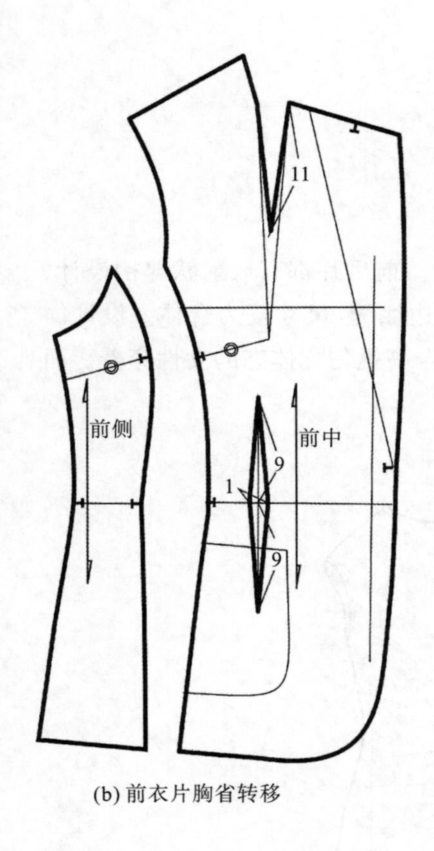

(b) 前衣片胸省转移

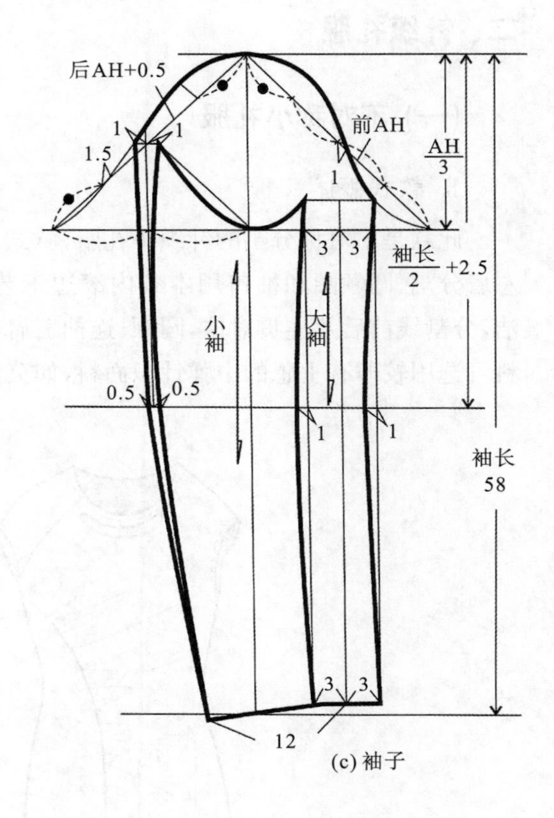

(c) 袖子

图 5-5-10 低弹小西装结构图——基本样板原型法

以低弹时装型合体上衣基本样板为原型进行结构设计。

结构设计要点：

① 后衣片。如图 5-5-10(a)，拷贝低弹时装型合体基本样板，先确定领圈长、后衣长、胸围、袖窿、下摆围，后肩线比前肩线长 0.5 cm 左右作为后肩的归拢吃势，画出后衣片轮廓线。按款式图确定后公主线的位置，确定腰围、下摆围的大小后画顺公主线，并核对长度，还要标出各对位记号。

② 前衣片和领子。如图 5-5-10(a)，先确定前胸围大小，画出前衣片的肩线、袖窿、侧缝等，再按款式图画出前衣片的分割线、腰省，标出口袋位；确定门襟叠门量 1.5 cm，翻折止点，确定领子翻折线位置，平驳领造型；然后根据后领围尺寸选择合适的倒伏量，画出领子结构线，最后画出领子的造型轮廓线。

③ 胸省转移。如图 5-5-10(b)，将前片胸省转移，前侧片折叠省量后重新画顺轮廓线，前中部分的胸省量转成领省，离开 BP 点画好领省，要注意成衣驳领要盖住省道。

④ 袖子。如图 5-5-10(c)，先确定袖山高、袖长、袖肥等，再画顺袖山弧线，注意要核对袖山弧长与袖窿弧长的尺寸差量（吃势），这里的袖子吃势量约为 2 cm；然后如图示分大小袖，确定袖口宽度，画顺大小袖内外袖缝弧线，要核对大小袖的拼缝长度前后一致。

二、针织礼服

(一) 不对称小礼服

1. 款式概述

此款是不对称分割的针织小礼服，款式见图 5－5－11。前后片都有放射状碎褶设计、左肩分割、圆领圈和袖口用本布内滚边工艺收边，下摆折边绷缝，尺寸较为合体。设计简洁，分割线前后片连贯对位，圆领、连袖盖肩，合体设计，适合高挑匀称体态的女性穿着。面料可选用较薄有垂感的中弹针织面料，如莫代尔混纺面料。

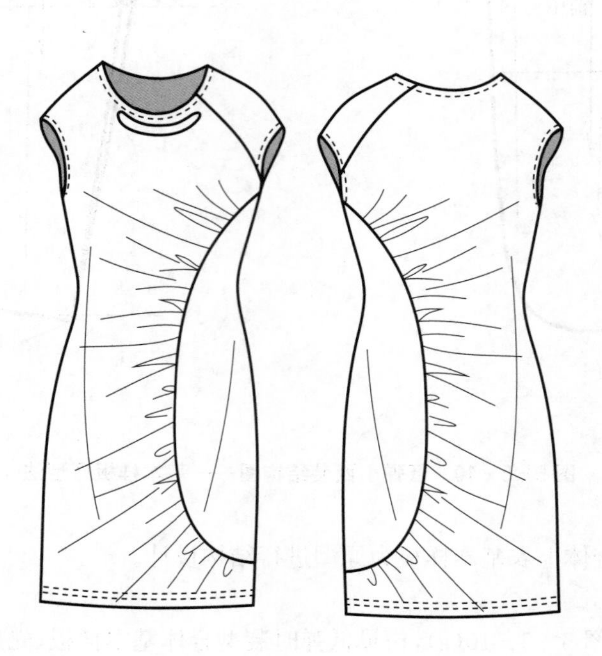

图 5－5－11　不对称小礼服款式图

2. 结构设计

不对称小礼服制图参考尺寸见表 5－5－5。

胸围松量为 2 cm，裙长至膝盖以上。

表 5－5－5　不对称小礼服结构制图参考尺寸表　　单位：cm

号型	后衣长	胸围(B)	腰围(W)	臀围(H)	下摆围	领围	袖窿弧长
160/84A	92.5	84(净)＋2＝86	78	90	90	54	28

采用基本样板原型法，

即以合体型基本样板为原型进行结构设计(图 5－5－12)。

结构设计要点：

① 前后衣片结构。如图 5－5－12(1)，由于前后衣片均为不对称结构，故需完整拷贝左右衣片基本样板。先确定前后领圈、衣长、肩线、侧缝的尺寸，画顺轮廓线，再确定前后衣片与左袖片的分割线，定出衣身的分割线，要对齐前后衣片分割线位置，然后按款式效果画出放射状剪开线，前后各 15 条线。前领圈部位标出放饰品的位置。

② 前后衣片展开图。如图 5－5－12(2)展开后①和前①，依次拷贝展开每条剪开线，均匀放出褶量 2 cm 左右，然后重新画顺衣片轮廓线，在分割线上标出对位记号。

3. 缝制工艺流程

前①、后①分别抽褶(平缝机)→分别缝合前①和前②、后①和后②(四线包缝机)→缝合前③和后③的肩缝(四线包缝机)→左袖口内滚边(平缝机)→左袖分别与前、后衣片缝合(四线包缝机)→缝合左侧缝(四线包缝机)→右袖口内滚边(平缝机)→缝合右侧缝(四线包缝机)→领口内滚边(平缝机)→下摆折边(绷缝机)

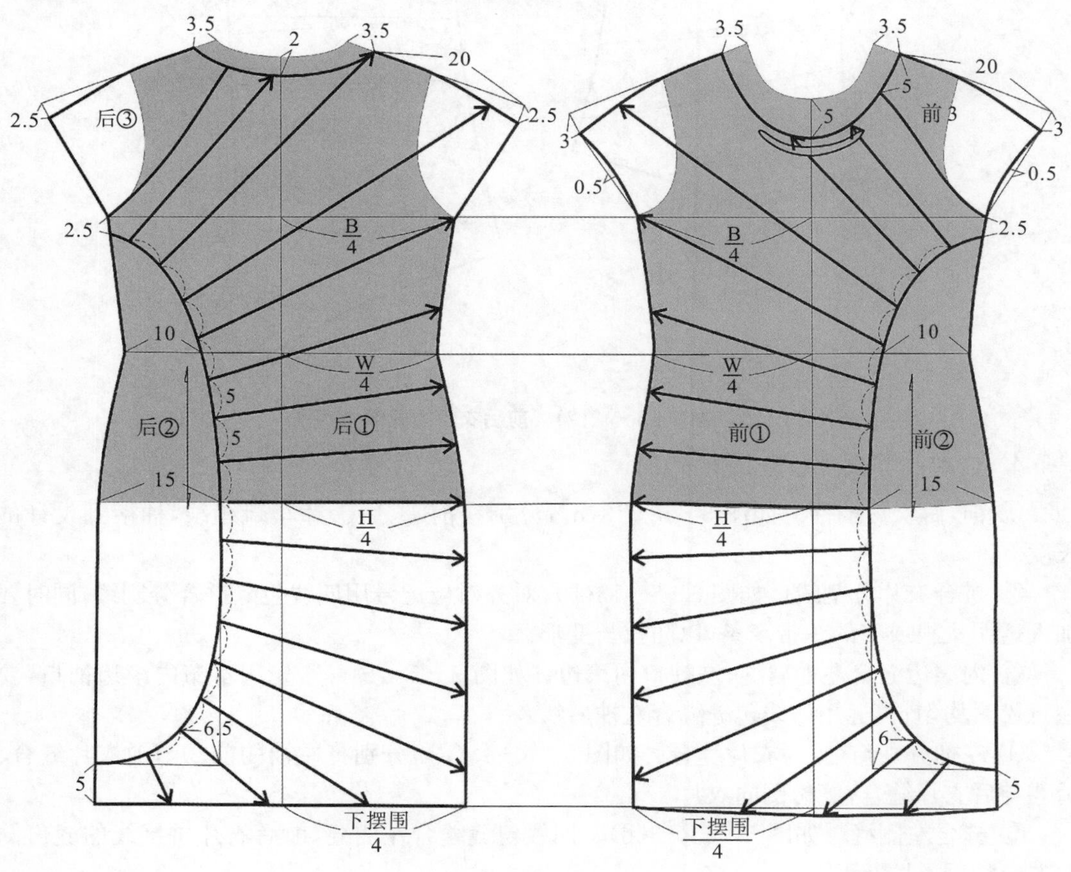

图 5－5－12(1)　前后衣片结构图——基本样板原型法

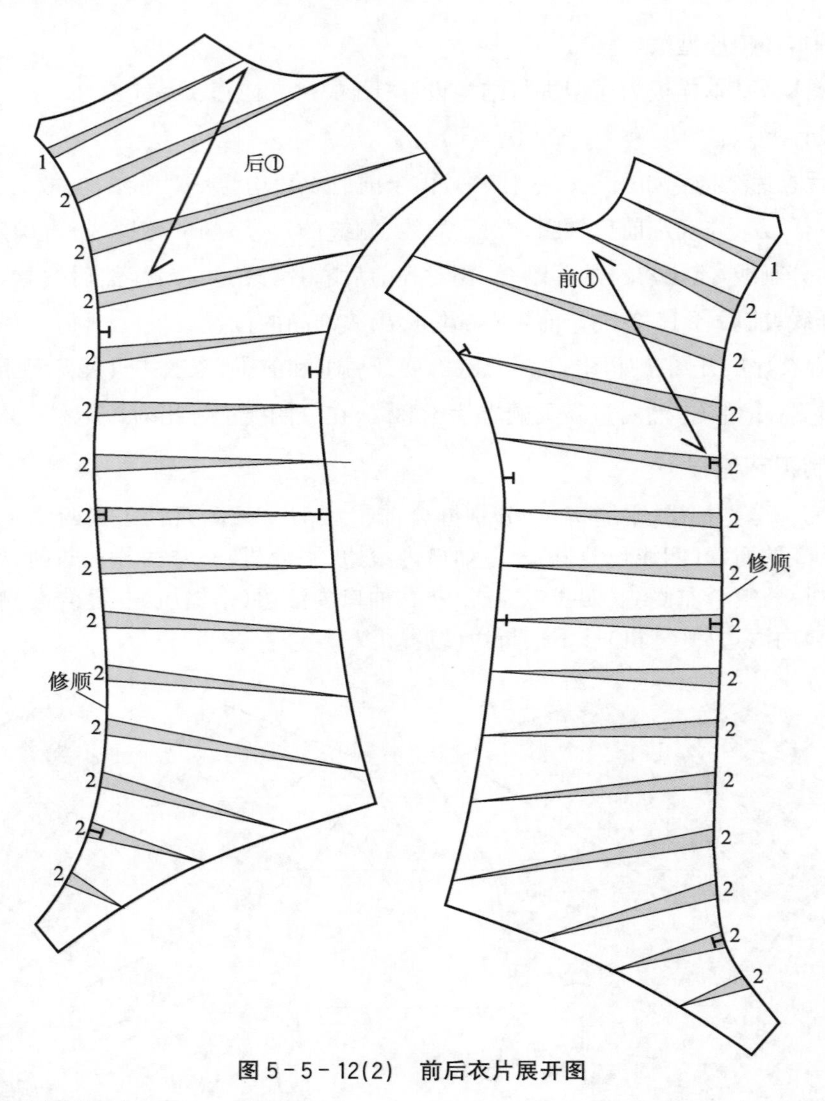

图 5-5-12(2) 前后衣片展开图

4. 成衣制作要点(图 5-5-13)

① 前,后衣片抽褶。如图 5-5-13(a),分别在前①、后①片车疏缝线,抽褶到设计的长度。

② 拼合衣片分割线。如图 5-5-13(b),对齐对位记号用四线包缝拼合分割线,同时要加入透明丈根或窄的织带牵条,以防拉长变形。

③ 内滚边缝合左袖肩缝、左袖口内滚边。如图 5-5-13(c),先用本布内滚边袖口,要注意松紧均匀;再运用四线包缝缝合左袖肩线。

④ 左袖分别与前、后衣片缝合。如图 5-5-13(d),分别将左袖的前③与前衣片缝合、后③与后衣片缝合,缝份倒向衣片。

⑤ 缝合左侧缝。如图 5-5-13(d)。四线包缝缝合左侧缝,前后衣片拼接线的缝份倒向方向相反,见图示。

⑥ 右袖袖口内滚边、缝合右侧缝。如图 5-5-13(e),右袖的内滚边方法与左袖相同,然后用四线包缝缝合右侧缝。

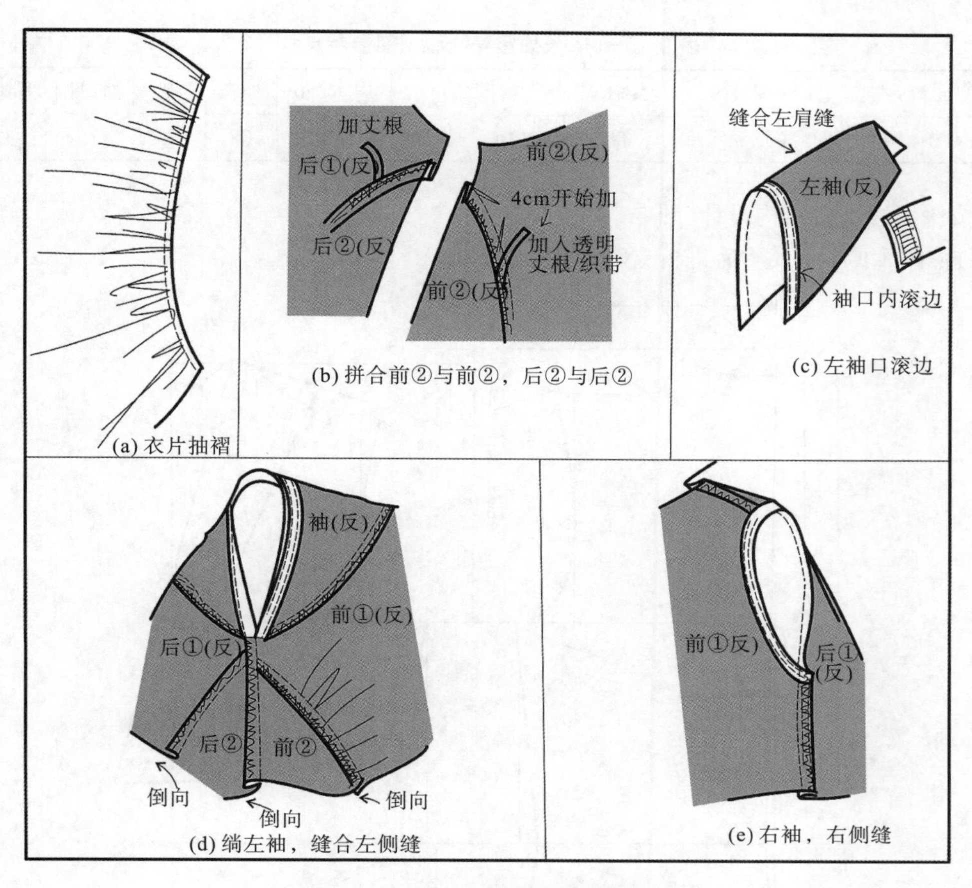

(a) 衣片抽褶　(b) 拼合前②与前②，后②与后②　(c) 左袖口滚边　(d) 绱左袖，缝合左侧缝　(e) 右袖，右侧缝

图 5-5-13　不对称小礼服制作要点

(二) 长袖紧身礼服

1. 款式概述

此款长袖紧身礼服为连衣立领，前片开领较低且有褶，腰部连体腰带可交叉绑带的紧身长袖贴体款针织连衣裙。款式见图 5-5-14。款式风格优雅经典，适合中青年女性穿着，面料可以选高弹或中弹针织面料，这里选用真丝针织面料，透气舒适，适合贴体外穿。依个人喜欢，款式可以改成中袖、短袖，裙长也可根据场合需要进行修改。

图 5-5-14　长袖紧身礼服款式图

2. 结构设计

长袖紧身礼服制图参考尺寸见表 5-5-6。

胸围松量为−4 cm，裙长至膝盖以下。

表 5-5-6　长袖紧身礼服制图参考尺寸　　　　单位：cm

号型	后衣长	胸围(B)	腰围(W)	臀围(H)	肩宽(S)	袖长	袖肥大	袖口围	腰带长
160/84A	98	84(净)－4＝80	68	88(净)－4＝84	33	58	30	19	125

按比例法进行结构设计(图 5-5-15)。

注：平面纸样完成后需进行立裁试别加以调整。

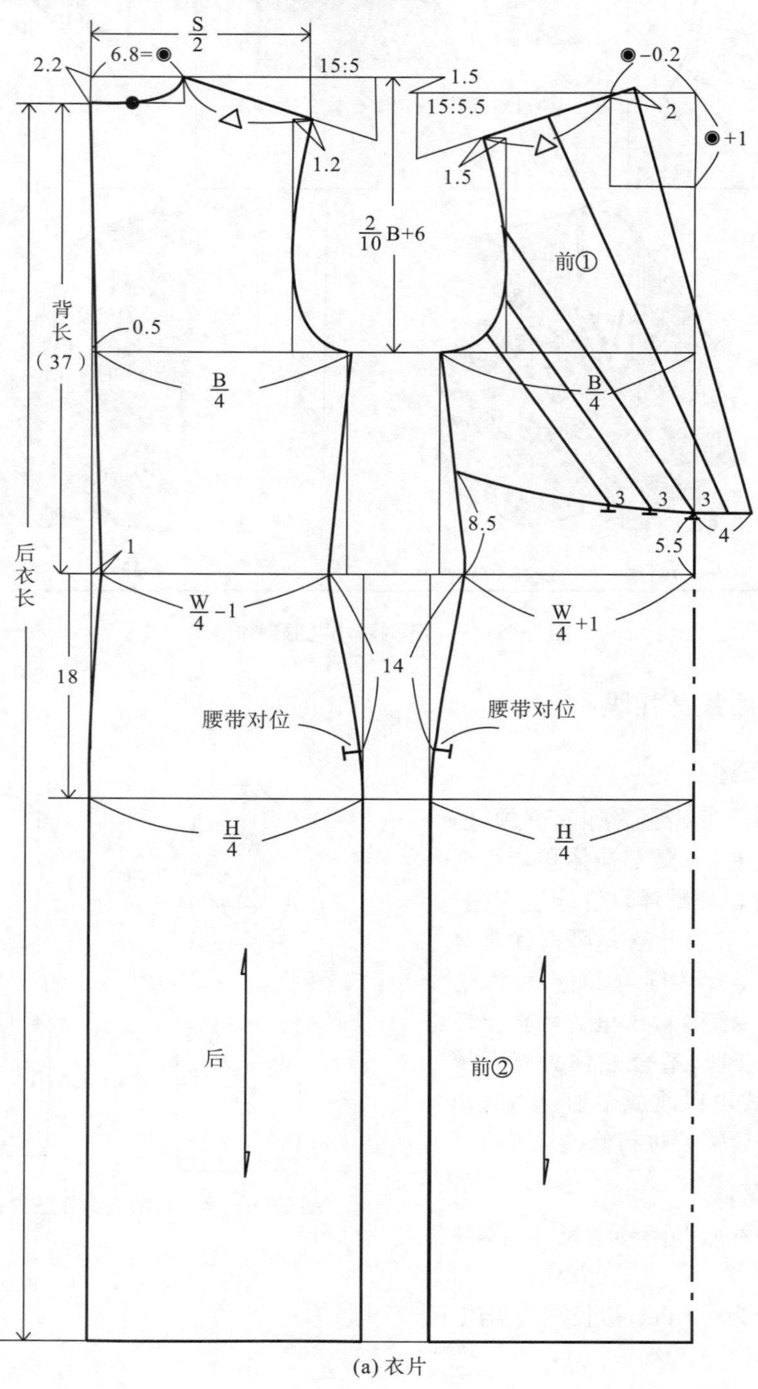

(a) 衣片

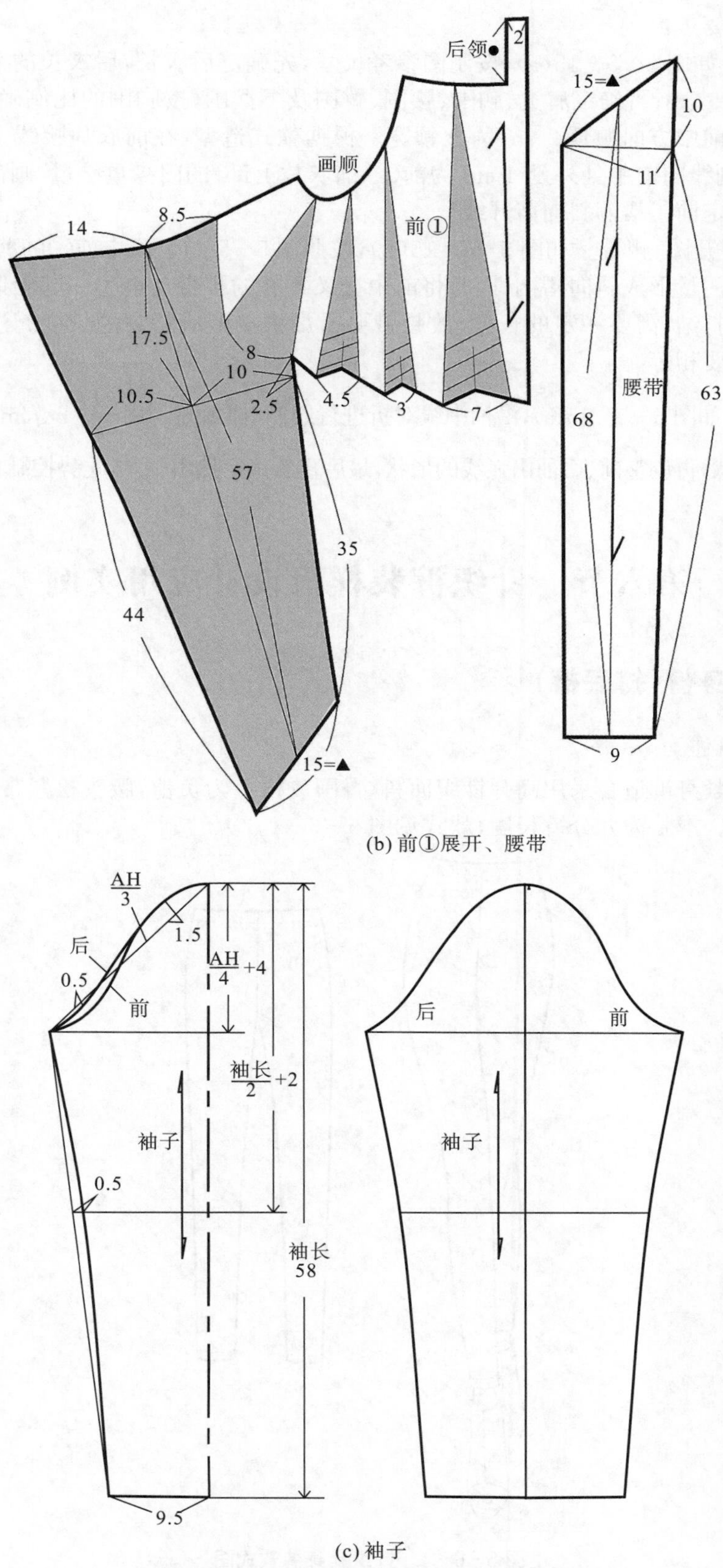

(b) 前①展开、腰带

(c) 袖子

图 5-5-15　长袖紧身礼服结构图——比例法

结构设计要点：

① 衣片。如图 5－5－15(a)，按制图参考尺寸，先确定后衣长，后衣长的上平线高于前衣片上平线 1.5 cm；再确定肩宽、胸围、腰围、臀围及下摆围，按胸围的比例确定袖窿深，前衣片的肩线往前中方向顺延 2 cm 为立领宽。根据款式造型，在前衣片腰线上方进行横向弧线分割，分割线向前中处外延 4 cm 为前①(前衣片上部)的门襟重叠量，画出前衣片领口斜线。最后确定前①褶裥斜向剪开线。

② 前①展开图、腰带。如图 5－5－15(b)，按照图 5－5－15(a)中前①的剪开线，将其剪开后放出适当的量形成斜向褶裥，同时将前中交叉重叠的腰带与前①一起绘制。由于腰带要绕到后腰上打结，需要一定的长度，故腰带要另加拼接形成所需的长度。注意腰带拼接处两端的长度要相等。

③ 袖子。如图 5－5－15(a)，沿袖中线对折进行绘制，袖山高采用 $\frac{AH}{4}+4$ cm。绘制完成后展开形成一片状，再调整前、后袖山弧线的形状，最后重新确定袖山中点，吃势控制在 0.8～1 cm。

第六节　针织裤装样板设计应用实例

一、针织紧身裤(打底裤)

1. 款式概述

该款针织紧身裤适合采用高弹针织面料，臀围放松量为负值，腰头松紧带收束，裤长可根据设计自定。本款为九分裤长度，款式见图 5－6－1。

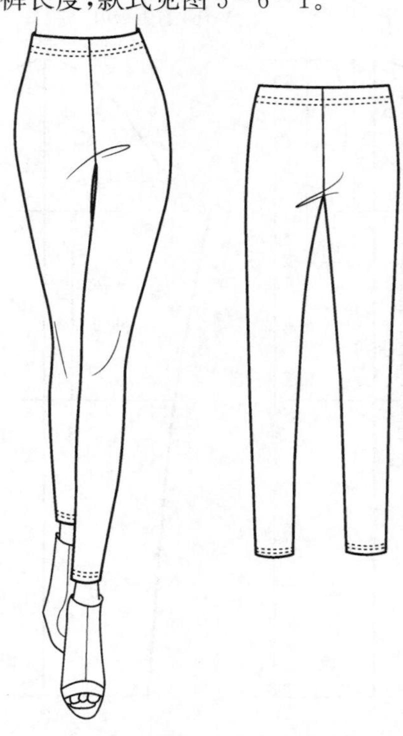

图 5－6－1　针织紧身裤款式图

2. 制图参考尺寸(不含缩率)(表 5-6-1)

表 5-6-1　针织紧身裤制图参考尺寸

单位：cm

制图部位		S码	M码	L码	XL码	档差
外侧缝长(裤长)	连腰	88	89	90	91	1
内侧缝长		61.6	62	62.4	62.8	0.4
腰围(W)	松紧带净长	56	59	62	65	3
	拉开	73	76	79	82	3
臀围(H)		75	78	81	84	3
大腿围		45	47	49	51	2
膝围	裆下 30	30.5	32	33.5	35	1.5
裤脚口围		21	22	23	24	1
前裆长	连腰	25.7	26.3	26.9	27.5	0.6
后裆长	连腰	31.1	31.7	32.3	32.9	0.6

3. 结构制图(图 5-6-2)

制图要点：

① 前裆长从 A 点量到 B 点，后裆长从 C 点量到 D 点，注意沿轮廓线测量。

② 外侧缝为前后裤片相连的一片式造型。

4. 放缝参考(图 5-6-3)

放缝要点：

① 采用四线包缝机的部位均放缝 0.8 cm。

② 腰头与裤片连裁，腰内穿 2 cm 宽的松紧带，考虑到腰里内折的厚度及双针绷缝的宽度，故腰头折边放缝 3 cm。

③ 裤脚折边放缝 2.5 cm，双针绷缝机缝制。

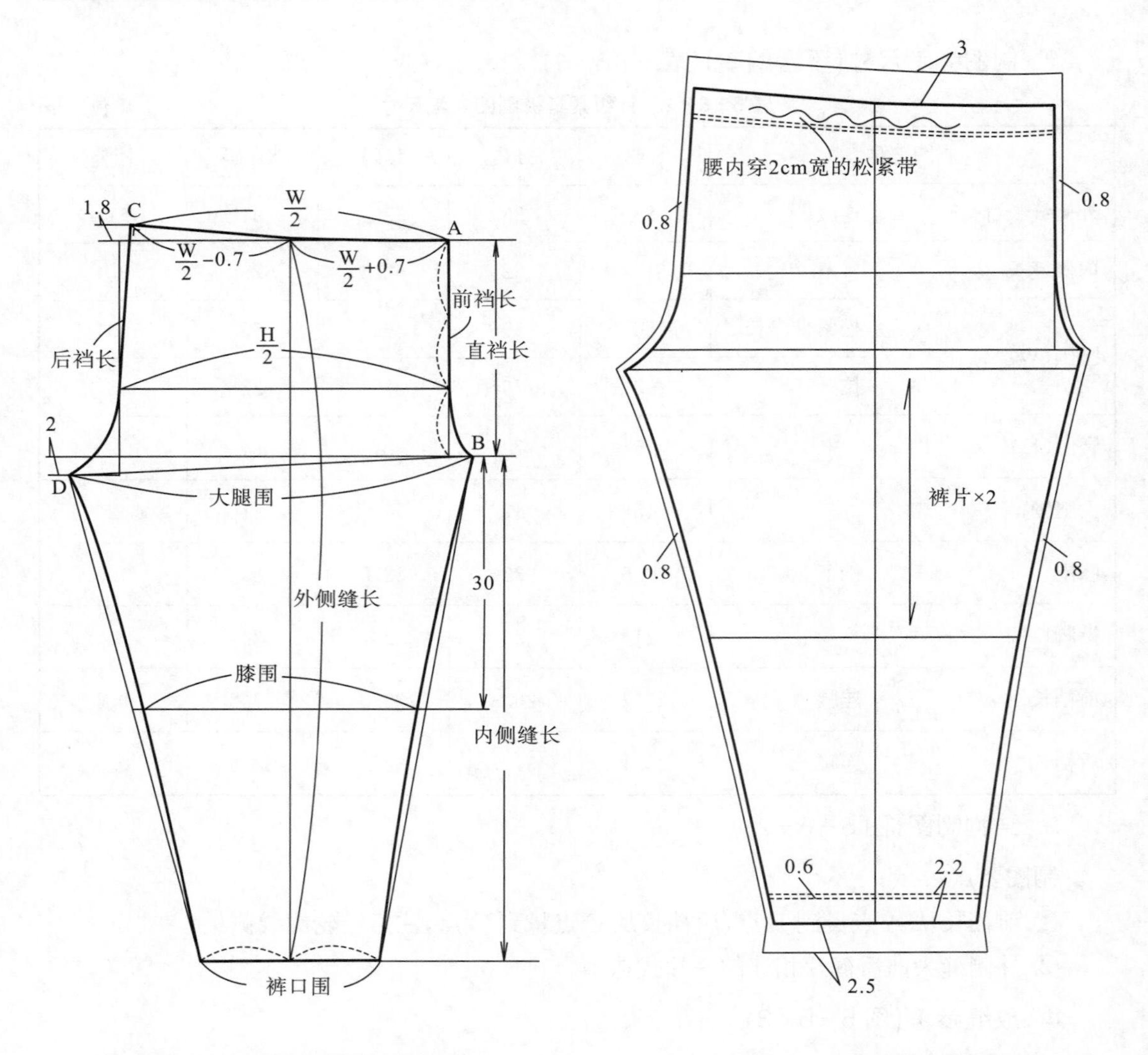

图 5－6－2　针织紧身裤结构图

图 5－6－3　放缝参考图

5. 缝制工艺流程和工艺要点(表 5－6－2)

表 5－6－2　缝制工艺流程和工艺要点

缝制序号	缝制部位	所需设备	工艺要点
1	缝合前后裆缝	四线包缝机	上下层对齐,不可错位
2	缝合内侧缝	四线包缝机	上下层对齐,不可错位
3	拼接松紧带	平缝机	松紧带平叠缝合后净长 62 cm
4	固定商标、尺码标和腰头装松紧带	平缝机 双针绷缝机	① 商标和尺码标平缝固定于距后腰口 10 cm 处 ② 腰头翻折 3 cm 后装入松紧带,用双针绷缝机缝合
5	缝合裤脚口折边	双针绷缝机	裤脚口折上 2.5 cm 后,采用双针绷缝机缝合,起止针位于内侧缝线

二、低腰针织休闲长裤

1. 款式概述

该款为低腰造型，臀围合体，宜采用中弹或低弹针织面料。腰上口内穿 3 cm 宽的松紧带，前腰中心两侧锁 2 个扣眼，扣眼大 1.5 cm，内穿 1.2 cm 宽的织绳。后裤片上部育克分割，裤脚口在外侧缝处锁 2 个扣眼，扣眼大 1.5 cm，折边内穿 1.2 cm 宽的织绳。款式见图 5－6－4。

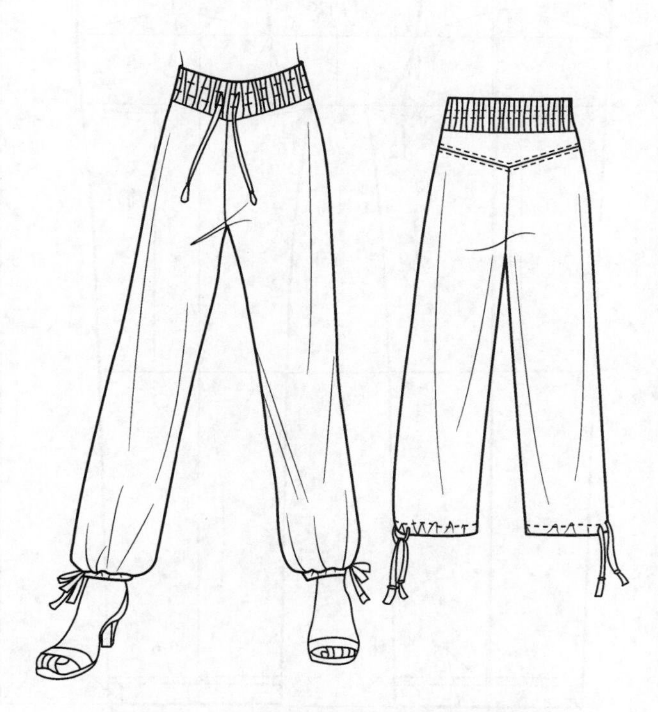

图 5－6－4　低腰针织休闲长裤款式图

2. 制图参考尺寸(不含缩率)(表 5－6－3)

表 5－6－3　低腰针织休闲长裤制图参考尺寸

单位：cm

号/型	裤长(外侧缝长含腰头宽)	直裆长(不含腰宽)	臀围(H)	松紧带净长	裤口围
160/66A	100	23	88	66	42

3. 结构制图(图 5－6－5)

制图要点：

① 采用针织长裤基本样板制图，由于是低腰，故将腰口线下降 2～3 cm。

② 后裤片上部育克结构，后中不断开。

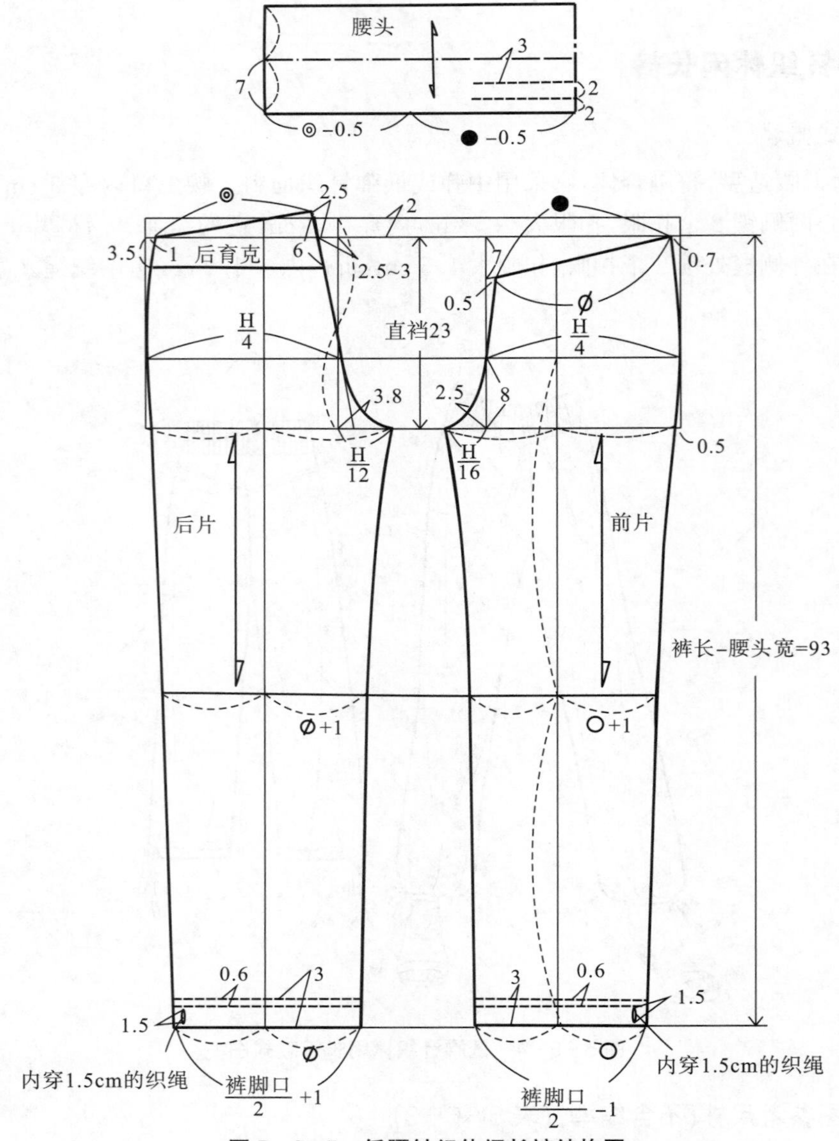

图 5-6-5 低腰针织休闲长裤结构图

4. 放缝参考(图 5-6-6)

放缝要点：

① 腰头拼接缝用平缝机缝合，放缝 1 cm。

② 裤脚口折边放缝 3 cm，用双针绷缝机缝合。

③ 其余部位均由四线包缝机缝合，放缝 0.8 cm。

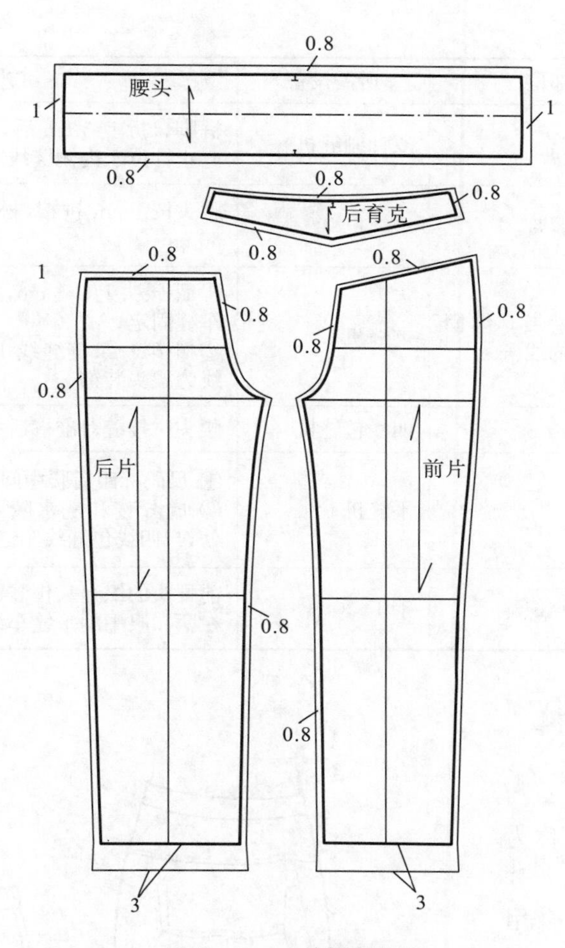

图 5-6-6 放缝参考图

5. 缝制工艺流程和工艺要点(表 5-6-4)

表 5-6-4 缝制工艺流程和工艺要点

缝制序号	缝制部位	所需设备	工艺要点
1	腰头和裤脚口锁扣眼	平头锁眼机	① 腰头扣眼居中,两扣眼间距 4 cm ② 裤脚口扣眼居外侧缝净线 2.5 cm,前后片各锁一个扣眼
2	缝合前片裆缝	四线包缝机	上下层对齐,不可错位
3	缝合后片裆缝	四线包缝机	上下层对齐,不可错位
4	后片与后育克缝合	链缝机	后育克尖角与后裤片拼接缝的尖角对准
5	后育克缝合线正面压线	双针绷缝机	缝份倒向后裤片,在正面用双针绷缝机压线
6	缝合外侧缝	四线包缝机	上下层对齐,不可错位
7	缝合内侧缝	四线包缝机	上下层对齐,不可错位

续表

缝制序号	缝制部位	所需设备	工艺要点
8	裤脚口折边缝合	双针绷缝机	裤脚口折上 3 cm 后，采用双针绷缝机缝合，起止针位于内侧缝线
9	拼接腰头、松紧带	平缝机	腰头按 1 cm 拼接，松紧带平叠缝合后净长 66 cm
10	腰头内穿松紧带车缝固定，腰头缝装饰线	链缝机	① 距腰头上口 3 cm，内穿松紧带后用链缝机车缝固定 ② 距第一条链缝线 1.5 cm 再链缝一次，此线为腰头装饰
11	绱腰	四线包缝机	腰头拼接缝对准裤后中线
12	钉腰头商标	平缝机	① 尺码标距后腰中间钉缝 ② 成分唛和洗水唛距左前腰缝合线 8 cm 处，与四线包缝线车缝固定
13	腰头、裤脚口穿织绳	手工	前腰头的织绳只作装饰用，织绳穿入扣眼后，在两扣眼中间平缝车缝固定

三、针织低裆休闲裤

1. 款式概述

该款为低裆（也可称为大裆裤），两片式造型，九分裤长度，裤口收紧，适合用弹性较好且有一定垂感的薄型针织面料。前裤片的分割设计更增休闲趣味。款式见图 5-6-7。

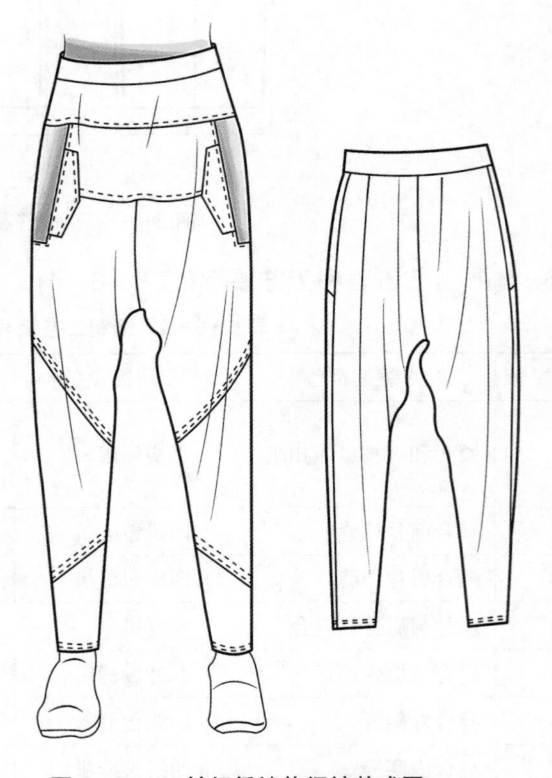

图 5-6-7　针织低裆休闲裤款式图

2. 制图参考尺寸(不含缩率)(表5-6-5)

表5-6-5　针织低裆休闲裤制图参考尺寸　　单位：cm

号型	外侧缝长(含腰头宽 4.5 cm)	松紧带净长/宽	直裆长(不含腰头)	腰头宽	膝围	裤口围
160/66A	88.5	64/3	37	4.5	29	20

3. 结构制图(图5-6-8)

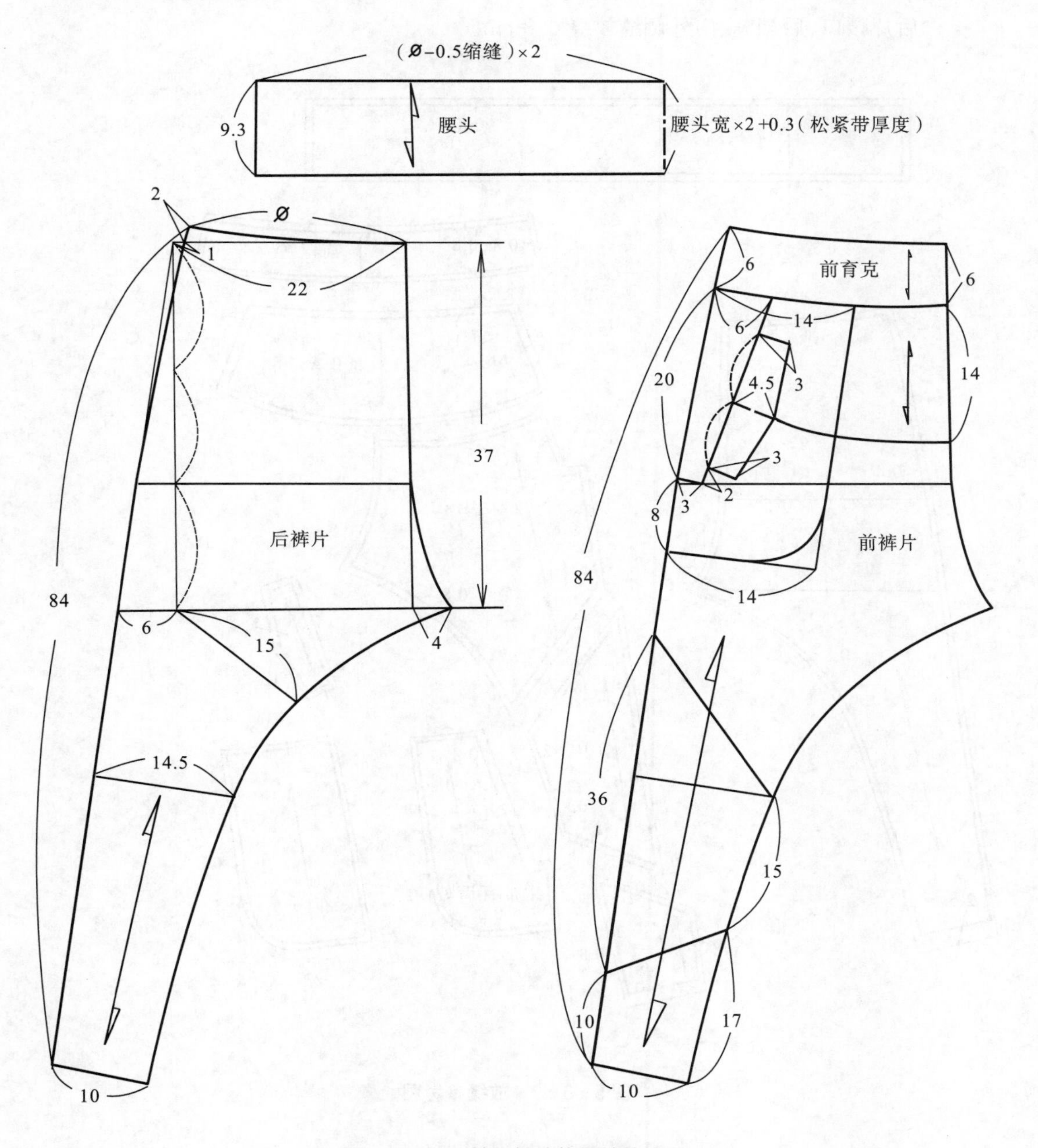

图5-6-8　针织低裆休闲裤结构图

制图要点：

① 前后裤片结构相同，后裤片无分割线。

② 前片分割线设计，口袋加袋盖。

4. 放缝参考(图5-6-9)

放缝要点：

① 前后裤脚口折边放缝2.5 cm。

② 前片除腰口、前裆缝、内外侧缝放缝0.8 cm外，其余分割线放缝1 cm。

③ 后片腰口、后裆缝、内外侧缝放缝0.8 cm。

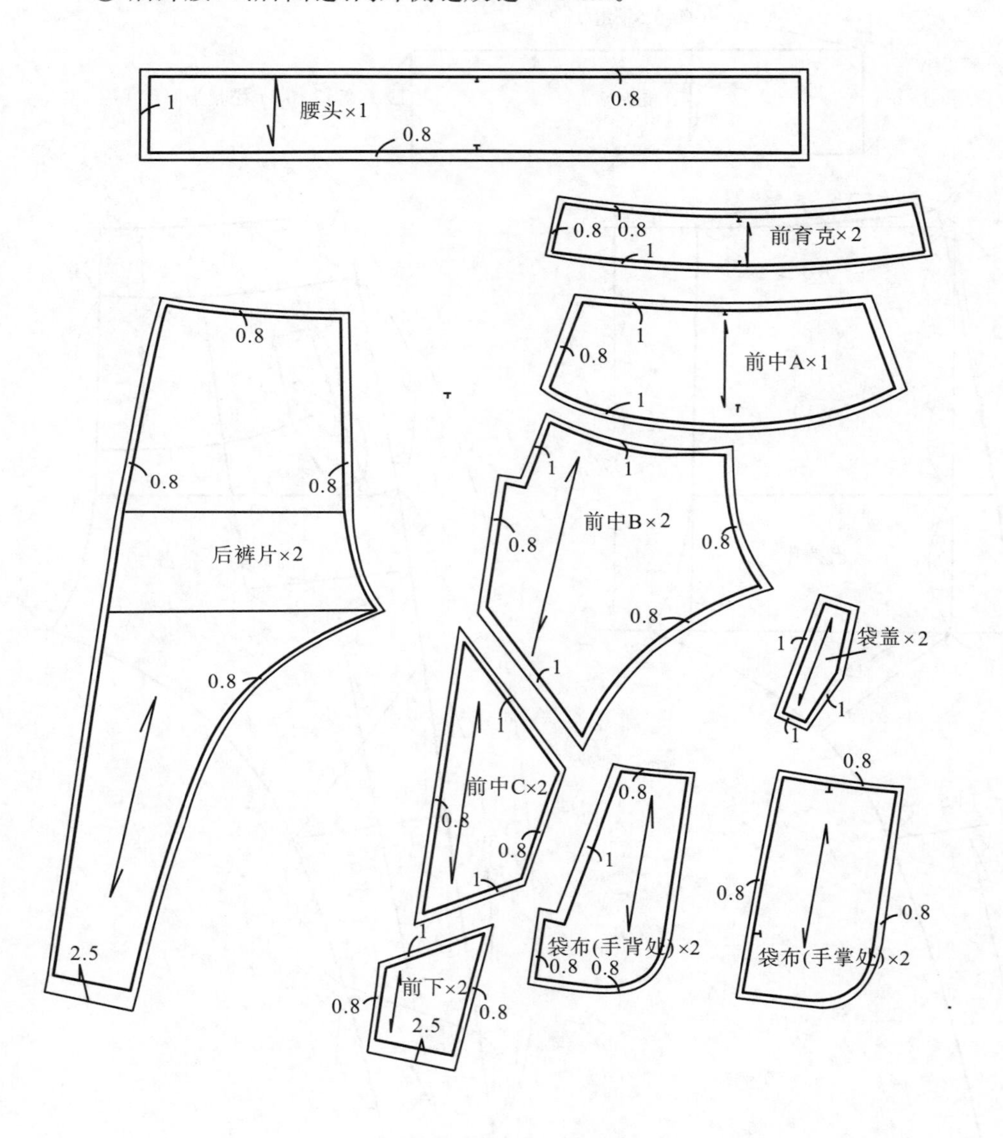

图5-6-9 放缝参考图

5. 缝制工艺流程和工艺要点(表 5-6-6)

表 5-6-6　缝制工艺流程和工艺要点

缝制序号	缝制部位	所需设备	工艺要点
1	缝合前中B部位的裆缝	四线包缝机	上下层对齐，不可错位
2	缝合前中A部位和前中B部位的分割线	平缝机 三线包缝机	前中A和前中B平缝机缝合后三线包缝，然后在正面车缝 0.1 cm+0.6 cm 双明线
3	扣烫袋盖，车缝固定袋盖	蒸汽熨斗、平缝机	袋盖单层扣烫后，固定在袋位处
4	缝制挖袋 缝合两片袋布	平缝机 四线包缝机	① 将袋盖放在手背处袋布与前裤片中间按 1 cm 缝合，袋口明线按 0.6 cm 缝合，采用平缝机 ② 手背处和手掌处袋布采用四线包缝机缝合。上下层袋布平齐，不可错位。
5	前育克与前中A缝合，反面三线包缝后正面压明线	平缝机 三线包缝机	平缝机缝合后三线包缝，在正面压 0.1 cm+0.6 cm 的双明线
6	前中B与前中C缝合	平缝机 三线包缝机	平缝机缝合后三线包缝，在正面压 0.1 cm+0.6 cm 的双明线
7	前中C与前下片缝合	平缝机 三线包缝机	平缝机缝合后三线包缝，在正面压 0.1 cm+0.6 cm 的双明线
8	缝合后裆缝	四线包缝机	上下层对齐，不可错位
9	缝合外侧缝	四线包缝机	上下层对齐，不可错位
10	缝合内侧缝	四线包缝机	上下层对齐，不可错位
11	裤脚口折边缝合	双针绷缝机	裤脚口折上 2.5 cm 后，采用双针绷缝机缝合，起止针位于内侧缝线
12	拼接腰头、松紧带	平缝机	腰头按 1 cm 拼接；松紧带平叠缝合后净长为 64 cm
13	绱腰头(内穿松紧带)、固定成分唛和洗水唛	链缝机 四线包缝机	① 松紧带装入后先用链缝机绱腰，同时将成分唛和洗水唛距置于前腰中间缝制固定，腰头拼接缝与后中对齐 ② 绱腰线居中用双针绷缝机再次固定，正面可见两条缝线
14	钉商标、尺码标	平缝机	后腰口线居中平缝固定

6. 相似款式(一片式低裆裤)

结构参考图

款式特点：该款为一片式低裆裤，前后裤片结构相同，九分裤长度，裤口紧身，适合用弹性较好且有一定垂感的薄型针织面料。款式总体感觉休闲随意，见图 5-6-10。

(1) 制图参考尺寸(不含缩率)(表 5-6-7)

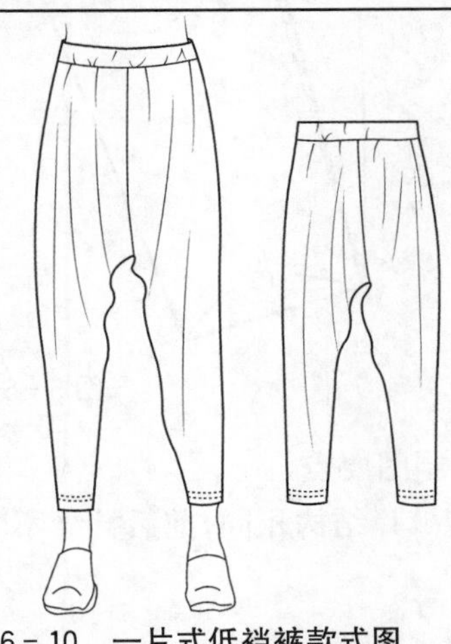

图 5-6-10　一片式低裆裤款式图

表 5-6-7　一片式低裆裤制图参考尺寸　　单位：cm

号型	外侧缝长(含腰头宽)	松紧带净长/宽	直裆长(不含腰头)	腰头宽	膝围	裤口围
160/66A	88	64/3	38	4.5	29	24

(2) 结构制图(图 5-6-11)

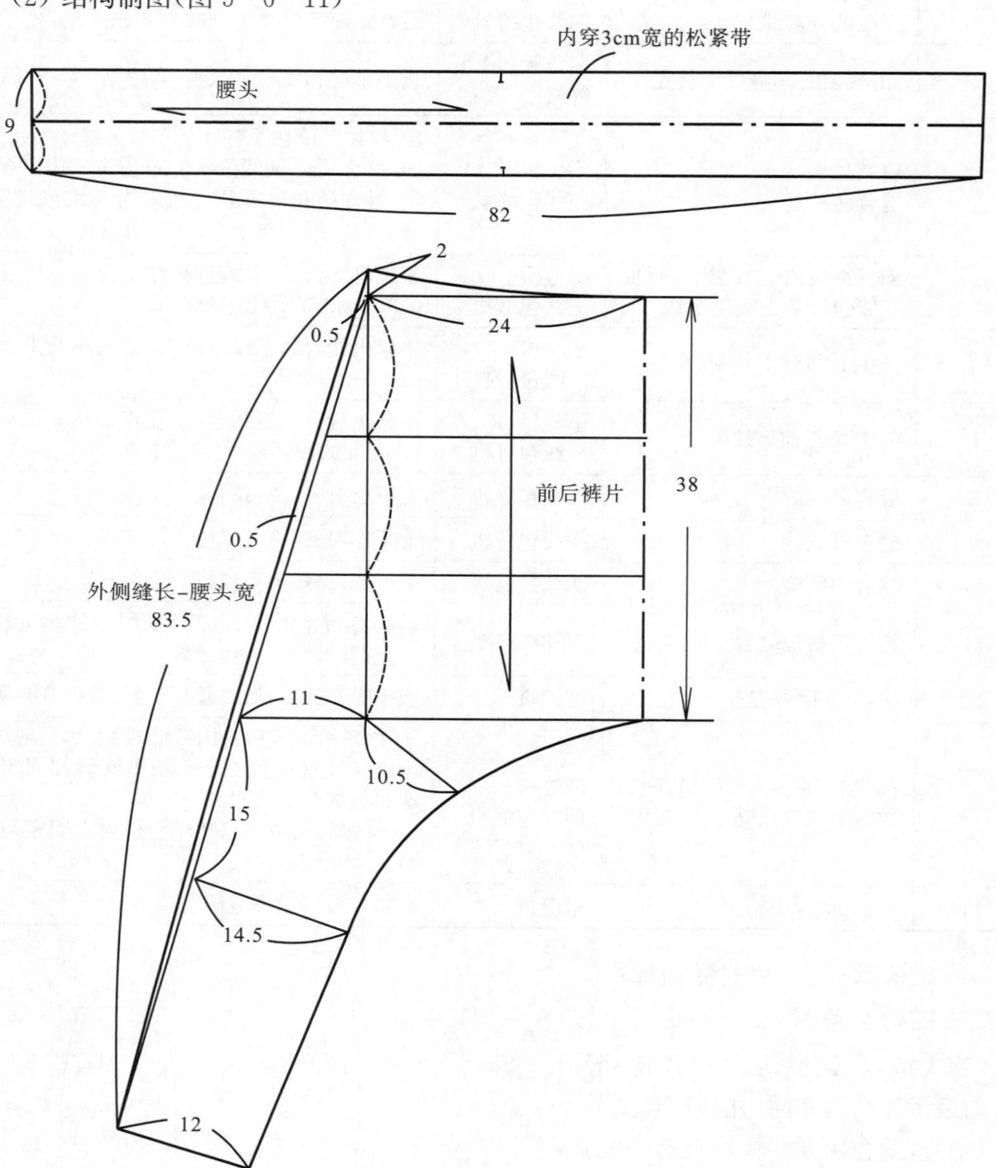

图 5-6-11　一片式低裆裤结构图

(3) 制图要点

前后裤片结构相同，前后裆缝不断开。

四、针织萝卜裤

1. 款式概述

该萝卜裤适合采用中弹或低弹且有较好垂感的针织面料，前片左右各有三个褶裥各自倒向口袋形成上大下小的结构，腰头松紧带收束，裤长可根据设计自定，本款九分裤长度，款式见图 5-6-12。

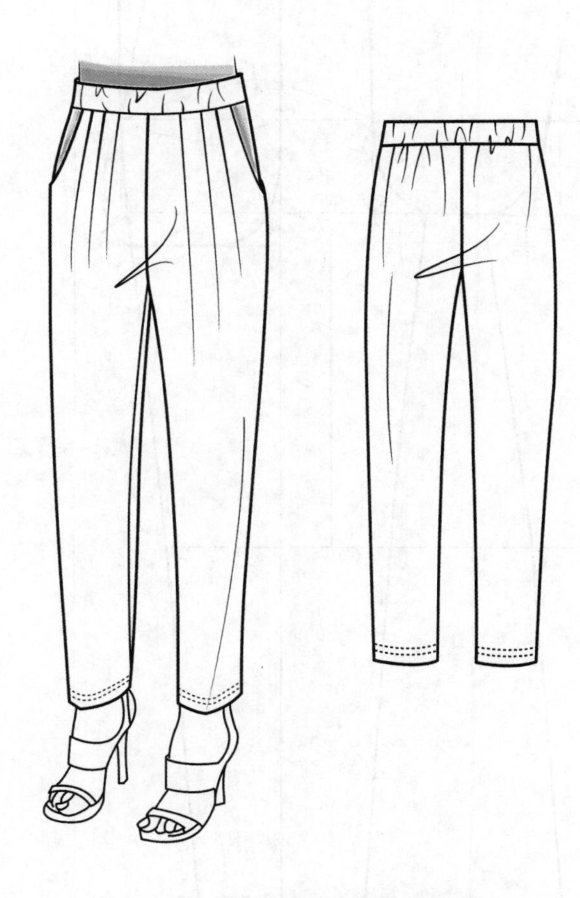

图 5-6-12　针织萝卜裤款式图

2. 制图参考尺寸(不含缩率)

制图参考尺寸见表 5-6-8。

表 5-6-8　针织萝卜裤制图参考尺寸　　单位：cm

号型	裤长（外侧缝长含腰头宽）	腰头松紧带净长/宽	直裆长（不含腰头）	臀围(H)	腰头宽	裤口围
160/66A	96	64/3	25	88(净)+2=90	4.5	30

3. 结构制图

① 基础结构见图 5－6－13。

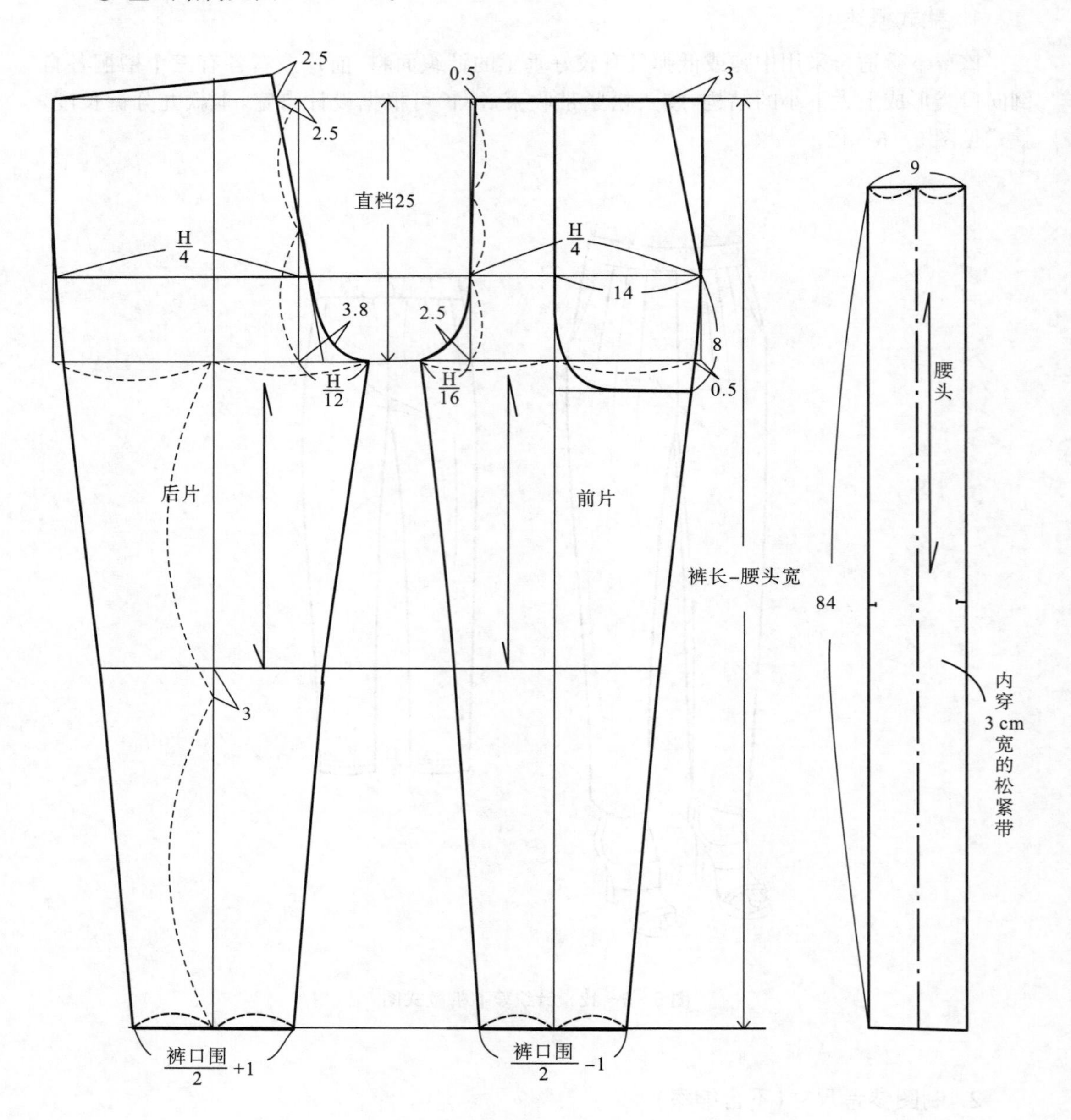

图 5－6－13 针织萝卜裤基础结构

② 褶裥剪开部位和展开图见图 5－6－14。

③ 口袋结构见图 5－6－15。

④ 完成的结构图见图 5－6－16。

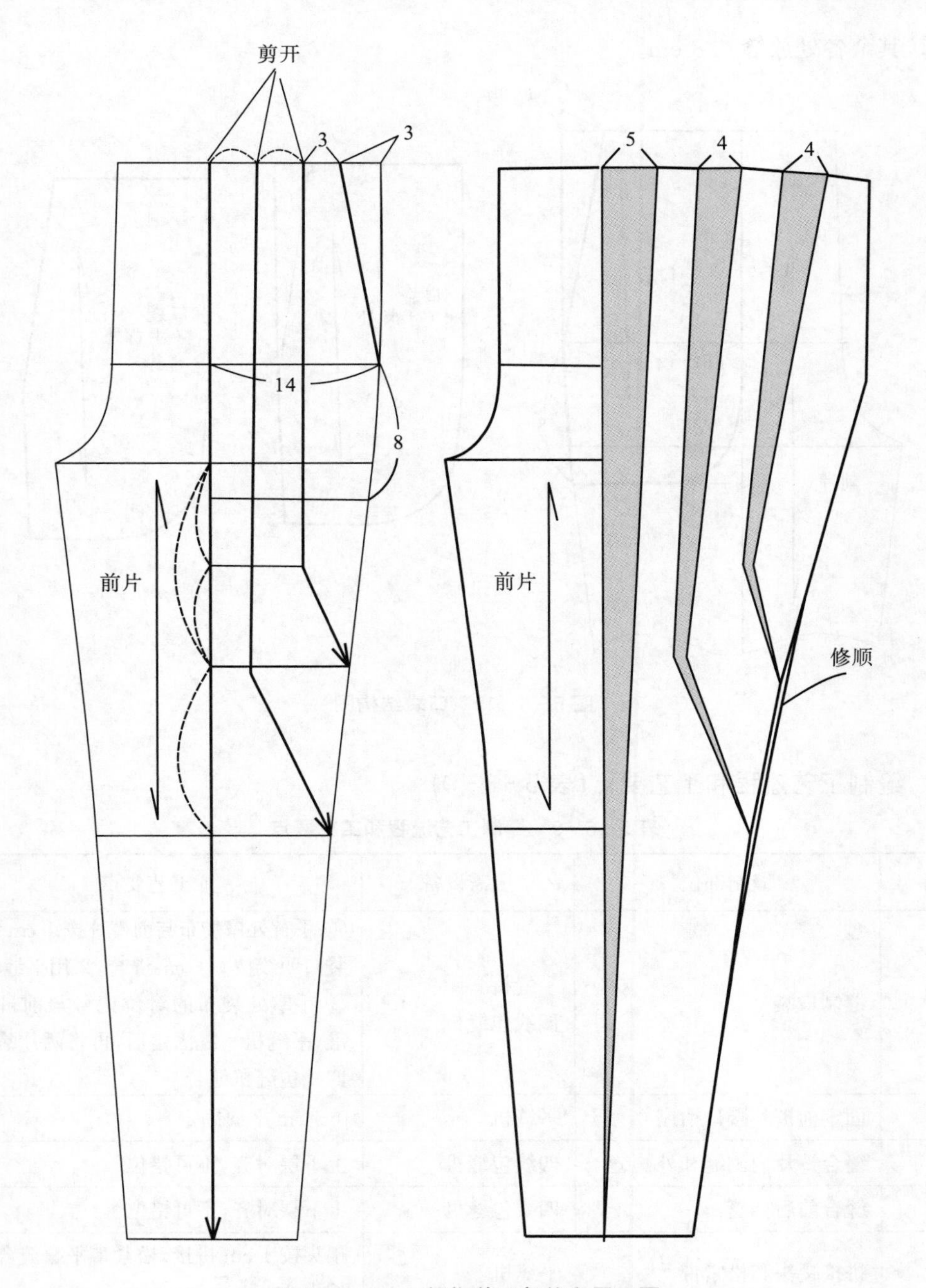

图 5-6-14　褶裥剪开部位和展开图

4. 制图要点

① 采用针织长裤基本样板的制图方法。

② 后裤片结构不变，前裤片在腰口通过剪开的方法，在三个剪开处放出腰口褶裥的量。

5. 放缝要点

① 前、后裤脚口折边放缝 2 cm。

② 腰头拼接线放缝 1 cm，袋布袋口和前裤片袋口处各自放缝 1 cm。

③ 其余各处放缝 0.8 cm。

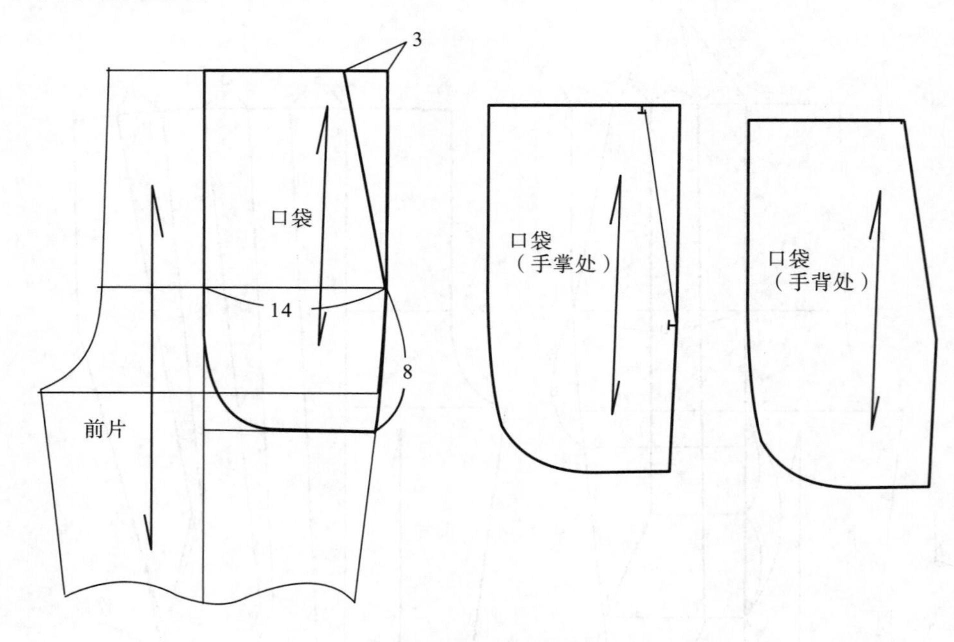

图 5-6-15 口袋结构图

6. 缝制工艺流程和工艺要点(表 5-6-9)

表 5-6-9 缝制工艺流程和工艺要点

缝制序号	缝制部位	所需设备	工艺要点
1	缝制口袋	平缝机 四线包缝机	① 手背处口袋布与前裤片按 1 cm 缝合，袋口明线按 0.6 cm 缝合，采用平缝机 ② 手掌处袋布的对位记号与前裤片对准，平缝机车缝固定后，再将两片袋布用四线包缝机缝合
2	固定前裤片腰口褶裥	平缝机	0.5 cm 平缝固定
3	缝合裤片内侧缝和外侧缝	四线包缝机	上下层对齐，不可错位
4	缝合前后裆缝	四线包缝机	上下层对齐，不可错位
5	拼接腰头和松紧带	平缝机	腰头按 1 cm 拼接，松紧带平叠缝合后净长为 64 cm
6	绱腰头(腰内穿松紧带)	链缝机 双针绷缝机	① 松紧带装入后先用链缝机绱腰，腰头拼接缝与后中对齐 ② 绱腰线居中用双针绷缝机再次固定，正面见两条缝线
7	缝合裤脚口折边	双针绷缝机	裤脚口折上 2 cm 后，采用双针绷缝机缝合，起止针位于内侧缝线
8	钉商标、尺码标	平缝机	后腰口线居中平缝固定

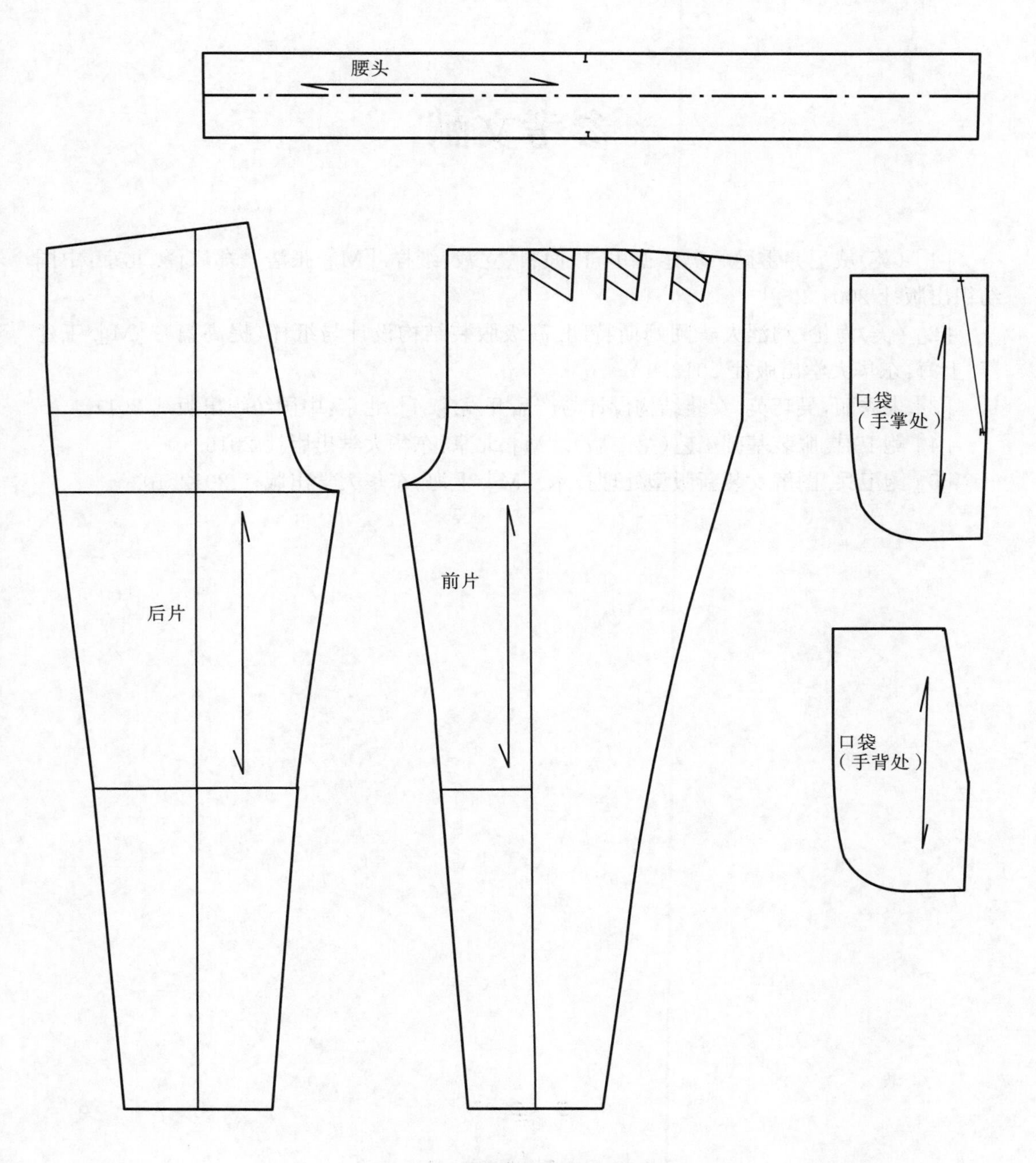

图 5-6-16　针织萝卜裤结构图

参考文献

[1]（英）威尼弗雷德·奥尔德里奇，面料、立裁、纸样.[M].张浩　郑嵘译.北京：中国纺织出版社 2001.2

[2]（美）海伦.约涩夫－阿姆斯特朗.高级服装结构设计与纸样（提高篇）.[M].王建萍.上海：东华大学出版社 2013.9

[3] 朱秀丽，吴巧英.女装结构设计与产品开发.[M].北京：中国纺织出版社 2011.4

[4] 鲍卫君.服装基础工艺（第二版）.[M].北京：东华大学出版社 2016.10

[5] 鲍卫兵.图解女装新版型处理技术.[M].上海：东华大学出版社 2012.10